QUE FAISIEZ-VOUS
AVANT LE BIG BANG ?

EDGARD GUNZIG

QUE FAISIEZ-VOUS AVANT LE BIG BANG ?

À Diane

CHAPITRE 1

CYRANO, LE BARON ET LE BIG BANG

Quel est le lien entre Cyrano de Bergerac, le baron de Münchhausen et le Big Bang ? Qu'y a-t-il de commun entre les aventures rocambolesques de ces deux héros emblématiques de l'absurde et l'origine de l'univers ?

En apparence, rien ! Et pourtant...

Cyrano nous fait sourire[1] lorsqu'il échafaude divers moyens gratuits, plus farfelus et plus ingénieux les uns que les autres, de voyages vers la Lune, des stratagèmes qui ne mettent en œuvre que ses propres ressources internes, sans aucun recours au monde extérieur. Ce sur quoi il prend appui pour se propulser réside en lui-même.

Ces voyages de Cyrano représentent des mises en œuvre cocasses du concept anglo-saxon de « *free lunch* », la production énergétiquement gratuite d'effets tangibles. Le plus ingénieux de ces voyages est celui où Cyrano, installé dans une nacelle métallique, se projette progressivement vers la Lune grâce aux lancers successifs, vers le haut, d'un aimant qui l'attire, qu'il relance, qui l'attire à nouveau... ce qui le conduit de proche en proche à des altitudes de plus en plus élevées.

Le baron de Münchhausen, lui, nous apprend qu'aucune situation dramatique n'est désespérée, qu'une botte secrète est toujours disponible, c'est une question de perspicacité. À l'instar de Cyrano, il nous « montre » qu'une mise en œuvre

---

1. Cyrano de Bergerac, *Les États et empires de la Lune, Les États et empires du Soleil*, Gallimard, « Folio Classique », 2004.

adéquate d'actions et de forces purement intérieures, sans recours là non plus à un quelconque point d'appui extérieur, peut produire des effets concrets, dans une démarche circulaire. Contredisant Archimède, le baron aurait ainsi pu soulever le monde sans levier ni point d'appui !

Les aventures du Baron sont multiples, mais l'une d'elles retient l'attention : il chute dans un lac et s'envase inexorablement. Un sursaut salutaire lui permet de retourner la situation : il freine sa descente fatale pour remonter ensuite vers la surface en tirant... sur ses propres bottes ! L'expression anglaise « *bootstrap* », littéralement « se hisser en tirant sur ses chaussures », stratagème étonnamment économique s'il en fut, désigne ce type de mécanisme.

Ces aventures extravagantes et fantaisistes s'articulent autour d'un pari commun, d'un stratagème subtil, d'un concept surprenant : créer quelque chose à partir de « rien », produire des effets sans causes, sortir un lapin d'un chapeau sans chapeau ni prestidigitateur...

Comment Cyrano de Bergerac et le baron de Münchhausen auraient-ils pu se douter que leurs péripéties grandguignolesques pourraient représenter la stratégie la plus subtile jamais mise en œuvre par l'univers, celle de sa propre création.

Une stratégie qui aurait permis à l'univers de venir littéralement à l'existence par lui-même, de s'autocréer, de réaliser à l'échelle du cosmos ce qui était insensé dans les petites aventures locales de Cyrano et du Baron, de s'engendrer lui-même sans recours aucun à un quelconque « extérieur », d'ailleurs inexistant.

Quelle ne fut donc pas la surprise des physiciens théoriciens de découvrir, il y a quelques années, qu'il est possible que l'univers se soit créé comme le Dieu du *Livre des morts* de l'Égypte ancienne : « Je me suis engendré moi-même à partir de la substance originelle que j'ai faite[2]. »

---

2. Cité dans E. Brune et E. Gunzig, *Relations d'incertitude*, Paris, Ramsay, 2004 ; Bruxelles, Labor littérature, 2006.

Tout à partir de rien

L'univers pourrait en effet avoir émergé d'un vide « en tirant sur ses propres bottes », sans fracas cataclysmique, sans cet énigmatique et insoutenable fardeau de la singularité[3] du Big Bang qui a occulté pendant des décennies toute compréhension physique de la cosmogenèse. Dans cette hypothèse, le Big Bang ne se serait jamais produit *physiquement*, réellement, et cesserait de constituer cette fatalité à laquelle se heurtent les physiciens qui explorent l'origine de nos origines.

Mais qu'est-ce alors ce Big Bang que le physicien Fred Hoyle a ainsi nommé par dérision en 1950 ? Si ce n'est pas un *événement physique*, est-ce donc un *accident mathématique*, résultat d'une théorie physique erronée ou incomplète ? Est-ce un aveu d'impuissance des physiciens incapables de cerner scientifiquement l'acte fondateur de l'univers ?

Ces questions procèdent d'une interrogation beaucoup plus vaste, autrefois purement métaphysique et philosophique, aujourd'hui au cœur de la révolution conceptuelle majeure qui transfigure notre conception du monde : pourquoi l'univers plutôt que le vide ? Notre univers ne serait-il qu'un soubresaut du vide ? Le vide serait-il un réservoir potentiel d'univers qui en auraient « spontanément » émergé ? Où, quand, comment et pourquoi cela se serait-il produit, et notre univers aurait-il été engendré ? Un événement cataclysmique démesuré, une singularité ? Le Big Bang serait-il cet événement ? Depuis près de quatorze milliards d'années, notre univers existe et notre temps s'écoule. Énoncé énigmatique de la physique contemporaine, source d'interrogations vertigineuses : un temps s'écoulait-il « auparavant » ? Pouvons-nous

---

3. Dans l'ensemble de cet ouvrage, l'expression « singularité » est à comprendre dans le sens mathématique d'une grandeur de valeur infinie.

concevoir un « avant » vide, sans univers ou, au contraire, le temps est-il indissociablement lié à la présence d'espace et de matière ? Et l'espace lui-même a-t-il un sens en l'absence d'univers ? Et s'il n'en a pas, « où » l'univers serait-il né ? L'espace et le temps ne représentent-ils qu'une toile de fond inerte sur laquelle se déroule l'histoire du monde, ou, au contraire, en sont-ils partie prenante ?

Que de telles questions se posent aux physiciens aujourd'hui traduit l'ouverture conceptuelle majeure qui bouleverse la physique : la création d'une connivence indissociable entre le temps, l'espace, la matière et... le vide. Les rapports intimes qu'ils entretiennent au cœur des deux grands courants de pensée de la physique contemporaine, la *relativité générale* et la *théorie quantique des champs*, ont profondément marqué notre vision du monde.

Car c'est bien la complicité inattendue de ces deux théories qui a fait prendre un tournant extraordinaire à la physique actuelle. Alors que chacune d'elles, prise individuellement, ne peut que rester muette à propos de l'origine physique de l'univers, leur association apporte à chacune ce qui leur faisait défaut : un dialogue surprenant comme jamais la physique n'en avait connu, tant par les protagonistes que par la mise en scène. La relativité générale offre en effet à la physique un cadeau inestimable en dévoilant un acteur dynamique essentiel ignoré jusqu'alors, qui prend une part active dans l'aventure du monde, l'espace-temps. La physique quantique, quant à elle, transgresse les interdits très stricts imposés par les lois de la physique classique.

C'est précisément ce dialogue inattendu entre le nouvel acteur mis en scène par la relativité générale, le contenant espace-temps de l'univers et son contenu matériel quantique qui offre enfin à la physique la possibilité de se débarrasser du fardeau de la singularité du Big Bang. Surprenante complicité des deux théories clefs de la physique contemporaine qui s'épaulent pour élucider la plus vaste entreprise que l'univers ait connue : sa propre création ! Individuellement impuissantes à faire parler l'univers de sa naissance, chacune emprunte à l'autre les ingrédients qui lui manquent. L'univers découvre alors en lui-même l'énergie nécessaire à sa propre création, c'est un *bootstrap cosmologique*.

Que sont donc ces deux théories autour desquelles s'articule cette nouvelle vision du monde ?

La tour de Pise et la Lune

La relativité générale d'Einstein est bien davantage que la théorie contemporaine de la gravitation, c'est la première théorie physique de l'espace et du temps où la gravitation trouve son explication naturelle. Que savait-on de la gravitation avant la relativité générale ? Et pourquoi joue-t-elle un rôle prépondérant dans l'origine et la structuration de l'univers ? Elle présente deux caractéristiques qui la distinguent de tous les autres types d'interactions dans la nature.

Tout d'abord, elle ne se manifeste que sous forme attractive ; les masses s'attirent gravitationnellement, jamais elles ne se repoussent. C'est ce qui la distingue de l'électricité, par exemple, où les deux types de charges, positives et négatives, s'attirent ou se repoussent selon qu'elles sont de signe contraire ou identique. Cette propriété de l'électricité permet de créer des entités qui sont électriquement neutres par simple amalgame d'un nombre égal de charges électriques positives et négatives. L'exemple générique nous en est fourni par les atomes (non ionisés) dans lesquels la charge du noyau est contrebalancée par celle cumulée des électrons qui lui sont liés. Il en est *a fortiori* ainsi de la plupart des objets usuels qui nous entourent, y compris nous-mêmes. Il s'ensuit que la neutralité met ces objets à l'abri des phénomènes électriques extérieurs, des champs électriques, les rend (globalement) insensibles à leur action. La situation est radicalement différente lorsqu'il s'agit de la gravitation. Son caractère universellement attractif ne permet pas de construire des entités qui seraient gravitationnellement neutres et insensibles à son action. Ainsi, rien n'échappe à l'emprise gravitationnelle. Cette universalité de la gravitation a une conséquence essentielle : en dépit de son incroyable faiblesse par rapport aux effets électromagnétiques, par exemple, c'est elle qui prend le dessus aux échelles astronomiques et qui structure l'univers à grande échelle.

La deuxième caractéristique du phénomène gravitationnel concerne une propriété étrange, si contre-intuitive qu'elle laisse souvent incrédule : tous les corps, quelle que soit leur masse, chutent avec la même accélération vers la Terre ! Le premier physicien à l'avoir perçu et reconnu comme une propriété majeure de la nature est Galilée, le père de la physique moderne. L'histoire, vraie ou fausse, raconte qu'il testa ce phénomène en lâchant simultanément, du sommet de la tour de Pise, divers objets dont l'impact synchronisé sur le sol avérait cette propriété. C'est absurde, rétorquerez-vous ! Il suffit de comparer la chute d'une feuille avec celle d'une pierre pour se convaincre du contraire. Certes, mais ce qui différencie la chute de ces deux objets, c'est le frottement différent de l'air, un phénomène secondaire et « parasite » qui interfère avec le phénomène gravitationnel. Éliminez-le, et la disparité s'évanouira. Pour s'en persuader, il suffit de comparer les chutes de masses fort différentes mais de même forme, donc offrant la même résistance à l'air, comme des sphères de même rayon mais de matériaux distincts, en métal, en bois, en liège, qui tombent en même temps.

Le recours à la tour de Pise, s'il eut véritablement lieu, n'avait pour but que de rendre spectaculaire la démonstration expérimentale d'une propriété dont Galilée avait déjà acquis la certitude par l'étude de chutes sur des plans inclinés. Étonnant Galilée qui faisait rarement des expériences sans en supposer le résultat au préalable, sinon lorsque ce résultat, comme dans le cas présent, allait à l'encontre de l'intuition commune.

Rappelons qu'une expérience impressionnante destinée à convaincre les plus sceptiques fut menée par les astronautes américains lors d'une mission *Apollo* sur la Lune. Dépourvue d'atmosphère, la Lune garantissait l'absence totale de frottement. Un cosmonaute laissa choir de ses deux mains tendues, à même hauteur du sol lunaire, deux objets de masses fort distinctes, une feuille de papier et un outil métallique. Quelle ne fut pas la surprise de certains téléspectateurs de voir les deux objets percuter le sol simultanément !

La petite histoire veut que les standards téléphoniques de Houston furent saturés d'appels de téléspectateurs incrédules, scandalisés d'avoir été victimes d'une supercherie réalisée sur Terre à des fins de propagande dans le contexte de la guerre froide à l'époque.

Et pourtant, c'est bien à une démonstration expérimentale d'une des propriétés les plus fondamentales de la nature qu'ils venaient d'assister : l'universalité de la gravitation.

Du temps,
de l'espace et du mouvement

Si cette propriété inouïe de la chute simultanée des corps jouera effectivement un rôle essentiel dans les réflexions d'Einstein, c'est toute la pensée de Galilée qui sera déterminante dans son cheminement de la relativité restreinte à la relativité générale. Contrairement à une idée communément reçue, le père fondateur du concept de « relativité » n'est pas Einstein, mais bien Galilée, suivi par Newton. On ne peut réellement mesurer la révolution de pensée d'Einstein qu'à la lumière de celles de Galilée et de Newton.

Lorsque, il y a quatre siècles, Galilée et Newton, ont inventé une nouvelle manière de parler du mouvement et de le comprendre, ils ont donné une identité nouvelle au temps et à l'espace que ce mouvement met en rapport. Ils ont littéralement créé l'espace et le temps de la physique classique et sont devenus, de ce fait, les pères fondateurs de la science moderne. C'est autour de ces deux concepts clefs que va se jouer la grande aventure de la physique qui la conduira, de rebondissement en rebondissement, au travers des relativités galiléenne (classique), restreinte puis enfin générale, à la cosmologie relativiste.

Que signifie, tout d'abord, « inventer une nouvelle manière de comprendre le mouvement et d'en parler » ? Que peut-il y avoir de révolutionnaire à penser un mouvement d'une façon plutôt qu'une autre ? Aristote, dont la physique allait dominer la pensée pendant 2 000 ans, jusqu'au XVIIe siècle, et Galilée ne voyaient-ils pas les mêmes choses lorsqu'ils scrutaient des phénomènes aussi élémentaires et évidents que la chute des corps ou le jet d'une pierre ? L'observation des phénomènes est en effet, dans ce cas, en prise directe avec nos sens, aucun appareillage sophistiqué intermédiaire n'est requis. Et pourtant ! Ce que nous révèlent les phénomènes dépend crucialement des questions posées à leur sujet, et donc de la manière dont nous en parlons. Nous trouvons dans la nature un écho de ce que nous y cherchons. Et c'est précisément en cela qu'Aristote et Galilée étaient si différents et que leurs représentations du monde étaient diamétralement opposées.

Aristote, tout comme son maître Platon, cherchait à comprendre le monde en le soumettant non tant à des observations rigoureuses et des tests expérimentaux qu'en le déduisant logiquement de principes posés *a priori*, les uns métaphysiques, les autres épistémologiques, d'autres encore théologiques ou politiques.

La pensée d'Aristote s'articulait autour de la question « pourquoi ? ». En effet, si l'on excepte le mouvement des astres, parfait, éternellement égal à lui-même, circulaire, d'essence divine et non physique, si l'on s'en tient au monde physique terrestre, qui est le monde « sublunaire », tout mouvement est synonyme d'imperfection ou de violence. Une pierre s'éloigne de la Terre par violence, elle la rejoint parce que le sol constitue son lieu naturel, le lieu où se réalise dans sa perfection son essence de corps « grave ». Dès lors, dans l'espace physique aristotélicien, aucun mouvement n'est indifférent, tout mouvement est affection intrinsèque du corps qui le subit. Tout mouvement trouve sa signification dans la différenciation qualitative de l'espace entre les lieux où les corps « graves » trouvent leur repos et ceux que rejoignent naturellement les corps « légers », comme le feu.

Voilà donc le monde expliqué en termes de réponses aux pourquoi : les corps « graves » tombent parce qu'il est dans leur nature de tomber, les « légers » s'élèvent parce qu'il est dans leur nature de s'élever… Plus généralement, c'est essentiel pour Aristote et la physique galiléenne s'y opposera, tout mouvement d'un corps a une cause : c'est soit son appétence à rejoindre son lieu naturel, soit un « moteur » extérieur dans le cas d'un mouvement « violent ». Ainsi, le javelot qui a quitté la main qui l'a lancé ne continue son mouvement que parce qu'une « poussée » permanente le maintient dans cet état ; et Aristote d'expliquer et de prendre ingénieusement à témoin cette poussée pour prouver son véritable enjeu : démontrer l'inexistence du vide ! Le javelot ne poursuit son mouvement, dit-il, que parce que l'air déplacé par sa pointe va instantanément s'écouler vers sa face arrière pour y combler le vide (interdit !) qui aurait eu tendance à s'y créer. Ce faisant, il propulse le javelot dans le sens de son mouvement. Ce mouvement du javelot ne pourrait donc pas se dérouler dans le vide puisqu'il n'y aurait plus, alors, de moteur qui l'entretienne. Ingénieux mécanisme auto-entretenu (bootstrap !) dans lequel c'est le mouvement même du javelot qui crée le moteur qui l'entretient !

De manière analogue, la pierre lancée vers le haut ne retombe pas instantanément, parce que l'air qu'elle déplace dans son mouvement ascensionnel se glisse derrière elle, empêche un vide interdit de se former et la propulse vers le haut. Si elle ralentit, s'arrête et retombe vers la terre, c'est que l'appétence à rejoindre son lieu naturel prend le dessus. Et cette appétence est d'autant plus importante que le poids d'un corps est grand ; c'est pourquoi, dit encore Aristote, les corps lourds chutent plus rapidement que les légers ! Nous voilà au cœur de la problématique qui débouchera, chez Galilée, sur une révolution de pensée magistrale et qui conduira ensuite Einstein à sa théorie de la relativité générale.

En rupture totale avec Aristote, tout le questionnement de Galilée se concentre sur les « comment » : combien ? Quelle distance ? Quelle durée ?…Toutes ces questions inaugurent le vocabulaire de la physique moderne. Et ce vocabulaire nouveau reflète un changement radical d'attitude : le livre de la nature est intelligible, mais il ne peut se déduire du seul raisonnement ; il ne peut être déchiffré sans recours à l'expérience. La physique devient une science expérimentale. La connaissance ne peut surgir que d'une confrontation permanente de l'observation et du raisonnement, d'un va-et-vient continuel entre l'observation et sa théorisation. Or cette démarche ne s'accomplit que par un langage symbolique approprié, les mathématiques : « L'univers est écrit dans le langage des mathématiques », écrit Galilée. C'est dans ce langage qu'il formulera ses questions sur les divers mouvements des corps. Ainsi apparaissent les premiers montages expérimentaux, plans inclinés, pendules… qui doivent faire parler la nature : comment évolue, avec le temps qui s'écoule, la distance parcourue et la vitesse d'un corps glissant vers le bas d'un plan incliné ? Comment ces résultats dépendent-ils de l'inclinaison de celui-ci et, en particulier, qu'advient-il dans le cas extrême d'une inclinaison nulle, lorsque le corps glisse sur une surface horizontale ?

Si Galilée s'était limité à analyser les réponses brutes que ses expériences lui fournissaient, s'il n'avait pas pensé à dépouiller les résultats de ses mesures des perturbations dues à des phénomènes contingents, il ne se serait pas écarté de la physique aristotélicienne qui confirme, de fait, ce que notre intuition quotidienne nous dicte : les corps chutent différemment selon leurs caractéristiques, les mouvements ne peuvent perdurer sans poussée extérieure…

Mais Galilée, en rupture totale avec le passé, inaugure de manière révolutionnaire une tout autre façon de lire la réalité, en comprenant que, pour rendre le réel intelligible, il est indispensable d'aller chercher les vérités derrière les apparences. C'est le vrai début de la physique moderne. Quels sont ces phénomènes contingents qui masquent les propriétés

intrinsèques des mouvements ? Il s'agit de l'inévitable frottement entre les corps : une bille lancée sur un sol plan et horizontal, une voiture lancée sur une route horizontale et dont
on a coupé le moteur, un patineur lancé sur la glace, si lisse
soit-elle, ralentissent inévitablement jusqu'au repos. De
même, les corps qui chutent vers le sol subissent le frottement
de l'air. Et tous ces effets de frottement sont considérés par
Galilée comme des phénomènes perturbateurs qui masquent
l'essentiel.

Autrement dit, il y a dans le déroulement de chacun de
ces mouvements un « cœur de l'affaire » enfoui sous des
couches d'effets parasites qui le dissimulent à notre perception. Voilà d'ailleurs pourquoi notre intuition est encore
aujourd'hui souvent plus proche d'Aristote que de Galilée.
Chercher les vérités derrière les apparences, interpréter ses
observations comme si les phénomènes étaient parfaits,
dépouillés de toute contingence, donc hors de la réalité,
Galilée ne pouvait y parvenir qu'en éliminant par la pensée,
faute de pouvoir le réaliser expérimentalement, tous les
effets perturbateurs.

Il devint ainsi le père d'une procédure sans laquelle la
physique n'aurait pu prendre son envol : l'expérience de pensée. Il s'agit d'une idéalisation du réel à partir de l'observation
expérimentale de situations dont on élimine progressivement
tous les effets indésirables ; c'est le cas des plans inclinés dont
on lisse les surfaces en observant l'influence de cette opération sur les mouvements. Galilée en déduit alors ce que
seraient ces mouvements dans le cas limite d'une disparition
complète des frottements.

Mais Galilée inaugure également une autre forme d'expérience de pensée d'une ingéniosité et d'une richesse sans
pareilles : une situation expérimentale purement imaginaire
qui lui permet de démontrer, parfois par l'absurde, une vérité
dont il possède d'ailleurs la certitude par avance. Einstein
affectionnera ce type de démarche où il déploiera une grande
ingéniosité.

C'est par une telle approche que Galilée « prouve par la pensée » cette propriété centrale du fonctionnement de la nature, en rupture totale avec la physique aristotélicienne et avec notre intuition : la chute des corps est indépendante de leur masse ! Qui, alors, aurait pu imaginer que cette propriété singulière, étonnante et intuitivement troublante, ne trouverait sa raison d'être que quatre siècles plus tard, au terme d'une révolution conceptuelle majeure qui donnera littéralement vie à l'espace et au temps de la relativité générale et de la cosmologie contemporaine ?

C'est probablement pour convaincre ses contradicteurs par de « vraies » expériences que Galilée réalisa son expérience de la tour de Pise. Mais ce sont certainement ses observations des mouvements des corps le long des plans inclinés qui le confortèrent dans la certitude que les chutes libres sont indifférentes aux masses.

Que pouvaient faire les penseurs de l'époque à propos d'un phénomène universel aussi déroutant ? C'est, entre autres, sur ce point qu'on peut mesurer l'étendue du génie de Newton : c'est sous sa plume que le phénomène de la gravitation fut exprimé de manière mathématique rigoureuse. La *première loi physique universelle* venait de voir le jour, *la loi newtonienne de la gravitation universell*e : deux masses s'attirent mutuellement par une force qui leur est proportionnelle et inversement proportionnelle au carré de la distance qui les sépare. Pour que cette description mathématique reproduise fidèlement les effets mesurés expérimentalement (et harmonise les unités des diverses grandeurs de la relation), Newton dut encore l'ajuster au moyen d'un facteur numérique universel, la *constante de gravitation*. Que cette constante possède la même valeur en toutes circonstances, en tout lieu, à toutes les échelles et à tout instant traduit bien l'universalité d'un même phénomène gravitationnel qui gouverne des aventures aussi diverses que la chute des pommes, la rotation de la Lune autour de la Terre, celle des planètes autour du Soleil... qui *explique donc les mouvements des astres et ceux des chutes à leur surface par une seule et même loi.*

Une première constante fondamentale, qui reflète une propriété globale de l'univers, apparaissait ainsi dans la description physique du monde, dont personne n'aurait pu prévoir le rôle central qu'elle jouerait un jour. Il faudra attendre pour cela que deux autres constantes fondamentales la rejoignent au XXe siècle, la vitesse de la lumière avec la relativité restreinte et la constante de Planck avec la physique quantique. Ces trois constantes se fondront alors en une grandeur, le temps (ou la longueur) de Planck, autour de laquelle s'articuleront les problématiques les plus fondamentales de la physique d'aujourd'hui.

Mais où donc se dissimulait, dans cette loi de Newton, l'identité du comportement gravitationnel de tous les corps que Galilée avait si clairement soulignée ? L'énoncé même de la loi semblait *a priori* contredire explicitement cette propriété essentielle puisqu'elle la rendait précisément dépendante des masses des corps.

Le coup de génie supplémentaire de Newton fut de comprendre, de formuler et d'organiser l'ensemble des lois de la mécanique qui synthétisaient, avec celle de la gravitation, le comportement dynamique des corps. La masse d'un corps mesure son inertie, son degré de résistance à une force qui l'accélère : plus une masse est élevée et plus elle accélère « difficilement », donc plus grande doit être la force qui la sollicite pour produire une même accélération. C'est sa loi fondamentale de la mécanique : force = masse $\times$ accélération. Newton avait donc très astucieusement concocté sa loi de gravitation pour que deux effets opposés s'y compensent exactement en garantissant l'identité de comportement dynamique : plus une masse est grande, plus elle ressent la force attractive gravitationnelle d'un autre corps, mais comme son inertie est plus grande dans les mêmes proportions, son accélération reste identique. En définitive, petites ou grandes masses accéléreront de la même façon, par exemple dans leur chute vers la Terre.

Newton comprit aussi que ce qui vaut pour la chute des corps vaut automatiquement pour tout comportement gravitationnel : un satellite de petite masse, un autre de grande masse, une plume, un iguanodon... tous orbiteront sur les mêmes orbites gravitationnelles qui sont indépendantes de ces masses.

On l'aura compris, c'est parce que *inertie et gravitation ont partie liée* que la gravitation jouit de cette propriété étonnante. Mais pourquoi en est-il ainsi, pourquoi ces deux concepts *a priori* aussi dissemblables, gravitation et inertie, sont-ils associés si intimement, sont-ils articulés l'un à l'autre par une même caractéristique des corps : leur masse ?

À qui lui posait ce genre de question et lui demandait pourquoi sa loi de la gravitation universelle fonctionnait, Newton répondait : « Je ne fais pas d'hypothèses. » Il voulait dire par là qu'il ne cherchait pas à expliquer *pourquoi* la gravitation agit de cette manière mais comment prédire ses effets.

Le statut de cette loi est donc très particulier. Il présente un double aspect : elle est d'essence mécaniste parce qu'elle implique des forces et les effets que celles-ci produisent, mais elle ne l'est pas dans l'esprit car elle ne donne aucune explication de la gravitation. C'est une loi purement mathématique qui ne fournit aucune cause qui expliquerait son action instantanée à distance. Il n'est donc pas étonnant qu'elle ait suscité des critiques violentes, précisément pour ces deux raisons opposées. Les uns étaient scandalisés par la nature même de sa description mécaniste du fonctionnement harmonieux du monde ; les autres, au contraire, lui reprochaient son explication trop peu mécanique qui ne permet pas de représenter l'action à distance en termes de contacts directs, transmis mécaniquement de proche en proche par des roues et des leviers !

N'en déplaise aux uns et aux autres, cette loi est extraordinairement efficace, elle fournit une expression mathématique qui permet de calculer les effets de la force gravitationnelle en tout point de l'espace. Elle marque ainsi un tournant important dans l'histoire de la pensée physique en inaugurant un mouvement progressif d'éloignement des modèles intuitifs visualisables vers des modèles mathématiques abstraits. La physique en restera marquée à tout jamais.

Ce que l'introduction de cette force agissant à distance bouleverse profondément, c'est le lien entre le vide et l'espace. Cette force, qui ne dépend que de la masse des corps et de la distance qui les sépare, confère à l'espace un rôle physique. Il devient le milieu d'opération d'une force qui ne peut être réduite à une action de proche en proche, c'est-à-dire faisant intervenir un intermédiaire de type matériel. Ce lien très spécifique entre l'espace, la gravitation universelle et le mouvement des corps « dans le vide » sera, nous le verrons, bouleversé par la relativité générale d'Einstein. C'est dans son contexte que l'espace *et le temps* encore absolus, passifs et indépendants chez Newton, puis physiquement unis en relativité restreinte (1905) au sein du concept d'*espace-temps*, donneront finalement naissance (1916) à l'acteur central de l'histoire cosmologique contemporaine : *l'espace-temps dynamique*. Lorsque, avec Einstein, la géométrie de cet espace-temps deviendra fonction de son contenu, à savoir les masses et *toutes* les autres formes d'énergie, elle deviendra également *la seule mesure absolue de ce contenu*.

Que cette mesure soit devenue accessible *expérimentalement* avec une fiabilité remarquable représente une des réussites parmi les plus spectaculaires de la cosmologie contemporaine. Elle nous réserve, nous le verrons, une surprise de taille : le contenu de l'univers n'est pas du tout celui qu'on imaginait jusqu'en 1998 ! Le comportement et la structure de l'univers nous révèlent en effet que seuls 4 % de son contenu représentent ce qui nous est connu, matière ordinaire visible et rayonnements électromagnétiques divers, alors que 96 % échappent complètement à notre connaissance : nous savons qu'ils sont là, mais ne savons de quoi ils sont faits ! Ils se partagent entre *énergie noire* (73 %) et *matière cachée* (23 %). Nous verrons que la compréhension de l'origine, de la structuration et de l'évolution de notre univers dépend crucialement de ces hôtes cosmologiques exotiques.

La difficulté de penser physiquement un espace vide, c'est-à-dire de penser que le vide, l'espace vide, a des propriétés physiques, polarisa les débats des physiciens pendant près de trois siècles. Tout physique qu'il devienne, l'espace newtonien est un espace absolu, un cadre de référence inerte non matériel, coexistant avec les corps matériels auxquels il offre la possibilité de déployer leur dynamique. L'espace absolu et infini était, pour Newton, le « *sensorium dei* ». Il ne pouvait être conçu que sous la dépendance divine. Et les forces newtoniennes, dont cet espace était le site, manifestaient de manière phénoménologique la puissance de Dieu.

Le bateau de Galilée

Galilée et Newton ont inauguré une manière de penser la dynamique qui s'articule autour d'un concept essentiel qui marquera tant la physique classique que la relativité restreinte et se prolongera sous une forme « généralisée » jusqu'à la relativité générale : il y a deux types de mouvements dans la nature, ceux qui requièrent une cause, les mouvements accélérés, et ceux qui sont « comme rien », disait Galilée, comme l'immobilité dont ils ne diffèrent pas. Ces derniers sont les mouvements uniformes parcourus en ligne droite et à vitesse constante. Autrement dit, « être immobile » est indiscernable d'« être en mouvement uniforme » ! L'immobilité ou *toute* vitesse uniforme représentent le même état physique : *l'état inertiel.* Un mouvement uniforme n'a besoin *d'aucune cause l'entretenant* et sera dit *mouvement inertiel.* Il en est ainsi par exemple du mouvement idéalisé, exempt de frottements, d'une bille lancée sur un sol plan. Elle continue à progresser éternellement sans changer ni de direction ni de vitesse.

C'est précisément pour expliquer l'écart par rapport à ces mouvements inertiels, les *accélérations,* que Newton introduit le concept de force dans sa loi fondamentale de la dynamique : force = masse × accélération. *Le mouvement uniforme ne se distingue pas du repos, c'est sa variation qui révèle le mouvement physique, le mouvement non inertiel.*

Le comportement intrinsèque d'un corps n'est pas affecté par le fait qu'il est en état de mouvement inertiel. S'il n'existe aucun point de référence extérieur par rapport auquel ce mouvement peut être défini, rien ne le trahira. Qui n'a, un jour ou l'autre, été surpris de constater que le mouvement de son train dans une gare n'était qu'illusion, que c'était en fait un autre train qui se déplaçait sur une voie parallèle ? C'est le regard porté sur un point de repère extérieur, le quai de la gare, par exemple, qui lève cette illusion et dissipe ce sentiment étrange de se déplacer alors qu'on est immobile. Il s'agit ici, comme dans toutes les aventures qui vont suivre, de trains roulant parfaitement sans heurts ni soubresauts et à vitesse rigoureusement constante.

La situation inverse, celle du voyageur assis dans un train qui roule parallèlement à un autre qui est, lui, au repos *par rapport* à la gare, est tout aussi troublante : ce voyageur se trouve dans l'impossibilité de discerner lequel des deux trains est en mouvement. Plus généralement, si vous êtes dans un train se déplaçant à vitesse constante *par rapport* à l'extérieur et dont toutes les fenêtres ont été occultées, vous ne pourrez pas décider si le train roule ou non ! « Mais, pensez-vous peut-être, il me suffit d'être raisonnablement ingénieux pour trouver un stratagème qui me révélera le mouvement du train en observant ce qui s'y passe, en dépit du fait que le monde extérieur m'est dissimulé. »

Que pensez-vous qu'il adviendra, par exemple, d'un objet lâché par votre main alors que vous êtes debout sur le sol du wagon ? Si celui-ci est immobilisé en gare, nul doute que cet objet tombera à vos pieds, perpendiculairement au sol. Mais si le train est en mouvement uniforme par rapport au quai, pensez-vous que cette chute en sera affectée, que l'objet « saura » que le train est animé de ce mouvement et qu'il l'exprimera par une chute différente ? Aristote aurait été scandalisé par la réponse qu'apporta Galilée (qui, lui, était en bateau) : la chute de l'objet est parfaitement identique par rapport à vous et au wagon, que le train soit immobilisé en gare ou, au contraire, animé d'une vitesse constante par rapport à celle-ci ! Absurde ! pensez-vous, comment l'objet qui tombe peut-il « savoir » que le train avance et qu'il « doit » donc avancer de concert avec lui ? Tout simplement parce que, lorsqu'il est lâché, cet objet possède la même vitesse horizontale par rapport à la gare que la main qui le lâche, à savoir la vitesse du train, qu'il préserve tout au long de sa chute gravitationnelle verticale. Il continue à progresser horizontalement *par inertie*.

C'est parce que le mouvement uniforme n'a nul besoin d'être entretenu qu'il est « comme rien », que l'objet, quittant la main qui l'entraînait solidairement avec le train, garde ce mouvement horizontal et accompagne ce train tout en tombant vers le sol. Il faut une force pour *modifier* un mouvement uniforme et donc produire une accélération – c'est l'objet de la loi fondamentale de la dynamique de Newton –, mais il n'en faut aucune pour *entretenir* ce mouvement, en l'absence de frottement. L'objet « suit donc le train dans son mouvement uniforme » pendant sa chute. Voilà pourquoi il tombera toujours à vos pieds dans tous les cas, que le train soit immobile ou non.

Autrement dit, aucune expérience de chute d'objet réalisée à l'intérieur du train occulté n'est susceptible d'en révéler l'état de mouvement uniforme, en particulier son immobilité. Mais il y a peut-être d'autres moyens ? Un physicien ingénieux pourrait-il imaginer une expérience de mécanique, oscillations de pendules, glissements sur des plans inclinés... dont le déroulement serait, lui, sensible au mouvement uniforme du train ? La réponse est : non !

Si Galilée ne connaissait pas les trains, il connaissait bien les bateaux, et c'est dans ce contexte qu'il imagina son célèbre récit de l'objet lâché du haut d'un mât par une vigie. Cette histoire conduit aux mêmes conclusions que celle du train, mais elle a tellement marqué les esprits et l'histoire de la physique, elle est si jolie, qu'elle mérite aussi d'être contée.

Un bateau vogue paisiblement sur un lac sans vagues ni remous, à vitesse constante. Question : la chute de l'objet lâché par la vigie diffère-t-elle selon que le bateau est immobile sur l'eau ou qu'il y progresse à vitesse constante ? En clair, cet objet tombera-t-il au pied du mât dans les deux cas ? De plus, si les marins sont cloisonnés dans la soute de leur bateau et n'ont aucune vision de leur « monde extérieur » (ni les berges de la rivière, ni le ciel, ni...), pourront-ils déduire le mouvement du bateau à partir d'observations menées dans la soute ?

Forts de l'histoire des trains, vous connaissez la réponse : l'objet percute identiquement le pont du bateau dans tous ces cas, affirmation révolutionnaire à l'époque et qui scandalisa plus d'un contemporain de Galilée. C'est, répétons-le, parce que le mouvement uniforme persiste par inertie que l'objet, quittant la main de la vigie qui l'entraînait solidairement avec le mât, donc avec le bateau, garde ce mouvement horizontal et accompagne le bateau tout en chutant vers le pont. Ainsi, rien dans la chute de l'objet n'indiquera aux marins que leur bateau se déplace en ligne droite à vitesse constante, qu'il est animé d'un mouvement inertiel ou qu'il est immobile par rapport aux berges ; cette chute ne peut donc pas servir de test pour départager les deux situations.

On pourrait multiplier ces récits, remplacer les trains et les bateaux par des petites enceintes, des petits mondes clos sans ouverture sur l'extérieur, qui se déplacent inertiellement les uns par rapport aux autres et renferment des physiciens équipés de leurs montages expérimentaux. Tous ces observateurs se déplacent sur leur lancée par inertie et sont dits, pour cela, observateurs inertiels. On est conduit à une conclusion inéluctable : rien de ce qui se déroule mécaniquement à l'intérieur de ces enceintes n'est susceptible d'en révéler l'état de mouvement. Il n'existe pas de vitesse absolue dans le strict cadre de la mécanique. C'est précisément ce point qui posera problème lorsque la physique s'enrichira, dans la seconde moitié du XIXe siècle, des lois de l'électromagnétisme de Maxwell.

Ainsi, pense Galilée, toutes les vitesses uniformes se valent et ne sont en elles-mêmes porteuses d'aucune information physique : rien ne les différencie dans l'observation du monde, de sorte que tous les observateurs inertiels sont également légitimés à se prononcer sur le déroulement des phénomènes physiques, en l'occurrence limités à la mécanique : tous les points de vue inertiels se valent.

En créant ce principe de relativité, l'équivalence physique de tous les observateurs inertiels, Galilée instaure le premier grand principe unificateur de la physique. *Elle en restera marquée à jamais.*

L'inexistence d'un mouvement uniforme absolu révèle une symétrie des lois de la nature : l'invariance relativiste. Nous percevons intuitivement ce qu'est une symétrie dans le monde des formes, en géométrie, mais qu'est-ce qu'une symétrie des lois physiques qui décrivent la nature ?

La notion centrale du concept de symétrie ou d'invariance des lois physiques est celle d'*observateur.* Celui-ci symbolise toute forme de point de vue, concret ou mathématique, à partir duquel on peut décrire le monde, le repère par rapport auquel un phénomène est situé. Ce peut être un personnage physique qui observe ce qui se passe, ou un système de référence mathématique (les axes de coordonnées en géométrie euclidienne, par exemple), appelé aussi *référentiel,* dans lequel on peut situer des lieux, des directions, des trajectoires, des temps...

Les symétries font leur entrée en physique dès que les physiciens posent la question : comment une loi est-elle perçue par divers observateurs dont les points de vue diffèrent ? Comment la réalité apparaît-elle à des observateurs qui sont en mouvement les uns par rapport aux autres, qui se trouvent en des lieux distincts de l'espace, à divers moments de l'histoire du monde ?

Une loi physique est *symétrique ou invariante* pour ces observateurs s'ils sont d'accord sur son expression, si elle garde *la même forme* en dépit de leurs points de vue différents. Ces points de vue de divers observateurs peuvent être trompeurs et une même loi peut se dissimuler sous des apparences distinctes. Considérons la chute de l'objet dans le train roulant à vitesse constante. Il tombe, nous l'avons vu, verticalement par rapport aux passagers immobiles dans le wagon. Comment une paisible vache, broutant dans un pré tout en se posant des questions existentielles, percevra-t-elle cette même chute ? Selon une trajectoire parabolique : l'objet possède à chaque instant une vitesse croissante de chute verticale et une même vitesse constante horizontale que le train. De la combinaison de ces deux vitesses résulte la trajectoire parabolique perçue par la vache. Ces deux trajectoires, droite verticale pour les passagers, parabolique pour la vache, ne sont que deux réalisations d'un même phénomène physique, la chute de l'objet régie par la loi de gravitation universelle. Lorsque Galilée puis Newton affirment que la chute verticale d'un objet et ses mouvements paraboliques sont physiquement équivalents, ils expriment une même chute gravitationnelle, perçue par des observateurs en mouvement rectiligne et uniforme les uns par rapport aux autres, la physique fait un bond en avant gigantesque.

Le principe de relativité centré sur l'équivalence des points de vue de tous les observateurs inertiels établit que, quelle que soit la manière dont ils la perçoivent, la réalité conserve toujours la même structure qui se traduit par les mêmes lois physiques. Contrairement à ce qui est fréquemment dit, le principe de relativité n'implique pas que « tout est relatif », au contraire, il pose que « tout est le même » en dépit d'apparences trompeuses. « ... Ces théories, très mal nommées, s'intéressent à l'absolu beaucoup plus qu'au relatif[4]. »

Vous vous posez peut-être, à juste titre, la question : pourquoi cette insistance permanente à ne donner voix au chapitre qu'aux seuls observateurs inertiels, évidemment minoritaires parmi tous les observateurs possibles ? Pourquoi les observateurs accélérés ne sont-ils pas consultés ? Pourquoi

---

4. Jean-Marc Lévy-Leblond, *La Relativité, cent ans après,* Dossiers de la Recherche, n° 18, 2005.

l'invariance de la mécanique ne serait-elle pas également testée pour ces observateurs-là ? La réponse réside dans la loi fondamentale de la dynamique newtonienne. C'est elle qui a clairement sélectionné les états inertiels du mouvement parmi tous les mouvements possibles. C'est cette loi qui conduit à l'équivalence des seuls observateurs inertiels dans leur conception de la dynamique.

Pensez d'ailleurs à l'image du train accéléré et de l'objet qui y tombe ; l'accélération provoquera une chute de l'objet qui ne sera plus verticale mais inclinée vers l'arrière. Assis sur une banquette, vous déduirez que ce train accélère, même les yeux fermés, lorsque vous vous sentirez collés contre le dossier. Il en est de même de tous les autres comportements. Il en résulte, et c'est le point capital, que dans le train occulté, sans vision du monde extérieur, l'accélération est décelable et même mesurable par des observations menées à l'intérieur. La physique ne s'y déroule pas de la même manière que pour un observateur inertiel. Si la relativité classique ne peut s'adjoindre les observateurs accélérés, c'est donc parce que le déroulement des lois physiques est sensible à l'accélération. Ce simple fait montre bien la prudence dont il faut s'entourer lorsqu'on pense et énonce un principe de relativité.

Ajoutons que l'accélération représente la variation de vitesse, elle est donc indépendante de la vitesse elle-même. Un objet dont la vitesse est nulle peut très bien posséder une accélération gigantesque ; imaginez toutes les situations que vous vivez quotidiennement où il en est ainsi, chaque fois que vous vous mettez en marche, par exemple, quel que soit le mode de locomotion. Si la vitesse uniforme est un concept purement relatif et n'a, en soi, aucune signification physique, l'accélération, elle, est un concept absolu. Une accélération n'est pas, contrairement à la vitesse uniforme, définie par rapport à un observateur inertiel particulier : elle est la même quel que soit l'observateur ! Si vous accélérez par rapport à un observateur inertiel, vous accélérez identiquement par rapport à chacun d'entre eux ; l'accélération absolue n'est donc pas « comme rien », elle se trouve, dès lors, exclue du principe de relativité. Nous verrons que c'est la relativité générale qui donnera voix au chapitre aux observateurs accélérés et démocratisera ainsi tous les observateurs en physique.

Il est un autre absolu autour duquel s'articulent toute la conception et la formulation de la dynamique newtonienne : le temps universel. Ce temps universel qui ponctue le déroulement des événements physiques est commun à tous. Tous les observateurs en observent l'écoulement sur une seule et même horloge qui bat la mesure pour eux tous. Il confère une signification absolue au concept de simultanéité à distance. L'affirmation selon laquelle deux événements se produisent au même moment (du temps universel) en deux endroits, si éloignés soient-ils l'un de l'autre, possède un sens univoque et absolu. Ainsi, lorsqu'on parle en physique classique de l'état d'une étoile lointaine, il est entendu qu'il s'agit de celle-ci « maintenant et là-bas ».

Il résulte du caractère absolu de l'espace et du temps dans la physique classique newtonienne que la composition de deux vitesses est bien conforme à ce que l'intuition nous souffle : leur simple addition. Si la vitesse d'une voiture est de 100 km/h par rapport à une route et qu'une autre la dépasse avec une vitesse relative de 30 km/h, cette seconde voiture roule à une vitesse de 130 km/h par rapport à la route. Si votre train roule à 250 km/h par rapport au sol et que vous marchez vers l'arrière à 2 km/h par rapport au wagon, vous progressez à la vitesse de 248 km/h par rapport au paysage.

La mise en œuvre explicite du principe de relativité dans ce contexte classique de temps et d'espace absolus donna naissance à la première théorie de la relativité, la relativité classique ou galiléenne. C'est une réalisation du principe de relativité selon lequel les observateurs inertiels échangent explicitement leurs points de vue concernant les mêmes événements physiques, en composant les vitesses selon la loi d'addition classique et en se référant au temps universel absolu. Les transformations mathématiques qui réalisent ces changements de points de vue portent le nom de « transformations galiléennes ». Celles-ci ne mettent en jeu que les localisations spatiales des événements, le temps absolu étant identique pour tous les observateurs. Ces liens mathématiques transforment, par exemple, la trajectoire droite verticale de la chute d'un objet perçue par un observateur inertiel dans son référentiel en trajectoire parabolique de cette même chute perçue par un second observateur, en mouvement inertiel par rapport au premier. La relativité galiléenne exprime que les transformations galiléennes laissent invariantes toutes les lois de la mécanique.

Cette relativité engendre une économie étonnante : il suffit qu'un seul membre quelconque de la famille infinie des observateurs inertiels contemple le monde et le décrive aux autres qui ferment les yeux, et chacun d'eux saura comment il l'aurait vu lui-même s'il les avait ouverts ; chacun pourra traduire tous les résultats de l'observateur vigie en utilisant l'échange de points de vue dicté par les transformations galiléennes : cette vitesse que tu perçois, moi, je la verrais autrement de mon point de vue mais je sais ce qu'elle vaudrait ; cette trajectoire d'un objet qui fait partie du mouvement que tu observes, moi, je la verrais différemment mais je sais comment... Tous ces observateurs savent donc qu'ils décrivent les mêmes lois de Newton de la mécanique impliquant les mêmes événements, perçus de leurs points de vue respectifs.

En 1905, une révolution conceptuelle a profondément bouleversé nos conceptions de l'espace, du temps et de la structure de la réalité physique : la création par Einstein de la théorie de la relativité restreinte.

Pourquoi et comment une nouvelle relativité ? Que s'est-il passé durant la période précédant 1905 ? La relativité classique était-elle erronée ? Avait-on découvert de nouvelles lois de la mécanique qui ne se plieraient pas à l'exigence de la relativité galiléenne ? Cette mécanique n'avait-elle pas la cohérence qu'on lui prêtait ? Rien de tout cela : la mécanique newtonienne résistait sans broncher à la belle symétrie de la relativité classique, mais c'est la physique qui élargissait son cadre en s'enrichissant de nouveaux phénomènes, ceux de *l'électromagnétisme*. Celui-ci se constitua autour d'un concept essentiel et nouveau créé par le physicien anglais Michael Faraday : le *champ de forces* ou *champ*. Ce concept allait engendrer une façon nouvelle de penser et de formuler la réalité physique.

Le grand tournant : l'invention du champ

Michael Faraday inventa ce concept de champ pour expliquer et corréler les résultats des expériences qu'il mena entre 1820 et 1845 concernant les propriétés de l'électricité et du magnétisme. Cet homme étonnant, peu instruit, notamment en mathématiques, développa ce puissant outil de la physique théorique, le champ, qui est à la base de la théorie du champ électromagnétique de Maxwell et de bien des développements fondamentaux ultérieurs de la pensée physique. Issu d'un milieu très défavorisé, il devint, très jeune, colporteur de livres. C'est dans ces circonstances que naquit brusquement sa passion pour la physique : feuilletant l'*Encyclopedia Britannica*, il tomba en arrêt devant un article traitant de l'électricité et du magnétisme. La passion pour ce sujet ne le quitta plus. Il assista à des conférences publiques gratuites de physique, très populaires en ces temps où le grand public, beaucoup plus curieux qu'aujourd'hui, témoignait d'un très vif intérêt pour la science. C'est ainsi qu'il put approcher l'un de ces conférenciers célèbres, Humphrey Davy, dont il devint l'assistant de laboratoire. Il se révéla un expérimentateur hors pair et se rendit progressivement célèbre par de multiples découvertes.

C'est vraisemblablement son ignorance des mathématiques qui favorisa l'éclosion et le développement de son concept de champ. Son absence d'habileté mathématique l'obligea à inventer des voies d'accès peu conventionnelles, très proches de l'intuition physique, qui lui auraient probablement échappé s'il avait été un physicien plus aguerri. Sa naïveté le conduisait à penser les choses en des termes qu'une solide formation mathématique aurait peut-être ignorés.

Dans le cadre des phénomènes électriques et magnétiques qu'il étudiait resurgit la question qui avait déjà tant agité le monde des physiciens à propos de la loi de gravitation universelle de Newton, celle de l'action « magique » à distance dans le vide, sans aucun intermédiaire matériel qui la transmette.

La loi de Coulomb, analogue à celle de Newton pour la gravitation, décrit la force (attractive ou répulsive) entre deux charges électriques. Comment deux charges font-elles pour se ressentir et agir l'une sur l'autre alors que rien de matériel ne remplit l'espace qui les sépare ? Comment un corps peut-il « savoir » qu'un autre corps distant, astronomiquement pour la gravitation ou à l'échelle du laboratoire pour l'électricité et le magnétisme, est présent ?

Plus précisément, Faraday se posa la question suivante : considérons une charge électrique, localisée en un point de l'espace, qui est attirée par une autre charge située à une certaine distance. Que se passait-il en ce point avant que cette charge n'y soit placée ? Autrement dit, qu'y avait-il de particulier en ce point qui annonçât la force qu'y subirait la charge lorsqu'elle y serait placée ? Qu'y a-t-il d'ailleurs en tous les points de l'espace vide qui s'actualiserait sous forme de forces agissant sur des charges qui y seraient placées ? C'est cette propriété potentielle de l'espace entourant une charge électrique que Faraday appelle un *champ de forces* ou *un champ électrique*. En quoi consiste cette propriété, quelle est sa nature et comment la visualiser ?

Faraday matérialise ce champ par l'ensemble des lignes que dessine la limaille de fer dont il saupoudre le voisinage d'une charge. Ces *lignes de champ* suivent et indiquent en chaque point la direction de la force électrique qu'y subiraient des charges électriques. Cette limaille de fer ne lui sert que de révélateur expérimental de la structure géométrique de ce nouveau concept, le champ électrique. Faraday donnait, avec ces lignes tracées par la limaille de fer, une preuve visuelle de l'existence du champ. C'est en analysant cette structure géométrique qu'il en déduisit, et formula dans un vocabulaire nouveau, une série de propriétés fondamentales de l'électricité. Et de même pour le magnétisme.

L'image que Faraday introduisit est donc la suivante : une charge électrique engendre autour d'elle un champ électrique. Lorsqu'une autre charge est introduite dans ce champ, ce dernier agit sur elle et exerce une force exprimée par la loi connue, la loi de Coulomb. Ainsi, pour Faraday, une charge électrique ne réagit pas à une autre charge lointaine, mais au champ électrique produit par cette dernière dans tout l'espace. Autrement dit, la force électrique ressentie par une charge électrique est sa réponse locale au champ électrique présent dans son environnement immédiat plutôt que sa réaction à une charge éloignée. Faraday introduit une intermédiation : deux charges n'agissent pas directement l'une sur l'autre, elles produisent un champ électrique qui agit sur chacune d'elles.

Le point important en est que le champ électrique créé par une charge électrique doit être considéré comme une entité autonome : il existe indépendamment de la présence d'autres charges qui le ressentiraient si elles étaient présentes. Faraday définit de façon similaire un *champ magnétique* produit par un aimant ou un courant électrique qui engendre des effets magnétiques. On sera ainsi conduit à parler de manière plus générale d'un champ électromagnétique.

Mais ce concept de champ n'est-il qu'une autre façon de parler de la même chose, une description commode, mais synonyme et imagée de celle donnée par les lois déjà connues de l'électricité ? Est-ce un acteur physique ou une simple fiction mathématique ? Faraday se posait déjà inlassablement cette question concernant la « réalité » du champ (des « lignes de force » dans sa terminologie). Exprimée dans le langage de la physique d'aujourd'hui, la question de Faraday se formule ainsi : soit un ensemble de charges électriques dont nous connaissons toutes les positions et les vitesses à un moment donné ; cette connaissance est-elle suffisante quant à la prédiction de l'histoire de ces charges, donc de leur distribution dans l'espace et de leurs vitesses, à tout moment ultérieur ? Ou, au contraire, cette connaissance est-elle insuffisante et manque-t-il un élément physique supplémentaire qui contienne les données manquantes ?

La réponse est claire, elle apparaîtra explicitement dans les équations de Maxwell : cette connaissance du comportement des charges est insuffisante, *l'élément physique qui la complète n'est autre que le champ qu'elles engendrent*. En d'autres termes, les propriétés de ce champ recèlent les informations qui donnent une connaissance complète du jeu interactif d'un ensemble de charges électriques. Il y a donc une partie de la réalité qui se dissimule entièrement dans le champ. Le champ électromagnétique est donc bien une entité autonome, un acteur physique à part entière.

Le bouleversement que ce nouveau concept de champ produisit au sein de la physique apparaîtra dans tout son éclat lorsque Maxwell montra dans ses équations de l'électromagnétisme que le champ non seulement contient de l'énergie, mais qu'il peut la transporter à travers l'espace vide en se propageant de façon ondulatoire : ce sont les ondes électromagnétiques.

L'électromagnétisme ne représente pas le seul phénomène physique à propos duquel se pose le problème de l'action à distance à travers le vide. La gravitation newtonienne l'avait précédé. Peut-on, dès lors, également adapter à celle-ci la démarche de Faraday, définir un *champ gravitationnel* ? Et celui-ci dissimulerait-il aussi des aspects encore incompris de la réalité ? Rien n'empêche en effet de représenter la gravitation par un champ comme dans le cas de l'électromagnétisme. Le champ gravitationnel de la Terre, par exemple, est alors représenté géométriquement par des lignes de champ, les lignes de force gravitationnelle, toutes dirigées vers le centre de la Terre. Ce concept permet aux physiciens de parler de la gravitation d'une manière neuve. Ils conçoivent l'effet gravitationnel ressenti par un corps comme sa réponse locale au champ de gravitation présent dans son environnement immédiat plutôt que sa réaction à distance à la présence d'un astre éloigné. C'est à nouveau un intermédiaire, le champ gravitationnel, qui sous-tend l'interaction entre les corps : l'interaction gravitationnelle à distance d'une masse avec des objets lointains est remplacée par une interaction de cette masse avec le champ gravitationnel dans son voisinage.

En bref, un astre engendre autour de lui un champ gravitationnel. Celui-ci agit sur toutes les masses sur lesquelles il exerce la force gravitationnelle exprimée par la loi de Newton de la gravitation universelle. Et à nouveau se pose la même question que pour l'électromagnétisme : un champ gravitationnel possède-t-il une réalité propre au-delà de sa définition ? *Est-ce un acteur physique ou une simple fiction mathématique* ? Ce concept nous permet-il d'accéder à des propriétés de la gravitation qui resteraient dissimulées dans la loi de Newton ? Contrairement au cas du champ électromagnétique, il n'en est rien. Les mathématiques qui décrivent les deux approches, action à distance et champ, sont *identiques*. Et cette identité implique que la description par le champ gravitationnel conduit les physiciens exactement aux mêmes prévisions physiques. Il n'y a donc pas de nouvel acteur dans ce cas, le champ gravitationnel ne possède aucune réalité propre. Les deux formulations conduisant, contrairement à l'électromagnétisme, aux mêmes conséquences, elles ne représentent pas deux théories distinctes, ce sont deux façons différentes, mais équivalentes, de parler d'une seule et même chose. Les physiciens s'expriment dès lors indifféremment en termes de l'une ou de l'autre.

Le champ électromagnétique est ainsi le premier exemple d'un nouveau type de constituant de la nature qui fait son entrée aux côtés de la matière ordinaire dont il est fondamentalement distinct. Les particules matérielles, acteurs centraux de la physique classique, sont de petites portions de matière, localisées dans l'espace, voire ponctuelles. Les champs, au contraire, sont dépourvus de forme, de lieu propre, et distribués de manière continue dans l'espace. L'idée essentielle du champ est l'existence de régions de l'espace possédant de manière latente (en puissance) la possibilité de manifester (en acte) une force sur un corps d'épreuve qu'on y introduit, c'est-à-dire sur un corps imaginé par le physicien pour tester le champ, pour le faire répondre à ses questions. Le corps d'épreuve est localisé et permet donc de décrire l'effet local du champ qui, lui, est partout. Le champ est une construction mathématique destinée à assurer la propagation des inter-actions sans support. Il est la toile de fond de toute la physi-que contemporaine.

Il résulte de l'apparition des champs que la réalité physi-que ne peut être décrite par la matière seule, mais par une cohabitation complexe du continu et du discontinu : les parti-cules sont la source des champs et les champs agissent sur les particules. Les champs sont les médiateurs des interactions à distance entre particules. La distinction entre ces deux types d'acteurs physiques, entre le continu et le discontinu, est clai-rement tranchée en physique classique et le restera lors du passage à la mécanique quantique, en dépit de l'importance grandissante des champs. Mais cette dichotomie s'évanouira dans la théorie quantique des champs qui surgira des noces tumultueuses du champ classique, de la relativité restreinte et de la mécanique quantique. Le champ y deviendra l'acteur central, le concept ontologique qui dominera la physique contemporaine. Les particules, elles, n'y seront plus que des émanations des champs, des révélateurs de leurs états. Nous verrons comment la cosmologie et, en particulier, le problème de la singularité du Big Bang seront fondamentalement revus et repensés dans ce nouveau cadre conceptuel.

Quand, vers 1865, James Clerk Maxwell comprit qu'élec-tricité et magnétisme étaient deux aspects d'un seul et même phénomène, il créa l'électromagnétisme en unifiant, dans une seule théorie, ces deux descriptions limitées et fragmentaires. Ses équations expriment tous les aspects de l'électricité et du magnétisme dans un ensemble de relations mathématiques qui représentent un des plus beaux monuments de la physique contemporaine.

Maxwell découvrit, entre autres, que ses équations possédaient une solution étonnante : les ondes électromagnétiques propagent à travers l'espace un couple de champs électrique et magnétique qui s'auto-entretiennent l'un l'autre, les variations de l'un produisant l'autre et *vice versa*. Ces équations prédisent, de plus, que ces ondes se propagent dans le vide avec une vitesse finie bien déterminée, contrairement à la propagation instantanée de la gravitation newtonienne. En outre, cette vitesse ne dépend que des deux seules constantes fondamentales connues de la théorie, associées d'une part à l'électricité et d'autre part au magnétisme, celles qui caractérisent leurs intensités spécifiques. Quelle ne fut pas la surprise de Maxwell, lorsqu'il calcula cette vitesse, de trouver... la vitesse de propagation de la lumière ! Il en déduisit naturellement que la lumière devait être un phénomène électromagnétique. C'était une découverte majeure en elle-même.

L'éther insaisissable

Forts de notre connaissance de la relativité classique, comment ne poserions-nous pas la question inévitable : la vitesse que Maxwell déduit de ses équations est relative à quoi ? À l'instar de tous les phénomènes ondulatoires connus, il semblait évident que ces ondes exigeaient l'existence d'un support mécanique, comme l'eau et l'air pour les ondes aquatiques et sonores. Avec Maxwel, les physiciens imaginèrent qu'un tel milieu, l'éther, emplissait uniformément tout l'espace. Aristote aurait été très heureux de voir « son éther » réactualisé dans un rôle aussi subtil. Cet éther devait posséder des caractéristiques étonnantes et contradictoires : il devait, d'une part, être très rigide afin de pouvoir épouser les fréquences très élevées des ondes électromagnétiques, mais il ne devait, d'autre part, opposer aucune résistance aux mouvements matériels comme ceux des planètes du système solaire.

Maxwell pensait que la vitesse des ondes électromagnétiques était toujours calculée par rapport à cet éther. Le premier indice révélant quelque chose de suspect fut l'impossibilité de le mettre en évidence expérimentalement, en dépit de multiples expériences menées durant les dernières années du XIXe siècle.

L'histoire de l'éther sous ses diverses formes, de sa création à son exclusion, est une étonnante aventure, un véritable chassé-croisé de démarches expérimentales et de réflexions théoriques. Les diverses propositions concernant la nature de l'éther s'appuyaient sur des hypothèses alambiquées parce que aucune expérience n'en révélait les propriétés physiques qui auraient pu militer en faveur de l'une ou l'autre proposition. Ce qui est essentiel pour notre propos réside dans l'issue de ce débat d'une trentaine d'années qui se solda par une fin de non-recevoir : il n'y a pas d'éther !

Maxwell, tout d'abord, devint conscient du fait que ses équations expliquaient tout ce qui relève de l'électromagnétisme sans recours à quelque propriété dynamique de l'éther que ce soit. Il en conclut qu'il était difficile, voire impossible, d'en révéler les propriétés par l'étude de l'électromagnétisme. Tout ce qu'il était possible de mettre en évidence ne relevait que du champ électromagnétique lui-même. L'éther était inaccessible et superflu tout à la fois. Cette situation énigmatique ne ressemblait à rien de tout ce qui avait été rencontré jusqu'alors en mécanique.

Que pouvaient faire les physiciens dans cette situation ? Pragmatiques, ils ne voulaient pas abandonner la puissance descriptive et prédictive des équations de Maxwell qui se montraient d'une précision remarquable. Ils renoncèrent progressivement au modèle mécanique de propagation de ces ondes tout en gardant les équations de Maxwell ! Autrement dit, l'onde électromagnétique est un phénomène ondulatoire d'un genre nouveau et les équations mathématiques de Maxwell en sont la théorie. Ce phénomène se soutient lui-même, sans aucune intervention extérieure quelle qu'elle soit, suivant une dynamique de type bootstrap.

Un pas énorme était ainsi franchi vers l'abstraction. Les mots de Richard Feynmann, un des principaux physiciens américains de la seconde moitié du XXe siècle, tentant de décrire son propre trouble à ses étudiants, sont éloquents à ce sujet : « Je n'ai aucune image d'un champ électromagnétique qui soit adéquate dans aucun sens du terme... Comprendre le champ électromagnétique exige un degré d'imagination bien plus élevé qu'imaginer des anges invisibles. Pourquoi ? Parce que pour rendre compréhensibles des anges invisibles, il me suffit simplement de modifier un tout petit peu leurs propriétés – je les rends faiblement visibles et je peux voir alors la forme de leurs ailes, leurs corps, leurs auréoles. Une fois que j'ai réussi à imaginer un ange visible, l'abstraction nécessaire – qui consiste à prendre des anges presque invisibles et à les imaginer complètement invisibles – est relativement simple. Alors vous dites, Monsieur le Professeur, donnez-moi, s'il vous plaît, une description approximative des ondes électromagnétiques, même si elle doit être légèrement floue, de façon que moi aussi je puisse les voir, comme je vois les anges presque invisibles. Puis je modifierai cette image jusqu'à atteindre l'abstraction nécessaire. Je suis navré, mais je ne le peux pas. Je ne sais pas comment. Je n'ai aucune image de ce champ électromagnétique qui soit, en un certain sens, précise... »

Une propriété essentielle de l'onde électromagnétique est qu'elle contient et transporte de l'énergie – comment fonctionneraient nos radios, télévisions, téléphones portables... sinon ? – et acquiert ainsi une réalité tout aussi tangible que la matière ordinaire. Les ondes électromagnétiques apparaissent donc comme de nouveaux constituants de l'univers. La physique, limitée à la mécanique dans la formulation de la relativité classique, s'enrichit ainsi d'un nouveau cadre, celui de l'électromagnétisme régi par les équations de Mawxell.

Les tentatives expérimentales, souvent extrêmement élaborées, qui avaient été déployées en vain pour détecter l'existence de l'éther, allaient de pair avec des mesures de plus en plus précises de la vitesse de la lumière dans différentes circonstances. Le résultat ne faisait pas de doute : la vitesse de propagation des signaux lumineux (et de toute onde électromagnétique) est identique par rapport à tous les observateurs inertiels ! Elle est indépendante de la vitesse relative de la source lumineuse et de l'observateur !

L'électromagnétisme présentait donc une propriété inconcevable par la physique et en contradiction flagrante avec le bon sens. Un rayon lumineux, issu d'une lampe de poche, par exemple, se propage dans une direction déterminée. Un observateur se déplace aussi vite qu'il le peut, dans la même direction et parallèlement à ce rayon. Que devrait être la vitesse du rayon lumineux par rapport à cet observateur ? Classiquement, ce dernier devrait percevoir une vitesse d'autant plus petite qu'il se déplace rapidement dans le sens de sa propagation. Pensez à deux voitures roulant parallèlement sur une route et à l'évaluation de leur vitesse relative. Or, il n'en est rien, l'observateur voit toujours le rayon se propager à la même vitesse quelle que soit la sienne propre. Pire ! l'observateur décide de voyager vers la source lumineuse, en sens inverse du rayon, avec des vitesses de plus en plus grandes allant jusqu'à frôler celle de la lumière : c'est hallucinant, la vitesse de propagation du rayon semble ignorer complètement celle de l'observateur, elle se maintient inexorablement identique à elle-même par rapport à lui. La loi galiléenne de composition des vitesses était ainsi complètement bafouée par la vitesse de propagation des rayons lumineux et, avec elle, une propriété centrale de la relativité classique. Cette dernière ne concernerait donc que la seule mécanique.

Einstein était persuadé de la constance de la vitesse de la lumière et l'érigea en postulat dans son article historique de 1905. La vitesse de la lumière est un absolu. Tous les observateurs inertiels doivent percevoir cette même vitesse qui résulte des équations de Maxwell. Einstein postula plus généralement que ces équations doivent être toutes formulées identiquement par ces observateurs. Le postulat d'Einstein rendait l'éther totalement incongru et il en épura définitivement la physique.

Einstein s'est-il appuyé sur des résultats expérimentaux pour asseoir sa conviction et formuler son postulat ? Il y eut notamment une célèbre expérience, réalisée en 1881 puis en 1887, par les deux physiciens américains Albert Michelson et Edward Morley, qui tentait de mettre en évidence le mouvement de la Terre à travers l'hypothétique éther. Le résultat en fut clairement négatif. Einstein déclara à plusieurs reprises qu'au moment où il écrivait son article décisif de 1905 il n'avait jamais entendu parler de cette expérience et de sa preuve expérimentale que l'éther était inobservable. La démarche d'Einstein apparaît comme une pure création intellectuelle.

Einstein et le besoin d'unité

La physique n'abritait jusqu'en 1905 qu'un absolu, celui du temps universel et, corrélativement, de la simultanéité de deux événements distants. Et voilà que le postulat d'Einstein introduit un nouvel absolu : la vitesse de la lumière. Or ces deux absolus étaient incompatibles !

En effet, les observateurs inertiels attribuent tous la même vitesse absolue à la lumière ; mais cette vitesse, chaque observateur l'évalue dans un rapport entre les intervalles d'espaces parcourus par un rayon lumineux et les intervalles de temps requis par ces parcours. Une liaison intrinsèque est donc créée de ce fait entre les intervalles temporels et spatiaux que peut percevoir chaque observateur. Ce lien devient ainsi celui qui relie la position et le temps attachés à un même « événement lumineux », par exemple le passage du rayon à un moment déterminé par un point déterminé de l'espace, tel que le perçoivent deux observateurs inertiels. Le caractère absolu de la vitesse de la lumière crée inévitablement un lien entre l'espace et le temps.

Il découle de leur lien que la position *et le temps* associés à un même événement lumineux se transforment simultanément lorsque celui-ci est considéré par deux observateurs inertiels. En d'autres termes, dans leurs échanges de points de vue, la position perçue par l'un des observateurs en un temps donné s'obtient en termes de position *et de temps* perçus par l'autre, et *vice versa*. Cette transformation mélange donc position et temps, faisant ainsi perdre à chacun d'eux une partie de son identité intrinsèque : l'espace acquiert une facette temporelle et le temps un aspect spatial. Ces transformations portent le nom de « Transformations de Lorentz ».

Elles permettent aux observateurs inertiels de comparer leurs perceptions spatiales et temporelles de la propagation des rayons lumineux, plus généralement, de tous les phénomènes électromagnétiques. Elles expriment une propriété de symétrie – d'invariance – des équations de Maxwell : les observateurs inertiels seront tous d'accord sur la forme de ces équations, en particulier sur une même valeur de la vitesse de la lumière, à condition d'échanger leurs informations au moyen des transformations de Lorentz. Mais, nous l'avons vu, ces mêmes observateurs ne seront d'accord sur les lois newtoniennes de la mécanique que s'ils échangent leurs informations dans un autre langage, celui des transformations de Galilée.

En d'autres termes, deux symétries distinctes semblent caractériser les lois physiques qui régissent le monde selon qu'elles concernent la mécanique newtonienne ou l'électromagnétisme de Maxwell.

L'existence de deux types différents d'invariance selon la catégorie de phénomènes considérée, voila ce qu'Einstein ne pouvait accepter ! Sa conviction d'une unité profonde de la physique, qui devait s'exprimer par une symétrie unique de toutes ses lois, allait à l'encontre de cet état des choses. Il était inimaginable pour lui, qui adhérait sans réserve au principe de relativité et qui était intimement convaincu de la simplicité et de l'harmonie des lois physiques, d'accepter que la description de la réalité soit coupée en deux.

Mais il était également hors de question qu'il altérât les équations de Maxwell. Einstein était en effet certain de la fiabilité absolue de ces équations. Leur beauté esthétique, leur précision et surtout leur pouvoir unificateur au sein d'une même théorie des deux descriptions limitées qu'étaient l'électricité et le magnétisme étaient en parfaite résonance avec ses aspirations profondes. Il était intimement convaincu que la théorie de Maxwell était une théorie fondamentale et « intouchable », contrairement à la mécanique classique qui possède un aspect plus phénoménologique, en dépit de ses succès.

Un nouveau décor : l'espace-temps

Einstein était persuadé que l'électromagnétisme révélait la vraie nature physique de l'espace et du temps (en l'absence de gravitation, nous y reviendrons) et la manière dont les observateurs inertiels échangent leurs visions des lois physiques. C'est dans ce nouveau cadre qu'il fallait donc reformuler la mécanique. Il ne s'agissait bien entendu pas d'unifier les deux théories de la mécanique classique et de l'électromagnétisme, mais de concilier les symétries qui les caractérisent. Il fallait donc reconsidérer la mécanique en y substituant le nouvel absolu de la vitesse de la lumière à l'ancien absolu du temps universel. Il fallait réexprimer les lois de la mécanique pour qu'elles soient invariantes pour les transformations de Lorentz. C'est de cette opération que résulte la théorie de la relativité restreinte.

Mais pourquoi les lois de la mécanique qui régissent notre monde quotidien semblent-elles se conformer avec une si grande précision aux lois classiques de Newton ? C'est la valeur extrêmement élevée de la vitesse de la lumière par rapport aux vitesses rencontrées usuellement qui en est la cause. Cette propriété se traduit mathématiquement par le fait que les transformations de Lorentz ne dépendent de la vitesse c de la lumière et de la vitesse v des objets que par leur rapport v/c. Lorsque ces vitesses v sont appréciablement plus petites que c, la valeur numérique de ce rapport est négligeable et les transformations de Lorentz ne diffèrent qu'imperceptiblement des transformations galiléennes. Les prévisions de la relativité restreinte deviennent alors indiscernables de celles de la mécanique classique. Au contraire, lorsque les vitesses v considérées approchent celle de la lumière, comme c'est fréquemment le cas dans le monde des particules élémentaires, les transformations de Lorentz s'écartent significativement des transformations galiléennes et les règles du jeu deviennent celles de la relativité restreinte. En définitive, ces considérations résultent de l'existence d'une valeur finie de la vitesse de la lumière. Si cette dernière se propageait instantanément, si la vitesse c était infinie, les transformations de Lorentz seraient identiques aux transformations galiléennes et la relativité restreinte serait identique à la relativité galiléenne classique.

Paradoxalement, c'est le caractère absolu de la vitesse de la lumière, autour duquel s'articule cette nouvelle mécanique, qui rend relative la notion de simultanéité. En effet, pour qu'un observateur conclue à la simultanéité de deux événements, il doit, se trouvant à égale distance de chacun d'eux, recevoir en même temps les signaux lumineux qu'ils émettent. Cette définition est absolue parce que la vitesse de la lumière ne dépend pas de la vitesse de l'observateur par rapport aux événements émetteurs. Tous les observateurs « voient » le même couple d'événements, annoncé par les mêmes signaux lumineux. Mais seul celui pour qui l'entrecroisement de ces signaux se produit à égale distance des deux événements émetteurs pourra conclure à leur simultanéité.

Pourquoi cette définition de la simultanéité n'a-t-elle aucun sens avec d'autres types de signaux émis par ces mêmes événements, des signaux sonores par exemple ? La réponse est simple : la vitesse de propagation du son perçu par un observateur inertiel n'a rien d'absolu, de sorte que la perception des sons émis par deux événements ne peut donc pas nous informer sur la simultanéité de leurs émissions.

Ainsi s'est tue l'horloge universelle que supposait la possibilité de définir deux événements distants comme simultanés, et, plus généralement, la possibilité de définir une coupe instantanée de l'univers contenant la totalité des événements qui se produisent « en même temps ».

Avec elle a disparu la possibilité de définir une mesure univoque des distances et des intervalles temporels. Ceux-ci dépendent désormais de la vitesse de l'observateur inertiel qui les évalue : ce sont les phénomènes souvent évoqués de la dilatation des temps et de la contraction des longueurs, dans le détail desquels nous n'entrerons pas ici.

Deux absolus subsistent cependant. Un observateur au repos par rapport au système qu'il observe aura accès au temps propre qui s'écoule entre deux événements affectant ce système, tous les autres observeront des temps plus longs ; il aura également accès à la longueur propre qui sépare deux événements, tous les autres observeront des longueurs plus petites. Et par ailleurs, la causalité reste absolue. On ne peut régresser « dans le temps » pour tuer nos grands-parents, remettant ainsi en cause notre propre existence et nous empêchant dès lors de pouvoir aller les tuer. Chaque événement spatio-temporel possède, pour tout observateur possible, un passé et un futur absolus, définis par le cône spatio-temporel de lumière, passé et futur qui ont cet événement pour sommet. Nous illustrons géométriquement ces concepts dans le chapitre 5.

La disparition de la mécanique classique entraînant dans sa chute celle du temps universel absolu, le réceptacle dans lequel se dérouleront dorénavant les phénomènes, de la mécanique classique et de l'électromagnétisme, devient l'*espace-temps*. Cette expression n'est pas une simple commodité sémantique, contractant en un seul terme deux entités indépendantes, elle exprime, bien au contraire, leur structure unifiée. En effet, pour que deux observateurs inertiels puissent comparer explicitement leurs observations d'un même phénomène en mécanique classique, il suffit qu'ils échangent leurs savoirs concernant les localisations spatiales des événements, le temps s'écoulant identiquement pour eux deux. En relativité restreinte, au contraire, leur échange doit inclure également les temps associés à ces événements, leurs écoulements relatifs étant distincts.

C'est ce nouveau cadre spatio-temporel qui devient la toile de fond sur laquelle s'inscrivent les relations de la relativité restreinte. L'espace-temps de la relativité restreinte est « plat » : les trajectoires droites parallèles y restent parallèles car deux observateurs inertiels en repos relatif conservent ce repos relatif à travers tout l'espace-temps. Il est le réceptacle passif et inerte de la dynamique qui s'y déroule, sans y prendre part, au même titre que l'espace euclidien de la physique classique.

Il constitue la scène où de nouveaux acteurs physiques satisfont à des règles de jeu nouvelles. L'union de l'espace et du temps entraîne, en effet, celle d'autres grandeurs physiques, l'énergie et l'impulsion (le produit de la vitesse par la masse). Celles-ci avaient des identités indépendantes en mécanique classique ; elles s'unissent en relativité restreinte au sein d'un seul et même concept physique intrinsèque nouveau : *l'énergie-impulsion*.

Toutes les relations de cette nouvelle mécanique seront marquées par l'apparition de la vitesse de la lumière dans leurs expressions. C'est le sceau indélébile de ce nouvel absolu qui plane à présent sur toute la physique. Mais cette vitesse ne représente pas seulement un absolu, c'est aussi la plus grande des vitesses atteignables : aucun signal physique ne peut se propager avec une vitesse supérieure et, de plus, aucun objet matériel ne peut l'atteindre. Il peut s'en approcher d'aussi près qu'on le désire, mais ne peut l'égaler.

L'existence de cette vitesse limite absolue conditionne des aspects essentiels de notre observation et de notre connaissance du cosmos. C'est en effet elle qui nous permet de *contempler expérimentalement l'histoire passée de l'univers*. Voir loin dans l'espace est en effet indissociable de voir loin dans le passé. Lorsqu'on observe une structure cosmologique lointaine, on la découvre telle qu'elle fut et non telle qu'elle est aujourd'hui. Les signaux électromagnétiques qui nous apportent cette information nous parviennent en effet après un temps de parcours déterminé par la vitesse de la lumière. Nous recevons parfois même des images d'astres qui n'existent plus.

Cette barrière physique des vitesses est la conséquence de la reformulation de la loi fondamentale de la dynamique – force = masse × accélération – dans le cadre de la relativité restreinte. La masse m d'un corps, et donc son inertie, qui en est une propriété intrinsèque et constante en mécanique classique, devient une grandeur relative qui augmente avec la vitesse en relativité restreinte. Lorsqu'un corps est accéléré, son inertie, qui mesure son degré de résistance à cette accélération, augmente progressivement. En conséquence, il faut une force de plus en plus grande pour produire une *même* accélération. De plus, cette augmentation de l'inertie du corps s'emballe lorsqu'on approche de la vitesse de la lumière. Il se produit alors un effet curieux : une fraction de plus en plus grande de la force appliquée au corps sert à augmenter sa masse et non pas sa vitesse qui reste quasi constante. Exprimée en termes d'énergie qui mesure le travail fourni par cette force, une part de plus en plus grande de cette énergie fournie au corps est convertie en masse du corps et non pas en accroissement de sa vitesse. En résumé, le corps devient de plus en plus inerte et oppose une résistance grandissante à l'accélération. Sa masse croît au-delà de toute limite lorsque la vitesse approche celle de la lumière, et cet infini marque l'impossibilité d'atteindre cette vitesse.

La barrière de la vitesse de la lumière résulte ainsi de la transformation d'énergie en masse. Mais cette forme d'équivalence entre ces deux aspects de la réalité peut aussi se lire en sens opposé, elle s'exprime alors par la plus célèbre des équations de la relativité restreinte :

$$E = mc^2$$

Elle exprime l'équivalence fondamentale de la masse m et de l'énergie E d'un système, et donc leur interchangeabilité. Cette relation puise entièrement sa source dans une exigence de symétrie des lois de la nature. Sans cette relation cruciale, la physique contemporaine, en particulier la relativité générale, la théorie quantique des champs et la cosmologie, n'aurait pu voir le jour.

Cette relation indique qu'une quantité fabuleuse d'énergie E peut être extraite d'une petite quantité de matière. En effet, cette énergie est proportionnelle au carré de la vitesse de la lumière, c^2, qui est énorme. Les conséquences de cette équivalence, donc celles de la relativité restreinte, ne sont aujourd'hui ignorées, pour le pire comme pour le meilleur, par personne. Un gramme de matière, par exemple, pourrait fournir les besoins énergétiques d'une maison moyenne pendant plusieurs années.

Comment ne pas souligner la puissance créatrice de l'exigence de symétrie dans la formulation des lois de la nature ! C'est l'imposition d'une symétrie à laquelle Einstein était intellectuellement attaché qui le conduisit à la relativité restreinte. C'est guidé par cette symétrie qu'il réécrit les lois de la nature et fait voler en éclats certaines de nos catégories mentales les plus enracinées comme l'espace et le temps. Généralement, les physiciens et les mathématiciens étudient les symétries des théories physiques établies. Einstein réalise l'opération inverse : il exige la symétrie et en déduit la physique correspondante.

Voici donc la mécanique reformulée et ses concepts transfigurés par la « simple » exigence d'une symétrie unique régissant la mécanique *et* l'électromagnétisme. Mais la physique dans son ensemble est-elle réellement concernée par cette démarche ? La réponse est claire : non. Et cela parce qu'*une double limitation affecte la relativité restreinte*. La première, héritée de la relativité galiléenne, limite les observateurs impliqués dans l'expression de l'invariance de la théorie aux seuls observateurs inertiels. La seconde concerne une absence de taille qui appauvrit la physique concernée par la relativité restreinte : celle de la gravitation.

À la fin du XIXᵉ siècle, Maxwell déclarait encore qu'il suffirait qu'une théorie scientifique puisse, avec quelque probabilité, conduire à une *explication* de la gravitation pour que les hommes de sciences y consacrent tout le reste de leur vie scientifique. Mais après 1905, la version newtonienne de la gravitation, en particulier sa propagation à vitesse infinie, contredit de plein fouet la relativité restreinte. Toutes les tentatives d'Einstein d'une explication de la gravitation qui entrerait dans le cadre de la relativité restreinte, qui « relativiserait » la gravitation, étaient restées vaines. Dès lors que les phénomènes gravitationnels n'y ont pas trouvé de statut, la relativité restreinte reste muette sur l'architecture de l'univers.

« Relativiser » la loi d'attraction gravitationnelle ? Tenter de la modifier et de la rendre compatible avec la nouvelle conception de l'espace et du temps ? Einstein accomplira la prédiction de Maxwell et s'attachera, non à adapter mais à *expliquer* et, en l'occurrence, à *supprimer* la force « scandaleuse » de Newton. Et il réussira, ce faisant, à généraliser la relativité restreinte, à supprimer le privilège des observateurs inertiels et le caractère absolu de l'accélération. Einstein réussit alors un génial coup double : il comprend que la prise en compte relativiste des phénomènes gravitationnels d'une part *et* l'extension de l'exigence d'invariance des lois de la physique à *tous* les observateurs, et non plus aux seuls observateurs inertiels, d'autre part, représentent un seul et même problème.

Ce fut la voie royale qui le conduisit à une théorie de l'espace-temps où la gravitation trouve son expression naturelle : la *relativité générale*.

La gravitation newtonienne fut en quelque sorte victime de son succès pendant près de trois siècles. Elle ne représentait que la description mathématique d'un phénomène dont l'essence conceptuelle restait incomprise ; mais la précision ahurissante de ses prévisions expérimentales dans les circonstances « habituellement » rencontrées lui conférait une fiabilité rassurante. Au point que les écarts observationnels par rapport à ses prévisions (comme ce fut le cas, par exemple, de la trajectoire de la planète Mercure) étaient systématiquement attribués à d'autres causes.

Il fallut plus de deux siècles et un coup d'éclat magistral d'Einstein pour enfin comprendre et expliquer la gravitation. La démarche d'Einstein ne résulta pas d'une volonté d'explication d'anomalies observationnelles, mais, bien au contraire, représenta une *pure création intellectuelle* : comprendre et expliquer l'universalité de la gravitation, donc son rapport à l'inertie et, corrélativement, le lien inévitable entre accélération et gravitation, voilà l'enjeu de la démarche d'Einstein. Voilà ce qui le conduisit à la formulation de la relativité générale.

C'est l'universalité du comportement des corps sous l'effet de la gravitation qui va, non seulement trouver son explication naturelle mais, de plus, entraîner avec elle l'interprétation einsteinienne de la gravitation elle-même.

Cette universalité a une conséquence troublante et unique : si tous les corps réagissent dynamiquement à la gravitation de la même manière, s'ils parcourent donc tous les mêmes trajectoires en dépit de leurs masses distinctes, si, quels qu'ils soient, ils vivent tous démocratiquement le même sort gravitationnel, alors tout se passe *comme si* ce que les corps subissent gravitationnellement n'avait rien à voir, contrairement aux apparences, avec eux-mêmes, comme si leurs mouvements ne répondaient pas à des forces qui les dévieraient des trajectoires naturelles que parcourent spontanément les corps libres tant en mécanique classique qu'en relativité restreinte : les lignes droites. En se comportant *comme s'ils subissaient des forces d'attraction réciproques*, les corps matériels nous révèlent de façon visible une propriété physique dissimulée et surprenante qui gît au cœur de l'explication einsteinienne de la gravitation.

L'élimination des forces comme causes des trajectoires gravitationnelles courbes est ainsi en contradiction flagrante avec l'esprit même de la mécanique classique newtonienne. On ne mesurera jamais assez l'importance du pas à franchir et du dilemme qui en résulte : comment un corps peut-il être libre de toute sollicitation extérieure en parcourant une trajectoire courbe *comme s'il était accéléré par un agent extérieur ?* C'est impensable sans bouleverser les fondements de la physique établie. Mais c'est précisément ce en quoi Einstein était passé maître : concilier l'inconciliable en repensant les concepts physiques les mieux établis et admis. C'est dans cet esprit, par exemple, qu'il avait créé la théorie de la relativité restreinte.

Il va préserver ce qui lui semblait essentiel et intouchable de la mécanique newtonienne : les corps libres suivent des trajectoires qui vont au plus court d'un point à un autre, donc parcourent toujours les lignes de plus court chemin dites *géodésiques* entre les points successifs de leur passage. Mais le prix qu'il lui faut payer pour introduire cette inertie d'un nouveau type, des *géodésiques courbes*, est le rejet de l'espace dans lequel ces chemins se déroulent, l'espace euclidien plat.

Tout se passe donc comme si ces mouvements gravitationnels se déroulaient *librement* le long de trajectoires inertielles, préinscrites dans un nouveau type d'espace-temps. Tout en étant libres de toute sollicitation extérieure, les corps seraient en quelque sorte « rivés » à des rigoles naturelles sillonnant un espace-temps inhabituel.

Mais quel espace-temps et quels chemins privilégiés ? L'idée d'Einstein qui, avec le recul d'un siècle, apparaît comme évidente, belle et simple, mais qui représenta un pas de géant dans l'histoire de la physique, c'est que l'espace-temps n'est pas plat comme le conçoivent la physique classique et la relativité restreinte, mais qu'il est courbe ! Donc, les chemins naturels empruntés par les corps parcourant l'univers sont à cet espace courbe ce que les droites sont à l'espace plat : *les trajectoires de plus court chemin et de moindre courbure, les géodésiques*. Les géodésiques sur la sphère, par exemple, sont ses arcs de grand cercle. Ainsi, les méridiens qui joignent les deux pôles sont des géodésiques à la surface du globe terrestre. Le plus court chemin entre deux points quelconques sur la sphère est l'arc de grand cercle qui passe par ces deux points.

Autrement dit, ce qui change abruptement dans la nouvelle théorie, c'est la nature de l'espace-temps que les chemins inertiels géodésiques parcourent. La liberté s'exprime toujours de la même manière, mais se réalise dans un espace-temps que la physique antérieure n'envisageait pas. Voilà donc cette propriété physique dissimulée et surprenante qui nous mystifie en nous donnant l'illusion que les corps s'attirent par des forces gravitationnelles, alors qu'ils voguent librement dans un espace-temps courbe.

Ce projet théorique est certes intrigant et pour le moins révolutionnaire, mais quel est le bien-fondé d'un saut conceptuel aussi radical ? Avant toute chose, pourquoi l'espace-temps serait-il courbe ? Que signifie cette courbure et comment la ressentons-nous ? Pourquoi des concepts aussi distincts que la matière, l'espace et le temps auraient-ils partie liée ? L'espace-temps, toujours considéré par la physique comme un réceptacle géométrique passif et inerte, serait-il promu au rang d'acteur participant, avec la matière, à l'histoire du monde ? Quelles en sont les règles du jeu ?

Il est toujours ardu de pénétrer dans un environnement conceptuel inédit sans avoir quelque image sur laquelle notre intuition et notre imagination puissent s'appuyer. Ces images ne sont surtout pas à prendre au pied de la lettre, mais elles peuvent conduire à des modèles utiles et suggestifs.

Imaginons une surface plane, parallèle au sol, réalisée au moyen d'une toile légèrement élastique, tendue et fixée à ses extrémités sur quatre supports d'égale hauteur. Supposons de plus que cette toile soit suffisamment transparente pour que les objets qui y reposent nous semblent flotter librement au-dessus du sol. Quel sera le mouvement d'une petite bille lancée sur cette surface plane, en supposant l'absence de tout frottement ? Si sa masse est suffisamment faible pour ne produire aucune déformation du support plan élastique, elle le parcourra inertiellement et donc le traversera de part en part en ligne droite à vitesse constante, comme la mécanique classique l'exige. Mais qu'adviendra-t-il du mouvement de cette même petite bille, lancée de la même façon, si une masse importante est à présent posée sur la toile support ? Celle-ci s'incurve sous l'effet de cette masse, offrant à la bille qui y est lancée une surface déformée par cette courbure. Cette dernière sera marquée de manière significative dans le voisinage immédiat de la masse qui y est posée pour s'estomper progressivement vers les extrémités du support. Le mouvement de la bille sera naturellement affecté par la modification géométrique du support qu'elle parcourt.

Selon les conditions initiales de son mouvement, trois possibilités peuvent se produire. Elle part en ligne droite comme dans le cas précédent, voit sa trajectoire s'incurver lorsqu'elle passe dans le voisinage de la dépression engendrée par la masse centrale, et en émerge avec une trajectoire qui redevient progressivement rectiligne lorsqu'elle s'en éloigne. Elle est piégée par cette dépression et y orbite inlassablement autour de la masse qui en est responsable s'il n'y a pas de frottement. Elle est piégée, mais elle ne peut que tomber inexorablement, sans orbiter, vers le centre de la dépression et sur la masse qui s'y trouve.

La toile étant parfaitement transparente, le support étant donc invisible, que voyons-nous « réellement » : une masse flotte dans l'espace et un petit objet décrit l'une de ces trois trajectoires, selon les conditions initiales de son mouvement. Or celles-ci miment précisément les trois types de mouvement gravitationnel qui peuvent se dérouler au voisinage d'un astre : la déviation de la trajectoire d'une masse qui arrive de l'espace lointain, qui passe dans son voisinage et qui s'en éloigne ensuite, le mouvement orbital d'un satellite et finalement la chute d'une masse vers cet astre. Nous en déduirons que la petite bille est attirée vers la masse centrale par une force d'« attraction » qui agit à distance, et qu'elle accomplit les divers mouvements impliqués par l'action de cette force. Nous l'interpréterons légitimement, c'est essentiel, comme une « force d'attraction *gravitationnelle* », parce que les diverses aventures de la bille sont indépendantes de sa masse et reflètent donc bien l'universalité de cette force. Ces billes semblent suivre des trajectoires universellement préinscrites dans l'espace qu'elles sillonnent.

Que nous apprend ce modèle mécanique simple sur l'origine de cette *gravitation simulée* ? Il n'y a, bien entendu, en dépit des apparences, aucune force d'attraction engendrée par la masse centrale qui dévierait les billes de leurs trajectoires rectilignes et uniformes. Et pourtant, c'est bien la *présence* de cette masse qui en est la cause, mais pas de façon directe. La masse agit sur les billes *par la géométrie du support* ! En effet, sa présence incurve la surface, et c'est cette courbure qui déforme et modèle les trajectoires qui l'épousent. En d'autres termes, la présence de cette masse a modifié la géométrie de son environnement de sorte que les mouvements des corps s'y conforment en y déployant des trajectoires gravitationnelles incurvées.

Mais cette image est encore loin du compte, s'il s'agit de modéliser le fonctionnement dynamique de la gravitation, comme celui du système solaire par exemple. En effet, comment se déroulent les choses si plusieurs masses, comme divers astres et leurs satellites, sont substituées à la masse isolée précédente ?

Chacune d'elles contribue à la courbure de la surface, chacune creuse sa dépression. Cette géométrie résulte dans ce cas de la présence collective de toutes les masses. Chacun de ces corps se déplace entraînant avec lui la dépression qu'il creuse. Ces diverses masses se ressentent donc toutes les unes les autres par l'intermédiaire de cette géométrie. Ce mouvement la remodèle de la sorte. C'est ainsi que le mouvement des masses et les trajectoires qu'elles peuvent suivre se reconditionnent réciproquement sans arrêt dans un grand jeu permanent de rétroaction géométrico-matérielle qui imite la dynamique gravitationnelle céleste.

L'intérêt de cette image mécanique est de *suggérer* un ensemble de propriétés qui miment celles qui se trouvent au cœur de la relativité générale : que la géométrie puisse entrer en jeu dans le déroulement d'une dynamique gravitationnelle ; que les forces puissent être éliminées au profit d'une propriété de la géométrie de l'espace ; que cette géométrie qui détermine les mouvements des corps soit précisément engendrée par ceux-ci.

Mais le principal intérêt de cette image tient davantage encore à ses « défauts et erreurs » qu'à ses vertus.

Tout d'abord, ce mécanisme ne cherche en rien à *expliquer*, ne fût-ce que partiellement, la gravitation puisqu'elle est préexistante à ce modèle et qu'elle anime en coulisses tout le scénario. C'est elle qui induit l'action des masses sur le support en les attirant vers le sol et qui est ainsi responsable du déroulement de leurs aventures. On utilise donc la gravitation pour construire un modèle qui l'illustre !

Ensuite, ce modèle s'articule entièrement autour d'images classiques. Or, la relativité générale est profondément imprégnée par l'esprit de la relativité restreinte. Les représentations physiques de la réalité se font donc intrinsèquement dans l'espace-temps et non dans le seul espace à trois dimensions. Il en est ainsi des mouvements gravitationnels libres des corps en relativité générale. Leurs trajectoires sont *les géodésiques de l'espace-temps* et non celles de sa seule partie spatiale. Une masse se fraye un chemin dans l'espace mais aussi dans le temps, au sein de cette structure unifiée qu'est l'espace-temps. Sa trajectoire est la plus courte possible (et la moins courbe possible) lorsque sont simultanément pris en compte les déplacements spatiaux et temporels interprétés selon la relativité restreinte.

Il y a une différence essentielle entre les géodésiques d'une surface courbe dans l'espace à trois dimensions et une trajectoire gravitationnelle. Il est impossible d'interpréter celle-ci en tant que *géodésique du seul espace à trois dimensions*, quelle que soit sa courbure. En effet, une géodésique est entièrement déterminée par un point et une direction en ce point. Sur le plan, par exemple, une droite est univoquement fixée si l'on précise le point par lequel elle passe et sa direction. Ces données déterminent d'ailleurs entièrement une trajectoire inertielle classique : quelle que soit la vitesse initiale avec laquelle vous lancez un objet dans une direction donnée sur un plan, il suivra la même trajectoire droite.

Mais tel n'est précisément pas le cas d'un objet satellisé sur une orbite terrestre, par exemple. La trajectoire gravitationnelle qu'il emprunte dépend en effet non seulement du point et de la direction de départ, mais également *de la vitesse initiale qui lui est communiquée*. En fait, il y a une infinité de trajectoires gravitationnelles tangentes à une direction commune en un point donné de l'espace à trois dimensions : elles diffèrent l'une de l'autre par la vitesse en ce point. Ce sont, par exemple, les trajectoires paraboliques suivies par un objet lancé horizontalement d'un même point avec diverses vitesses initiales. Cette donnée supplémentaire, la vitesse, qui fixe une trajectoire gravitationnelle, se trouve automatiquement incluse dans la donnée d'une *direction dans l'espace-temps*. Celle-ci implique en effet la donnée conjointe d'un intervalle d'espace et d'un intervalle de temps, donc celle de la vitesse. C'est pourquoi les trajectoires gravitationnelles doivent être identifiées à des *géodésiques de l'espace-temps*. La trajectoire d'une planète autour du Soleil, par exemple, se déroule le long d'une ligne qui est une géodésique dans *l'espace-temps au voisinage du Soleil :* elle doit être conçue comme une ligne « spiralée » autour de la dimension temporelle, dans l'espace-temps engendré par le Soleil.

L'identification des trajectoires gravitationnelles avec les géodésiques de l'espace-temps annonce sans équivoque que c'est bien la courbure de l'espace-temps, et non celle du seul espace, qui est au centre de l'interprétation de la gravitation. Ainsi, l'énergie courbe non seulement l'espace mais également le temps. Cette courbure du temps exprime que *l'écoulement du temps propre est affecté par la présence de la matière-énergie.* Il s'écoule différemment dans le voisinage d'astres dont la masse diffère.

Dans certaines situations, la courbure de l'espace-temps se manifeste par la seule courbure du temps alors que l'espace, lui, reste plat ; cette situation joue un rôle important en cosmologie : il semble aujourd'hui acquis qu'il en est précisément ainsi de la structure géométrique globale de notre univers. Cette propriété essentielle sera traitée dans le chapitre 5.

Une autre faille de notre illustration mécanique du projet de la relativité générale concerne l'identification des sources gravitationnelles. En effet, dans notre modèle comme en théorie newtonienne, la gravitation puise ses sources exclusivement dans les masses. Mais la relativité restreinte nous apprend que masse et énergie ne sont que deux aspects d'une même réalité. C'est pourquoi ce sont *toutes les formes d'énergie et de forces* qui produisent et ressentent la gravitation. Ce point sera capital en cosmologie pour comprendre les comportements inattendus de l'univers. Il jouera, entre autres, un rôle crucial dans l'éviction de la singularité du Big Bang.

Une remarque supplémentaire s'impose : la « vraie » relativité générale concerne la géométrie de l'espace-temps *dans* lequel nous sommes immergés. Cette courbure n'est alors pas observée « de l'extérieur », avec le recul que l'observation du modèle nous permet, mais « de l'intérieur », sans référence à un extérieur inexistant. C'est une géométrie d'un autre type, dite *géométrie intrinsèque*, qui entre en scène dans la construction de la relativité générale.

Si ce modèle nous a cependant aidés à suggérer que la géométrie de l'espace-temps et le comportement dynamique de la matière peuvent avoir un dialogue, ce sont de tout autres réflexions qui guidèrent Einstein vers sa découverte fondamentale : *la gravitation est l'expression de la courbure de l'espace-temps.*

CHAPITRE 2

ASCENSEUR POUR L'UNIVERS

Une chute miraculeuse

Quel fut le détonateur de cette extraordinaire aventure intellectuelle qui conduisit Einstein à concevoir ainsi le fonctionnement du monde ? Selon une histoire apocryphe, Einstein aurait assisté un jour à la chute, du toit d'un bâtiment, d'un ouvrier qui n'aurait dû son salut qu'à la présence sur le sol d'un empilement de matériaux souples qui l'amortirent. Impressionné, Einstein s'enquit de l'état du miraculé. L'ouvrier lui décrivit alors la sensation étrange qu'il avait ressentie au cours de sa chute : il lui avait semblé être immobile dans un étonnant état de légèreté tout en voyant le sol s'élever vers lui pour venir le frapper. Ce récit aurait été une révélation, le déclic décisif qui bouleversa sa vision de la gravitation. Si l'homme ressentit cette légèreté, pensa Einstein, c'est qu'il s'était senti libre de toute contrainte, de toute sollicitation extérieure, tout se passant *durant* sa chute *comme si* la gravitation ne l'affectait plus. Mais comment pouvait-il ne plus sentir la gravitation alors que c'est précisément elle qui provoquait sa chute ?

Quelles auraient été ses sensations s'il n'avait pas vu ce maudit sol se rapprocher inexorablement de lui, s'il avait été enfermé durant cette chute dans une enceinte qui aurait occulté sa vision de l'extérieur ? Aurait-il perdu toute sensation angoissante de chute et n'aurait-il gardé que le bien-être de sa légèreté ? Où est passée la sensation de pesanteur que la gravitation devrait lui faire ressentir ?

Pour répondre à ces questions, Einstein fit appel à ce qu'il affectionnait tant : une *expérience de pensée*. Il imaginait cet homme enfermé avec divers objets dans un ascenseur. La seule particularité de la cabine était d'être complètement isolée. Toutes les aventures qui s'y déroulent sont donc vécues exclusivement de l'intérieur, sans référence possible au monde extérieur.

Considérons tout d'abord l'ascenseur au repos par rapport à sa cage, suspendu par son câble tendu, au niveau de l'étage supérieur d'un haut immeuble. Notre homme, quelques autres personnages, un bébé dans son landau, un iguane et divers objets reposent sur le sol de la cabine. Tout est calme et serein, tous attendent la descente de l'ascenseur. C'est alors qu'Einstein, plus intéressé par les conséquences de son expérience que par le sort des habitants de l'ascenseur, coupe malicieusement, en pensée, le câble qui le retenait. Tel le parachutiste qui n'ouvre pas son parachute, l'ascenseur entame alors inévitablement une chute libre vertigineuse. Que se passe-t-il à l'intérieur de la cabine pendant cette chute ?

Galilée, déjà, aurait pu souffler la réponse : *tous* les objets vivants ou non, *quelle que soit leur masse*, chutent avec la même accélération. Mais la cabine elle aussi chutant avec cette même accélération, son sol se dérobe en permanence sous les pieds et sous les objets qu'elle contient. La cabine et son contenu sont en chute libre. Plus personne ni aucun objet ne « pèsent » donc plus sur le plancher, plus aucune force ne les sollicite à l'intérieur de ce monde clos : le bébé flotte agréablement à la surface de son landau qui, lui-même, ne repose plus sur le sol, comme tous les autres sujets de cette expérience. La gravitation a été gommée *à l'intérieur de la cabine* durant la brève période de chute libre, celle qui précède l'instant fatidique de l'impact au sol.

Comment les passagers interprètent-ils cet *état momentané d'apesanteur* qu'ils ressentent ? Inspiré par ses réflexions concernant la chute de l'ouvrier, Einstein découvre soudain qu'il y a deux réponses distinctes, indiscernables et *équivalentes*, à cette interrogation (en l'absence de heurts de la cabine contre les parois de la cage). L'une est dramatique, l'autre est cosmologiquement ésotérique.

Les passagers pessimistes sont convaincus d'être victimes d'un accident qui précipite leur cabine en chute libre vers un destin funeste (comment auraient-ils pu se douter qu'Einstein avait commis un acte criminel ?). Les optimistes, eux, sont au contraire convaincus qu'un « miracle cosmologique » a transporté leur cabine vers un lieu de l'univers situé loin de tout astre ou toute autre forme de matière. Dans une telle région de l'univers, les effets gravitationnels seraient imperceptibles et expliqueraient la sensation d'apesanteur.

Seule une expérience de physique permettant de tester la validité de l'une ou l'autre de ces interprétations pourrait apaiser le conflit entre pessimistes et optimistes. Ils réfléchissent donc ensemble aux expériences que la physique pourrait leur offrir en désignant l'origine de leur état et... n'en trouvent aucune !

Ils arrivent à la conclusion qu'il leur est impossible de distinguer physiquement entre les deux termes de cette alternative. Ils sont dans les deux cas *réellement* en apesanteur, *aucune expérience de physique* menée à l'intérieur de la cabine n'est susceptible de révéler l'origine de cette apesanteur. En d'autres termes, la chute libre a éliminé la gravitation dans la petite région d'espace délimitée par la cabine. À l'intérieur de cette région, les corps ne pèsent pas.

Mais, inversement, ce qui a permis à Einstein d'annuler la gravitation va également lui permettre de *la créer*. Considérons pour ce faire cette même cabine située non pas à la surface de la Terre, mais dans une hypothétique région de l'univers si éloignée de toute masse et de tout rayonnement qu'aucun effet gravitationnel n'y soit perceptible. Rien dans cette cabine ne pèse, aucune direction de chute n'est privilégiée, tout flotte librement, y compris le câble de l'ascenseur.

La main d'Einstein s'empare alors de ce câble et l'accélère vigoureusement dans une direction quelconque (elles se valent toutes). Que ressentent à présent les passagers de la cabine ? Ils vont subitement tous se sentir précipités, ainsi que les objets, vers la paroi opposée à la direction de l'accélération, qui deviendra ainsi leur plancher. Le bébé pèsera brusquement dans son landau qui lui-même pèsera de tout son poids sur le nouveau plancher, un objet lancé vers le « haut » ralentit et retombe, bref, une gravitation apparaît soudain dans la cabine.

Comment les passagers interprètent-ils l'*état momentané de pesanteur* qu'ils ressentent ? À nouveau, deux thèses s'affrontent. Les partisans de la première sont persuadés qu'un mauvais génie a brusquement perturbé leur bien-être en accélérant leur petit monde dans la direction opposée à la gravitation qu'ils ressentent. Ils expliquent donc leur nouvelle réalité par un *effet d'inertie associé à une accélération*. Les seconds attribuent leur état à un « miracle cosmologique » : leur cabine a été transportée dans le voisinage d'un astre dont ils ressentent l'attraction gravitationnelle. Ils attribuent donc, eux, les événements qui se produisent à *la gravitation* engendrée par cet astre.

Et voilà les passagers de nouveau confrontés au choix de l'interprétation de ce qui leur arrive. Mais, encore une fois, il s'avère qu'ils n'ont aucun moyen physique de discriminer expérimentalement ces deux hypothèses. *Aucune expérience de physique* menée à l'intérieur de la cabine n'est susceptible de révéler l'origine de la gravitation qui y règne. Il y a donc à nouveau deux interprétations distinctes, indiscernables et *équivalentes*, de l'apparition soudaine de la gravitation dans la cabine.

Einstein arrive ainsi à la conclusion que la gravitation et l'accélération sont sœurs jumelles : rien ne distingue *localement* les effets de la gravitation de ceux d'une accélération. En d'autres termes, il est toujours possible de mimer *localement, dans une petite région de l'espace,* tous les effets physiques de la gravitation par ceux d'une accélération. Les effets d'une accélération peuvent ainsi vous mystifier en vous persuadant que vous êtes dans une région habitée par la gravitation et *vice versa*. Cette accélération sera bien entendu ajustée à l'intensité et à la direction de la gravitation dans cette région. C'est une expression du célèbre *principe d'équivalence* qu'Einstein formula en 1907. C'est ce principe qui le conduisit progressivement, durant neuf années de travail acharné, vers la formulation précise de la relativité générale en 1916.

La gravitation peut donc être annulée ou créée localement par un simple changement d'état de mouvement accéléré, par un changement de point de vue. La gravitation dans une petite région est donc relative, présente pour les uns, absente pour les autres, selon leur état de mouvement accéléré. La gravitation et l'accélération, donc la gravitation et l'inertie, ont enfin partie liée, ce qu'Einstein cherchait à montrer avec tant de persévérance.

Pourquoi cette insistance à limiter la validité de cette équivalence à une « petite région de l'espace » et que signifie « petite » ? La raison en est que, dans l'univers, *la gravitation n'est pas uniforme*, ni en direction ni en intensité. La direction de la gravitation terrestre, par exemple, est dirigée vers le centre de la Terre, et varie donc d'un point à l'autre. Une accélération, au contraire, est équivalente à un champ de gravitation uniforme, dirigé en tout point de l'espace dans la direction opposée à la sienne. Par conséquent, l'équivalence entre accélération et gravitation ne concerne que des *régions de l'espace suffisamment petites pour que la gravitation puisse y être considérée comme uniforme, en direction et en intensité*. Ainsi, par exemple, les dimensions de l'ascenseur d'Einstein sont certainement négligeables par rapport aux dimensions de la Terre. Il est donc raisonnable de considérer que, dans ce cas, le champ gravitationnel terrestre soit uniforme dans les limites de cette région ainsi considérée comme « petite ». Mais, dans d'autres situations, par exemple dans le voisinage d'une étoile à neutrons ou d'un trou noir, dans lesquelles la gravitation varie appréciablement d'un point à l'autre de l'espace, les dimensions de la région à l'intérieur de laquelle le principe d'équivalence s'applique devront être infiniment petites. Moins la gravitation est uniforme, plus petite est l'extension de la région dans laquelle le principe s'applique. Mais une telle région est toujours définissable.

C'est cette caractéristique *locale* du principe d'équivalence qui fournit la réponse à la question : la gravitation ne serait-elle pas un simple mirage ? Ne résulterait-elle pas d'un point de vue particulier, dès lors qu'on peut l'éradiquer par une accélération adéquate ? La réponse est qu'on ne peut pas la gommer *simultanément partout* parce qu'une accélération n'est adéquate que dans une petite région de l'espace. C'est précisément cette caractéristique locale du principe qui va mettre Einstein sur la voie de la relativité générale.

Einstein a choisi la taille de son ascenseur en chute libre suffisamment petite pour qu'il puisse y considérer la gravitation comme uniforme et lui appliquer alors le principe d'équivalence. Ainsi, la gravitation est abolie pour tous les passagers et objets qui accompagnent l'ascenseur dans sa chute. Ils sont tous libres, aucune force ne les sollicite et ils vivent tous inertiellement dans un monde sans gravitation.

Einstein réalise donc *physiquement* un environnement qui n'était pensable que théoriquement et abstraitement pour Newton. Autrement dit, le raisonnement qui a donné à Einstein les moyens de poser l'équivalence entre accélération et gravitation lui offre également ce qui manquait tant à la physique newtonienne et à la relativité restreinte : la possibilité de définir *un espace physique* au sein duquel les corps puissent être *naturellement* en état de mouvement inertiel. À *l'intérieur* de l'ascenseur en chute libre, il n'est pas nécessaire de se donner artificiellement des observateurs se déplaçant à vitesse uniforme donnée. Cet espace local *construit physiquement* peut être identifié à l'espace plat *postulé* par Newton ainsi qu'à celui de la relativité restreinte.

Cette démarche représente un progrès conceptuel énorme. Rappelons-nous en effet que tout le développement de la mécanique classique comme de la relativité restreinte s'articule autour de la première loi newtonienne de la dynamique : force = masse × accélération. Pas de force, pas d'accélération. C'est elle qui nous a offert le concept de famille d'observateurs inertiels en mouvements relatifs *non accélérés* les uns par rapport aux autres. Cette loi est tellement entrée dans les esprits qu'on ne se pose que très rarement la question de savoir comment la tester. Pourtant la physique est une science expérimentale et toute loi doit être confirmée par l'expérience. Comment donc réellement tester cette loi de Newton ? Il semblerait qu'il suffise d'éliminer toutes les forces qui pourraient solliciter un corps, les forces de contact, les forces électriques, les forces magnétiques..., mais il en restera toujours une impossible à neutraliser : la gravitation. N'est-il donc pas possible de tester *physiquement* cette loi dès lors qu'on ne peut abolir la gravitation ? Qu'aurait dit Newton à ce sujet ? Sa réponse ne pouvait qu'être : pensons cette loi dans une région de l'univers suffisamment éloignée de toute matière pour que la gravitation puisse y être oubliée. C'est ainsi que les observateurs inertiels qui sont au cœur de la mécanique classique et de la relativité restreinte apparaissent comme des fictions mathématiques dénuées de support expérimental concret.

C'est précisément ce problème qui trouve sa solution naturelle grâce au principe d'équivalence. Il n'est plus nécessaire d'aller loin dans l'univers à la recherche d'hypothétiques régions exemptes de gravitation ; elles sont partout, à portée de mains : les microrégions en chute libre. C'est ainsi que, plus de deux siècles après Newton, Einstein donne une solution physique à ce problème.

La gravitation est l'expression de la courbure de l'espace-temps, disions-nous précédemment. Comment cette courbure émerge-t-elle du principe d'équivalence et des microrégions en chute libre au sein desquelles la gravitation a précisément été éliminée ? Dans une telle région, qui représente la réalisation physique d'une portion de l'espace-temps plat de la relativité restreinte, les observateurs inertiels ont des mouvements relatifs *non accélérés*, en ligne droite, les uns par rapport aux autres. Les droites parallèles le demeurent. Dans l'image de l'ascenseur d'Einstein, par exemple, si deux objets voisins parcourent des trajectoires droites parallèles au moment initial de la section du câble par Einstein, elles resteront parallèles tout au long de la chute. Ce parallélisme des droites est préservé et témoigne ainsi de l'absence de courbure de la géométrie qui décrit l'intérieur de la cabine.

Si, par contre, cette cabine est plus étendue et que la non-uniformité de la gravitation terrestre (dirigée en chaque point vers le centre de la Terre) ne peut plus être négligée, celle-ci se manifestera par l'apparition d'accélérations relatives entre objets voisins durant la chute. Un observateur verra dans la cabine ces objets se rapprocher progressivement les uns des autres et c'est précisément ce mouvement relatif qui lui révélera la courbure de l'espace-temps. La gravitation n'est plus, cette fois, éliminée, elle se manifeste par les accélérations relatives des corps voisins en chute libre. Chacun d'eux est inertiel (il ne subit aucune force) et parcourt une géodésique. On est donc en présence de deux observateurs inertiels en accélération relative. Leurs trajectoires géodésiques initialement parallèles ne le resteront plus cette fois, elles convergeront vers le centre de la Terre. Ainsi, dans cette région, les géodésiques parallèles se croisent, ce qui ne peut que s'interpréter par la courbure de l'espace-temps.

Les géodésiques sur la sphère illustrent bien cette dernière situation. Considérons le comportement de deux méridiens (des géodésiques sur cette surface) qui croisent perpendiculairement l'équateur en deux points voisins et y sont donc parallèles l'un à l'autre. Resteront-ils parallèles partout ? Non, puisqu'ils convergent ensuite vers le pôle qui est leur lieu de rencontre. Dans le très petit voisinage de l'équateur délimité par ces deux points voisins, au sein duquel la courbure de la Terre est insignifiante, ces méridiens peuvent être légitimement assimilés à des droites parallèles. Autrement dit, ce petit voisinage se comporte comme un morceau de plan (qui n'est d'ailleurs rien d'autre qu'un plan tangent à la sphère à l'équateur). Mais à plus grande échelle, lorsque la courbure de la sphère ne peut plus être négligée, ces deux « droites » convergent l'une vers l'autre, révélant alors cette courbure.

Le principe d'équivalence est puissant et économique car dès qu'un observateur inertiel possède la description d'un phénomène en l'absence de gravitation, il lui suffit de l'imaginer par rapport à un observateur accéléré pour prédire son comportement en présence de gravitation. L'exemple de la propagation en ligne droite d'un signal lumineux en l'absence de gravitation est édifiant, car ce seul principe prédit qu'il se courbera en sa présence. La prédiction qualitative de la déviation des rayons lumineux par la gravitation est ainsi déjà acquise. Les équations d'Einstein prédiront plus tard quantitativement la valeur de cette déviation. La même approche, fondée sur ce principe d'équivalence appliqué à la fréquence d'une onde électromagnétique, prédit de manière simple son décalage gravitationnel et l'altération de l'écoulement du temps propre par la gravitation, c'est la courbure gravitationnelle du temps. Ces implications sont illustrées dans la deuxième section du chapitre 5.

Le principe d'équivalence et la courbure de l'espace-temps qu'il appelle permirent enfin à Einstein d'appréhender la nature profonde de la gravitation et de l'exprimer dans sa théorie de la relativité générale.

L'espace-temps est courbe et la gravitation n'est rien d'autre que l'expression de cette courbure. En dépit des apparences, il n'y a pas de forces de gravitation dans la nature. Les divers corps qui peuplent l'univers ne font que suivre par inertie, sur leur lancée, les chemins les plus libres possible, c'est-à-dire les moins courbés, les géodésiques qui sillonnent cet espace-temps courbe. Les géodésiques généralisent le concept de trajectoire inertielle. De façon inattendue, la vieille distinction aristotélicienne entre le mouvement « naturel » du corps grave et son mouvement « violent » trouve ici un sens nouveau : les corps laissés à eux-mêmes ne cessent de « tomber », mais cette chute ne provient pas d'une « perturbation » de leur mouvement uniforme rectiligne, elle n'est rien d'autre qu'un chemin « naturel » défini par une géodésique spatio-temporelle. Mais si cette conception est attrayante, elle nous laisse encore loin du but car elle ne peut prétendre expliquer réellement la gravitation que si l'origine de cette courbure est identifiée.

C'est précisément ici que le modèle mécanique de la dynamique des masses sur un support élastique tendu va jouer à merveille son rôle intuitif. La logique des événements géométrico-matériels qui s'y déroulent est en effet très suggestive de ce qu'Einstein découvre.

Le coup de génie d'Einstein est d'avoir compris la réciprocité entre le contenant géométrique, la structure de l'espace-temps, et le contenu matériel : *toute* forme d'énergie, matière ou rayonnement, est source de courbure. La géométrie répond à l'énergie en se courbant. C'est elle qui, en retour, trace les trajectoires des corps matériels et du rayonnement. Autrement dit, ce sont les constituants de l'univers eux-mêmes qui modèlent la courbure du substrat géométrique qui les contient, et c'est le long des trajectoires privilégiées, les géodésiques inscrites dans cette géométrie, qu'ils se déplacent.

Image extraordinaire que ces deux composantes de la réalité, le contenu et le contenant, qui se répondent continûment et mutuellement en ajustant la géométrie et les mouvements qui la conditionnent et qui sont conditionnés par elle. Cependant, en dépit de sa beauté conceptuelle, cette image n'est que qualitative ; elle ne peut prétendre au statut de théorie tant que n'auront pas été établis les liens mathématiques précis qui expriment *quantitativement* les rapports entre la dynamique de la géométrie et celle de la matière. Comment la matière induit-elle précisément la courbure de l'espace-temps, comment celle-ci rétroagit-elle précisément sur le mouvement des corps qui l'ont engendrée ?

La mise au point de ces liens mathématiques représenta la phase ultime de l'élaboration de la théorie de la relativité générale. La formulation explicite de cette dynamique d'un genre nouveau qui exprime la *rétroaction permanente entre le contenu matériel de l'univers et son cadre géométrique*, situation sans précédent en physique, exigea de la part d'Einstein la mise en œuvre de trésors d'ingéniosité. Il s'agissait en effet de mettre explicitement en relation deux aspects de la réalité aussi différents que la géométrie et la matière. C'est ce qu'il réalisera, nous le verrons, dans ses célèbres équations de la relativité générale.

La gravitation se trouvera alors enfin « relativisée » dans la théorie de la relativité générale et entrera de plain-pied dans le jeu aux côtés de la mécanique et de l'électromagnétisme. Le passage de la relativité restreinte à la relativité générale est donc marqué par une double extension de taille : la classe des observateurs n'est plus limitée aux seuls observateurs inertiels et la famille de lois concerne toute la physique. Dans l'expression « relativité générale » l'adjectif est lourd de sens, il exprime cette double généralisation, celle des observateurs et celle des lois physiques. De même, dans « relativité restreinte », l'adjectif restreignait simultanément les observateurs aux seuls inertiels et excluait la gravitation de son contexte.

Une différence conceptuellement importante entre l'invariance de la relativité restreinte et celle de la relativité générale mérite d'être soulignée. La première exprime que deux observateurs inertiels perçoivent la même réalité physique. C'est une symétrie au sens conventionnel du terme : on change de point de vue et l'on voit la même réalité. La seconde n'est pas de même nature : deux observateurs, dont l'un est inertiel et l'autre accéléré, ne perçoivent pas la même réalité physique, mais ce dernier peut attribuer les différences qu'il observe à la gravitation. Cette invariance met donc en exergue le rôle très particulier que joue la gravitation en physique.

Comment concevoir intuitivement que le chemin le plus court reliant deux points de notre espace ne soit pas une droite ? Tant qu'il fait de la pure géométrie, le mathématicien Euclide, par exemple, peut légitimement construire, en toute liberté, cet objet mathématique qu'est l'espace. Il va, bien entendu, suivre le bon sens et il n'aura de comptes à rendre qu'à la cohérence interne de sa construction. Cela reflète toute la différence qu'il y a entre les démarches respectives du mathématicien et du physicien. Si les créations d'un mathématicien n'ont aucune obligation d'être confrontées au monde réel, celles du physicien, par contre, doivent être en adéquation avec le déroulement des phénomènes naturels. Les impératifs sont très différents.

Comment Euclide et les mathématiciens et physiciens qui lui ont succédé pendant plus de deux millénaires auraient-ils pu imaginer qu'un jour la *physique se rebifferait*, qu'elle viendrait s'immiscer dans cette construction géométrique, que le cadre qui lui était destiné deviendrait inapproprié et incompatible avec les propriétés fondamentales de la nature, que le contenu matériel obligerait son contenant à s'adapter à sa distribution ? Que la géométrie de l'espace physique ne serait pas celle que l'on croyait ?

En d'autres termes, depuis les Grecs, c'est l'homme qui semble choisir le langage géométrique avec lequel il décrit la nature : espace plat, géométrie d'Euclide... Les Grecs ont géométrisé l'espace et ont, de ce fait, géométrisé la physique. Cette démarche se prolonge jusqu'au cœur de la relativité restreinte, où la géométrisation du temps s'associe à celle de l'espace. Par contre, *la physique de la relativité générale ne se laisse pas imposer le choix de la géométrie*. C'est la physique qui crée le cadre géométrique qui lui convient. La relativité générale est un grand jeu entre la physique et son cadre et représente ainsi une étape majeure de la géométrisation de la physique. Il se produit là ce qu'on pourrait appeler une *physicalisation de la géométrie*[5].

Bien sûr, ce cadre géométrique avait déjà été bousculé lors du passage de la physique classique à la relativité restreinte. Mais il conservait encore sa fonction essentielle : être le cadre passif dans lequel se déroulent les aventures du monde, auquel toute notion de courbure reste étrangère. Et voilà qu'Einstein lui fait complètement changer de statut, le restructure pour que la gravitation repensée y trouve sa place, pour qu'il réagisse adéquatement au déroulement de la physique.

---

5. E. Gunzig, « Du vide à l'univers », *in Le Vide, l'univers du tout et du rien*, Bruxelles, Complexe, 1998, p. 468.

Revenons aux relations mathématiques qu'Einstein devait créer pour que l'ensemble de ses idées puissent s'exprimer *quantitativement* et accéder ainsi au statut de théorie physique. Ces équations devaient tout d'abord satisfaire aux *conditions de symétrie* exprimées par le principe de relativité, mais étendu cette fois à *tous* les observateurs inertiels *et* accélérés. Ce fut un travail d'orfèvre qui devait conduire Einstein, après neuf années de travail acharné, à la création des expressions mathématiques qui encapsulent les caractéristiques du milieu matériel, d'une part, et celles de la géométrie qu'il conditionne, d'autre part.

La partie concernant le milieu matériel ne présenta pas de difficultés majeures, Einstein était en effet guidé par les expressions qu'il avait déjà obtenues dans le cadre de la relativité restreinte. Il les adapta au cadre géométrique des espaces courbes. On se souvient que tous les concepts de la mécanique classique, notamment celui de la masse, avaient été profondément repensés par la relativité restreinte et c'est évidemment dans ce nouveau cadre conceptuel qu'Einstein cherchait à construire les interactions entre la matière et la géométrie.

L'équivalence de la masse et de l'énergie est une propriété centrale de la nouvelle physique. La masse y a perdu son statut privilégié. Deux acteurs, la masse et les autres formes d'énergie, dont les rôles étaient distincts en physique classique, se sont fondus en un seul personnage : l'énergie totale. C'est elle qui va courber l'espace-temps. C'est ainsi que les forces et, dans un milieu continu, les pressions font leur entrée dans les sources de la courbure. C'est donc non seulement la matière mais également son état qui deviennent gravitationnellement déterminants. Einstein ne pouvait alors se douter que cette propriété jouerait, quelques décennies plus tard, un rôle essentiel dans notre compréhension de certains mécanismes subtils de l'univers comme l'*inflation* ou de la mystérieuse *énergie noire*.

L'interchangeabilité de la masse et de l'énergie a modifié une propriété centrale de la physique classique : la *conservation* de la masse d'une part et celle de l'énergie de l'autre. En physique classique, la masse totale des ingrédients ainsi que la somme des énergies en jeu restent toutes deux inchangées au cours de quelque processus que ce soit. En particulier, la matière ne peut jamais être ni détruite ni créée. Sa masse est immuable.

Un des succès de la relativité restreinte est d'avoir compris qu'il n'en est rien, en dépit des apparences de la vie courante : la matière n'est pas toujours conservée, elle peut être créée à partir d'autres formes d'énergie (du rayonnement électromagnétique, par exemple) ou transformée en elles. C'est l'énergie totale d'un système physique incluant toutes ses formes, y compris celle encapsulée dans la masse, qui est conservée et reste invariable au cours du temps.

Dans chaque région de l'espace, la conservation n'exprime rien d'autre qu'un bilan : si toutes les formes d'énergie, y compris les masses, sont prises en compte, rien ne se perd ni ne se gagne lorsqu'on comptabilise les entrées, les sorties et ce qui y reste. La partie matérielle des équations qu'Einstein construisait devait donc satisfaire à cette *loi de conservation*.

Mais pour le second membre, géométrique, des équations qu'il recherchait, comment la courbure de l'espace-temps devait-elle s'exprimer pour pouvoir interagir avec la matière ? Et tout d'abord, qu'est-ce que cette courbure ?

Cette question peut *a priori* surprendre tant la géométrie semble être une branche des mathématiques bien établie depuis les Grecs et la courbure une notion claire et intuitive. Et pourtant, il s'agit bien d'une nouvelle forme de géométrie qui n'avait été élaborée que quelques décennies auparavant par deux mathématiciens allemands, Carl Friedrich Gauss et Bernhard Riemann. Elle est formulée dans le cadre d'un nouveau langage mathématique, la *géométrie intrinsèque*, sans référence aucune à un monde extérieur.

La situation d'Einstein était très différente de celle de Newton. En effet, les mathématiques dont celui-ci avait besoin pour formuler ses lois fondamentales de la dynamique n'existaient pas. Il a donc accompli le parcours complet du combattant : élaborer les idées et créer le langage, en l'occurrence le calcul différentiel, qui permettait de les exprimer. Voici donc un cas où la naissance d'une branche des mathématiques a résulté d'une nécessité de la physique. Dans le cas d'Einstein, en revanche, les mathématiques adéquates existaient. Son coup de génie est d'avoir perçu la pertinence de ce langage pour donner corps à ses idées. Avec l'aide de son ami Michele Angelo Besso, mathématicien.

Comment conceptualiser que l'espace tridimensionnel, et *a fortiori* l'espace-temps, *dans* lequel nous sommes immergés, puisse être autre chose que ce que l'évidence de l'intuition semble nous indiquer ? Que signifie qu'il soit courbe ? Pourquoi n'est-il pas aussi évident de visualiser la courbure de l'espace *dans* lequel nous vivons que celle d'une surface à deux dimensions, une sphère par exemple, immergée dans cet espace ? La réponse est simple : nos trois dimensions habituelles nous offrent la possibilité d'un recul, d'un point de vue extérieur à la sphère qui nous permet de la contempler à loisir. C'est bien ce qui nous fait si cruellement défaut lorsqu'il s'agit de l'espace : comment le contempler avec recul à défaut d'une quatrième dimension spatiale qui nous permette de le scruter « de l'extérieur » ?

Nous pourrions éventuellement effectuer cette opération de façon abstraite en nous envolant par la pensée le long d'une quatrième dimension factice supplémentaire qui nous permettrait de contempler et de décrire mathématiquement notre espace « de l'extérieur ». Mais cette démarche d'abstraction ne correspond pas à ce qui nous intéresse, elle fait appel à un extérieur inexistant et s'avère d'ailleurs parfois trompeuse. En effet, certaines surfaces comme celle du cylindre, par exemple, nous donnent l'illusion, lorsqu'elles sont perçues de l'extérieur, d'être courbes alors que leur géométrie est *intrinsèquement* identique à celle du plan. C'est leur topologie (propriétés résultant des déformations continues des surfaces) et non leur géométrie qui les différencie. Sans prendre du recul et en ne faisant que des mesures (locales) sur sa surface, vous aurez l'impression d'être sur un plan. Cela résulte du fait que le cylindre s'obtient par une déformation continue d'un plan qu'on enroule sur lui-même, opération qui préserve toutes les propriétés géométriques des figures. Il en est tout autrement d'une sphère qui est courbe, qu'elle soit vue de l'extérieur ou intrinsèquement. La question qui nous préoccupe véritablement est la suivante : comment percevoir *intrinsèquement*, « de l'intérieur de l'espace », que sa géométrie est celle d'un espace courbe, qu'elle ne satisfait donc pas aux propriétés géométriques euclidiennes intuitives habituelles qui nous semblent évidentes ?

Reposons cette question essentielle sous une forme qui ne heurte pas notre intuition, en descendant d'une dimension : peut-on déceler la courbure d'une surface, une sphère par exemple, sans le recul que nous offre la troisième dimension de notre espace, sans la vision de l'extérieur, bref, en vivant à sa surface et en y faisant de la géométrie sans avoir connaissance de l'espace environnant, en y faisant de la *géométrie intrinsèque* ?

Imaginons pour cela un être infiniment plat, disons « Euclide Plat » à deux dimensions, vivant *sur* la surface de la sphère qui représente alors intuitivement pour lui l'espace *dans* lequel il vit : la notion évidente *pour nous* de troisième dimension ne fait pas partie de son imagerie mentale et il ne peut que se la représenter abstraitement. Il ne peut évidemment prendre aucun recul concret qui lui permettrait de contempler son espace sphérique d'un point de vue extérieur inexistant pour lui. Comment pourra-t-il découvrir avec les moyens du bord que l'espace *dans* lequel il vit est *intrinsèquement* courbe et que signifie d'ailleurs ce fait, que signifie vraiment « être plane » ou « être courbe » ?

Une surface est plane si sa géométrie satisfait à toutes les propriétés de la géométrie euclidienne, qui correspond à notre intuition profonde du monde des formes. Elle est construite à partir de cinq postulats qui semblent ne formaliser mathématiquement que des évidences. Par exemple : deux droites parallèles ne se croisent jamais à distance finie, par un point en dehors d'une droite ne passe qu'une seule parallèle à cette droite... La géométrie euclidienne rassemble toutes les propriétés des figures qui découlent de ces postulats : la somme des angles d'un triangle vaut deux angles droits, la longueur d'une circonférence de rayon r vaut...

Cette géométrie plane d'Euclide s'articule entièrement autour d'une brique géométrique élémentaire – la ligne droite – parce qu'elle représente de manière évidente le chemin le plus court entre deux points sur le plan et y joue, de ce fait, un rôle privilégié.

Que verrait, que mesurerait et donc que dirait Euclide Plat vivant sur sa sphère ? La courbure de celle-ci se manifeste précisément par le fait que les propriétés des figures géométriques qui y sont tracées diffèrent de leurs analogues sur le plan. Il n'existe pas de droite qui puisse s'inscrire sur la sphère, sa forme ne lui offrant pas l'hospitalité. Mais elles y ont leurs représentants, les lignes (courbes) de plus court chemin, les géodésiques, qui joignent deux points de la sphère. Ce sont elles qui ont cette fois un rôle privilégié et jouent le rôle de briques élémentaires au moyen desquelles se construit la géométrie sur la sphère. Ce sont les arcs de grands cercles comme les méridiens du globe terrestre. Ces arcs de grand cercle sont à la sphère ce que les droites sont au plan.

Un triangle, par exemple, sera tracé sur la surface de la sphère en joignant ses trois sommets par des arcs de grands cercles. Comment Euclide Plat pourra-t-il découvrir avec les moyens du bord que l'espace *dans* lequel il vit est courbe ? Précisément en y testant des propriétés géométriques comme la somme des angles d'un triangle ou la longueur d'une circonférence. Il découvrira qu'elles ne possèdent ni l'une ni l'autre la même valeur que sur le plan. Si les moyens techniques d'Euclide Plat sont limités, il ne pourra mener ces expériences géométriques que dans le voisinage restreint de son lieu de vie. Néanmoins, en analysant de manière précise les résultats de toutes ces mesures, il déduira que le voisinage de l'espace *dans* lequel il vit est sphérique et il en connaîtra même le rayon.

Et si, de plus, il a les moyens techniques d'effectuer de grands parcours à l'échelle des dimensions de sa sphère, il pourra suivre le comportement de méridiens (qui sont des géodésiques) parallèles, par exemple tous ceux qui coupent l'équateur perpendiculairement. Il les verra se rapprocher progressivement les uns des autres et se croiser au pôle. Ainsi, *dans* son espace, les droites (géodésiques) parallèles se croisent.

Nous sommes dans l'espace tridimensionnel et, *a fortiori*, dans l'espace-temps où nous vivons, comme Euclide Plat dans sa surface, il est donc légitime que nous cherchions aussi à déterminer, par des expériences géométriques, si notre espace est courbe ou non. Ce faisant, nous traitons sa structure géométrique comme un objet d'expérience.

Einstein ne fut pas le premier à s'engager dans ce type de démarche. C'est vers 1820 que Gauss, motivé par de purs problèmes mathématiques, dans un tout autre contexte par conséquent, introduisit l'idée que la géométrie devait être considérée comme une science *expérimentale*, celle de l'univers ne faisant pas exception. Il n'y avait dans son questionnement rien qui se rapportât à la physique ni, en particulier, au phénomène de la gravitation, mais c'était une ouverture qu'il ne fallait pas mésestimer. Elle envisageait la possibilité que l'espace *dans* lequel nous sommes immergés puisse être courbe. Non seulement il pouvait attirer l'attention des physiciens, mais il allait surtout être à l'origine, comme on l'a dit plus haut, d'un nouveau langage mathématique, la géométrie intrinsèque, qui permet de parler et de décrire l'espace « de l'intérieur ». Gauss passa d'ailleurs à l'acte expérimental en 1823, démarche rare pour un mathématicien.

Quoique ne connaissant évidemment pas encore la relativité restreinte, Gauss savait que les rayons lumineux se propagent suivant le chemin le plus court et qu'ils dessinent ainsi les géodésiques requises par ses expériences. « Gauss pensait que l'expérience peut déterminer la géométrie la mieux adaptée au monde réel... Il a mesuré sur le terrain les angles d'un triangle dessiné par trois sommets de montagnes dans le sud de l'Allemagne ; le côté le plus long mesurait 100 km. Si cette somme avait valu π, la géométrie aurait été euclidienne. Le résultat trouvé dépassa π de 14″ 85 et restait à l'intérieur de la marge d'erreur[6]. » Il n'y avait donc aucun écart perceptible par rapport à la géométrie euclidienne. C'est seulement bien plus tard que ces écarts seront perçus explicitement, à des échelles cosmologiques. Mais ce n'était là que des bricoles pour Gauss.

En merveilleux mathématicien qu'il était, il chercha un moyen mathématique qui permette de se débarrasser des expériences pour sonder la géométrie d'une surface, indépendamment de son mode d'insertion dans l'espace à trois dimensions. Il créa ainsi, vers 1850, la *géométrie intrinsèque des surfaces* en mettant en évidence toutes les propriétés inscrites dans la surface et dont se déduisent les propriétés géométriques sans aucun aperçu ni aucune information sur l'espace extérieur.

Vint ensuite ce en quoi les mathématiciens excellent : une généralisation. Bernhard Riemann, brillant élève de Gauss, trouva qu'il pouvait jouer le jeu de son maître dans un nombre plus grand que deux, en fait un nombre quelconque de dimensions. Riemann créa ainsi la géométrie intrinsèque des espaces courbes à nombre arbitraire de dimensions. Cette géométrie est entièrement déterminée par des objets mathématiques, qui constituent ce que les mathématiciens appellent la « métrique » de l'espace, et qui permettent d'y mesurer les distances, infiniment petites, autour de ces points. Il est en effet évident qu'étant intrinsèquement sur une surface courbe, on ne peut y mesurer des distances en utilisant les mêmes outils que sur un espace plat. Ceux-ci ne seraient tout simplement pas adéquats faute de pouvoir épouser la surface courbe. C'est la nature de celle-ci qui détermine l'outil adéquat, la valeur de la métrique en chaque point.

Dans le cas particulier d'un espace plat, la mesure des distances s'opère en chaque point de façon identique, comme l'intuition nous le dicte dans la vie courante, la métrique y est

---

6. Amy Dahan-Dalmedico et Jeanne Peiffer, *Une histoire des mathématiques, routes et dédales*, Paris, Seuil, « Points-Sciences », 1986, p. 154

donc constante, identique en tout point. Au contraire, plus la courbure d'une surface est marquée, plus la métrique varie d'un point à l'autre. C'est pourquoi la courbure en chaque point d'une surface est liée aux variations de la métrique autour de ces points. Elle devient ainsi un outil mathématique central en relativité générale.

Si la courbure est bien caractérisée par *un seul nombre* dans le cas d'une surface ordinaire (constant dans le cas d'une sphère, par exemple), elle possède plusieurs composantes qui expriment les diverses manières de se courber selon les multiples directions dans les espaces à plus de deux dimensions.

Le langage dans lequel Einstein allait exprimer la partie géométrique de ses équations était donc tout trouvé : les concepts de courbure intrinsèque appliqués à l'espace-temps. Mais quelles étaient les contraintes qui lui permirent de construire la forme explicite de cette expression géométrique ?

La première résulte des *conditions de conservation* de la partie matérielle. Il faut que la partie géométrique en soit la garante et y fasse donc mathématiquement écho. Or, cette contrainte mathématique, qui s'exprime par une identité dite « identité de Bianchi », à laquelle doit satisfaire la partie géométrique, représente une *condition restrictive* qui limite très sévèrement sa forme.

Il fallait de plus que la nouvelle théorie einsteinienne se ramène à la théorie newtonienne de la gravitation, dans les situations, dites « non relativistes », où la gravitation est faible, typiquement celle rencontrée au sein du système solaire, et les vitesses petites par rapport à celle de la lumière. C'est dans ces conditions que la théorie newtonienne fait ses preuves avec une extraordinaire fiabilité.

L'ensemble de ces exigences détermina le membre géométrique de ces équations, de façon univoque mais à un terme près, la constante cosmologique qui sera commentée dans ce qui suit.

Si la complexité mathématique de ces équations, les célèbres *équations d'Einstein de la relativité générale*, est grande, leur structure est non seulement merveilleusement simple et élégante, mais surtout d'une richesse conceptuelle inégalée en physique : elles se traduisent en effet symboliquement par la relation

Géométrie = Matière-Énergie

Il s'agit en fait d'équations d'un genre nouveau, surprenant et inattendu en physique : elles représentent un saut conceptuel qui bouleverse fondamentalement et brutalement tant notre vision de la réalité que le langage et les concepts mathématiques mis en œuvre.

La gravitation dévoilée par la relativité générale

Einstein était particulièrement satisfait par le membre de gauche, l'expression géométrique de ses équations. Il clamait qu'elle était « solide comme un roc ». Elle est en effet précise et rigoureuse, comme celles que nous côtoyons en géométrie ordinaire, mais construite avec les nouveaux outils de la géométrie intrinsèque. Il estimait par contre que le membre de droite, l'expression matérielle, était « fragile ».

Paradoxalement, c'est précisément cette « fragilité » qui va révéler l'extraordinaire pouvoir prédictif de ces équations en leur donnant la possibilité de s'appliquer dans des contextes très divers et à des échelles aussi différentes que les échelles astronomiques (système solaire) ou cosmologiques (l'univers dans sa globalité).

En disant « fragilité », Einstein voulait signifier qu'on pouvait, au mieux, condenser mathématiquement, mais non décrire dans tous leurs détails, les caractéristiques d'une distribution de matière. Ainsi, contrairement à la description mathématique de la partie géométrique qui est rigoureuse, celle du contenu matériel comporte *inévitablement* un aspect phénoménologique qui s'accommode d'approximations.

Comment voulez-vous exprimer « exactement », en une seule expression mathématique, tous les détails de notre système solaire, de notre galaxie et, *a fortiori*, de l'univers tout entier ? D'autant que leurs aspects visibles ne représentent que 4 % du contenu total de l'univers ! (chapitre 5).

On ne peut donc explorer les solutions des équations d'Einstein sans faire d'approximations quant au contenu matériel qu'elles décrivent. Il s'agit donc de modéliser sa distribution réelle détaillée, inévitablement bien trop complexe pour être mathématiquement maniable, par une distribution phénoménologique idéalisée. Celle-ci la simule à chaque échelle, en retenant les caractéristiques dominantes de la distribution réelle. On remplace une distribution de matière désespérément complexe par une distribution idéalisée qui se traduit de manière simple, en caractères mathématiques, dans les équations d'Einstein. C'est ainsi que les approximations permettent de mettre en évidence les phénomènes physiques essentiels que la complexité des situations réelles aurait masqués.

Ainsi, par exemple, la description des orbites des corps célestes et des trajectoires des rayons lumineux, qui sont des problèmes à petite échelle, met en exergue des chemins privilégiés, les géodésiques, dans un espace courbé par la présence d'un nombre limité de corps célestes, en général un seul, comme notre Soleil. L'approximation, excellente à cette échelle et pour l'étude de ce type de propriétés, réside dans l'omission de toutes les autres masses de l'univers, considérées comme suffisamment distantes et donc gravitationnellement négligeables.

Dans une vision cosmologique, problème à grande échelle, au contraire, on substitue à l'ensemble de tous les corps célestes, astres isolés, poussières, rayonnements, galaxies, amas et superamas de galaxies, un milieu matériel continu : le *fluide cosmologique*. On substitue au milieu discontinu réel un milieu continu qui le représente phénoménologiquement au mieux. On le décrit par des propriétés observables continues, telles la densité d'énergie, la pression, la température…

Les propriétés prises en compte à ces deux échelles ne sont dès lors pas les mêmes : trajectoires, déviations dans l'une ; densités, pressions, températures dans l'autre. La terminologie utilisée respectivement pour le système solaire (trajectoire de Mercure, déviation d'un rayon lumineux par la présence du Soleil...) et pour l'univers à grande échelle (densité, pression, température... du milieu cosmologique) reflète précisément le type de description qui leur est propre.

Ainsi, la relativité générale est, à l'échelle planétaire, l'héritière de la mécanique céleste classique, alors que la cosmologie relativiste, elle, est l'héritière de la mécanique des milieux continus. L'histoire cosmologique devient, en relativité générale, l'histoire commune et indissociable d'un fluide cosmologique et de la courbure de l'espace-temps, qui se conditionnent l'un l'autre sous l'égide des équations d'Einstein.

La nouvelle théorie présente une particularité essentielle que nous avons déjà mentionnée mais sur laquelle nous voulons insister parce qu'elle tiendra une place centrale dans la discussion des propriétés et des énigmes de la cosmologie actuelle : quelles que soient l'échelle ou les circonstances considérées, les *sources gravitationnelles ne se limitent pas aux seules masses des corps comme dans la théorie classique newtonienne.*

Cette propriété s'illustre de façon particulièrement claire dans le cas d'une distribution continue de masse, comme celle d'un fluide. Cet exemple n'est pas anodin, c'est précisément lui qui nous servira de modèle dans la plupart des considérations cosmologiques ultérieures. Dans la gravitation newtonienne, la *seule* caractéristique physique du fluide source d'effets gravitationnels est sa masse, ou plutôt sa densité de masse, c'est-à-dire sa masse par unité de volume. Il résulte, au contraire, des équations d'Einstein que la source gravitationnelle ne se limite pas à la seule densité d'énergie σ, elle prend en compte sa contribution commune avec la pression p du fluide, dans une combinaison particulière, la *densité effective d'énergie* : $\sigma + 3p$ (le facteur 3 trouve son origine dans les trois dimensions de l'espace le long desquelles sont définies les composantes de la pression). Les équations d'Einstein ne se ramènent donc à l'équation classique de Newton dans les conditions non relativistes qu'à ce « détail » près. Mais nous verrons que ce « détail » est capital dans certaines situations où il modifie, parfois fondamentalement, le caractère de la gravitation.

Cette particularité a longtemps été considérée comme mineure, ce qui se justifie dans le cas des fluides classiques ordinaires qui exhibent des pressions positives ou nulles, généralement négligeables par rapport aux valeurs des densités d'énergie. Mais l'écart entre les propriétés de la gravitation newtonienne et celles de la gravitation einsteinienne déploie toutes ses implications lorsque *la pression d'un milieu matériel devient négative*. Nous verrons que c'est non seulement ce qui se produit dans certaines circonstances, essentielles en cosmologie, mais encore que la négativité de la pression peut y devenir telle ($p < -\sigma/3$) que la *densité effective d'énergie devient négative*. C'est dans ces circonstances qu'apparaît une propriété tout à fait inimaginable dans le contexte gravitationnel newtonien : *la gravitation effective devient répulsive*.

Un agent double :
la constante cosmologique

Revenons à la partie géométrique des équations d'Einstein. Nous avons évoqué la constante cosmologique, la seule facette amovible et marginale de cette partie des équations : la théorie possède le droit mais non l'obligation de l'exprimer dans les équations. Qu'elle soit présente ou absente, la géométrie, unie à la matière par des liens de réciprocité, satisfait à toutes les contraintes de la nouvelle théorie.

Quelle est la signification géométrique de ce terme cosmologique ? En quoi se distingue-t-il des autres ? Alors que

l'ensemble des autres termes exprime la *courbure locale*, définie de façon univoque en chaque point de l'espace-temps par
les exigences physiques qu'Einstein s'était imposées dans la
formulation de ses équations, le terme cosmologique exprime
une *courbure globale constante* à l'échelle cosmologique. C'est
la courbure de l'espace-temps vide.

Si nous reprenons notre modèle du support élastique, ce
terme cosmologique serait associé à une courbure de l'ensemble de ce support, indépendante des courbures locales associées aux dépressions engendrées par la matière. Comme si ce
support, avant que les diverses masses n'y soient posées,
n'était pas plan comme on l'a supposé, mais uniformément
bombé vers le haut ou vers le bas. La courbure du support en
présence des masses résulterait alors de la superposition des
courbures induites par elles et de cette courbure constante de
l'ensemble. Bien entendu, tout en n'étant pas obligatoire, ce
terme est compatible avec les contraintes de conservation,
sinon il rendrait l'équation contradictoire. C'est précisément
cette compatibilité qui impose que cette courbure cosmologique soit constante. Et, par voie de conséquence, le terme cosmologique introduit dans la théorie une constante nouvelle :
la constante cosmologique.

Le jeu interactif entre géométrie et matière peut indifféremment se dérouler en présence ou en l'absence de cette constante cosmologique. Mais, s'il est mathématiquement « toléré »,
le terme cosmologique diffère radicalement de l'ensemble des
autres par les effets physiques qu'il engendre, et cela pour
deux raisons. Tout d'abord, selon son signe, il produit un effet
gravitationnel attractif ou... répulsif. Ensuite, contrairement à
l'intensité de l'effet gravitationnel, donc géométrique, engendré par les autres termes, qui décroît avec la distance (classiquement comme l'inverse de son carré), celle qui résulte de la
constante cosmologique croît linéairement avec celle-ci. Si ce
terme, positif ou négatif, produit des effets négligeables aux
petites distances, celles du système solaire par exemple, sa
présence devient significative aux grandes distances, de sorte

qu'il pourrait donc jouer un rôle prépondérant à l'échelle cosmologique. D'où son nom.

Pourtant, plusieurs raisons militaient en faveur de son rejet par Einstein dans la première version de ses équations. D'abord, une raison esthétique et de simplicité : l'introduction de la constante cosmologique introduirait dans la théorie une nouvelle constante physique universelle qui s'ajouterait à la constante de gravitation. Dans une théorie, plus il y a de constantes qui demandent à être ajustées pour que « ça marche », moins elle est puissante et fondamentale. Il faut en effet alors injecter « à la main » davantage de valeurs numériques issues de l'expérience. Il faut donc insérer plus de données dans la théorie, ce qui diminue d'autant la richesse de son pouvoir prédictif.

S'il fallait mettre dans une théorie autant de données issues de l'expérience que de résultats théoriques qu'elle peut fournir, elle perdrait totalement son statut et deviendrait un catalogue de recettes. Inversement, s'il ne fallait aucune donnée extérieure, aucune constante, pour alimenter une théorie, celle-ci représenterait un bootstrap parfait, sans nécessité d'aucun point d'appui extérieur.

La deuxième raison du rejet de la constante cosmologique aurait tenu au succès qu'Einstein a très vite rencontré dans sa description du système solaire : pourquoi ajouter un terme qui, pour ne pas compromettre ce qui fonctionne si bien sans lui, ne peut avoir qu'une valeur infime ?

Einstein ne pouvait se douter qu'il avait entre les mains le terme qui déclenchera une des aventures les plus passionnantes et rocambolesques que la physique ait connues, et qui se trouvera à la croisée des chemins les plus intrigants de la physique aujourd'hui.

Mais reprenons notre récit. Einstein pouvait alors décrire de façon rigoureuse, précise et « solide comme un roc », la manière dont l'espace-temps se courbe en fonction de son contenu matériel. Mais qu'on ne s'y trompe pas : cette courbure se poursuit jusqu'en des lieux vides, dépourvus de tout contenu matériel. C'est une propriété essentielle, sans laquelle il n'y aurait pas de champ gravitationnel dans le vide produit par des astres lointains. C'est d'ailleurs ce qui garantit que la gravitation newtonienne émerge des équations d'Einstein dans l'hypothèse d'effets gravitationnels faibles et de petites vitesses des corps.

Voilà comment s'explique, dans la théorie einsteinienne, l'action gravitationnelle à distance d'une masse : il ne s'agit pas d'une « information » émanant d'elle, qui traverse instantanément et mystérieusement l'espace vide et absolu, mais d'une déformation de l'espace-temps par cette masse que régissent les équations d'Einstein.

En dépit de sa beauté et de la révolution de pensée radicale qu'elle représente, la relativité générale ne peut légitimement prétendre au statut de théorie physique que si elle satisfait à trois exigences de toute théorie de la nature.

La première est sa *compatibilité* avec la gravitation newtonienne dans les situations où celle-ci a fait ses preuves. En d'autres termes, il faut que la bonne vieille loi classique newtonienne de la gravitation émerge comme une très bonne approximation de la nouvelle théorie dans les « circonstances classiques ». Cette condition se trouve satisfaite par construction, puisqu'elle a guidé Einstein dans la formulation de ses équations. La formule de Newton, efficace pratiquement mais infondée conceptuellement, ne faisait que refléter secrètement une propriété profonde qui unit l'espace, le temps et la matière.

La deuxième condition concerne l'*aspect prédictif* de cette nouvelle théorie : il faut que, dans les situations où la gravitation newtonienne s'applique mal ou pas du tout, la relativité générale la corrige. Les deux exemples historiques marquants, qui ont définitivement donné leurs lettres de noblesse à la théorie einsteinienne, sont l'élucidation du mouvement du périhélie de Mercure et la déviation des rayons lumineux rasant le Soleil, en provenance d'étoiles lointaines.

La troisième condition, enfin, en est que la relativité générale soit *falsifiable*, c'est-à-dire qu'on puisse imaginer des tests expérimentaux qui pourraient l'invalider. Cette condition est très importante, car il suffit d'un seul contre-exemple pour invalider ou limiter une théorie. Dans ce cas, la relativité générale ne serait qu'une « bonne » approximation, comme l'équation de Newton l'est des équations d'Einstein. Cette dernière condition recouvre la dure réalité du physicien : il sait avec certitude que sa théorie est erronée mais il ne sait jamais avec certitude qu'elle est correcte.

La relativité générale satisfait bien à ces trois tests, aucune réfutation n'a été produite jusqu'à ce jour malgré des mises à l'épreuve de plus en plus élaborées. Mais nous verrons que des problèmes majeurs apparaissent lorsqu'on sort du cadre strict de cette théorie et qu'elle est mise en regard de la théorie quantique.

Reprenons notre souffle avant de nous lancer dans la suite de cette aventure, et revoyons les caractéristiques essentielles de l'énorme saut conceptuel accompli.

L'aspect le plus révolutionnaire de la relativité générale est l'élimination de la force newtonienne d'attraction gravitationnelle au profit d'une propriété intrinsèque de l'espace-temps : celui-ci n'est plus un réceptacle inerte comme en mécanique classique et en relativité restreinte, il devient un acteur physique qui traduit par sa courbure spatio-temporelle sa sensibilité à la présence d'un contenu matériel.

En se comportant comme s'ils subissaient des forces d'attraction réciproques, les corps matériels nous révèlent une propriété géométrique invisible, la courbure de l'espace-temps. C'est parce qu'ils suivent *librement* des chemins géométriques privilégiés, les trajectoires inertielles géodésiques dans l'espace-temps courbe, que les corps matériels et les rayons lumineux nous donnent l'illusion d'être soumis à des forces attractives. Pour la mécanique classique newtonienne, les corps s'attirent gravitationnellement dans l'espace euclidien plat ; pour Einstein, ils sont libres dans un espace-temps courbe dont ils engendrent la courbure.

Le bouleversement de point de vue entre Newton et Einstein est remarquable. Newton considérait le mouvement inertiel, rectiligne et uniforme, comme naturel et n'exigeant par conséquent aucune explication. Il a forgé sa dynamique en cherchant les causes de l'écart au mouvement inertiel, c'est-à-dire les causes de l'accélération. Les forces firent ainsi leur apparition et la gravitation, considérée de ce point de vue, provoque l'accélération des corps vers les astres. Einstein, au contraire, *interprète la chute des corps comme un état naturel du mouvement* se déroulant dans un espace-temps courbe, sans être sollicité par aucune force extérieure. Newton abolit les forces pour les mouvements uniformes alors qu'Einstein les abolit pour la chute libre accélérée d'un corps. C'est seulement l'écart par rapport à la chute libre qui, pour Einstein, requiert l'action d'une force. Leurs points de vue, en apparence distincts, présentent néanmoins une similarité : les mouvements « naturels », qui ne nécessitent aucune explication physique, donc l'intervention d'aucune cause extérieure, sont les mouvements inertiels.

Ce qui les différencie, c'est le type d'espace-temps dans lequel Newton et Einstein conçoivent l'inertie : pour l'un, il est plat et les trajectoires inertielles sont les droites ; pour l'autre, il est courbe et les trajectoires inertielles y sont les géodésiques. C'est précisément le long de ces rigoles naturelles géodésiques que se déroulent les chutes gravitationnelles et la déviation des corps matériels et de la lumière au voisinage des astres. Toute forme d'énergie, matière ou rayonnement, est source de courbure et crée son cadre géométrique. La géométrie répond à l'énergie en se courbant, elle trace ainsi en retour les trajectoires géodésiques des corps matériels et du rayonnement. C'est cette courbure qui explique l'ordre du système solaire et permet de comprendre l'organisation des orbites planétaires.

Première rencontre avec la cosmologie

L'essence même du jeu exprimé par les contraintes des équations d'Einstein, dans lequel tous les acteurs, physiques et géométriques, prennent activement part à l'agencement de l'univers, leur confère un pouvoir inouï : *expliquer l'ordre de l'univers à toutes les échelles*. Les succès de la première phase *locale* de ce programme ambitieux, à savoir l'explication de l'ordre du système solaire, représentaient déjà en soi un résultat magistral qui confortait cet espoir. L'explication de l'ordre cosmique à l'échelle globale de l'univers semblait devoir naturellement suivre cette trace et découler, elle aussi, du pouvoir narratif des équations d'Einstein. Décoder la structure de l'univers dans sa globalité semblait donc à portée de main. Einstein inaugure ainsi la *cosmologie contemporaine*.

On mesure difficilement aujourd'hui à quel point les connaissances expérimentales du cosmos étaient limitées à l'époque d'Einstein ; son programme cosmologique était donc un pari osé.

Les connaissances des astronomes concernant le contenu de l'univers n'ont guère évolué du XVIIIe siècle jusque dans les quelques premières années qui suivirent la création de la relativité générale. Deux thèses s'opposaient au début des années 1920 quant à l'interprétation des nombreuses nébuleuses que les télescopes dévoilaient : pour les uns, il s'agissait de nuages gazeux situés dans notre galaxie, la Voie lactée. Pour les autres, c'étaient des « univers-îles », des galaxies comme la nôtre et très éloignées d'elle. Pour Einstein et de nombreux physiciens, l'univers se limitait à notre seule Voie lactée. Ce n'est qu'en 1925 qu'Edwin Hubble montra indubitablement que les « nébuleuses » sont des structures extérieures à la Voie lactée qui sont autant d'autres galaxies.

Mais en dépit de cette connaissance expérimentale très limitée de la structure de l'univers, Einstein proposa d'emblée une simplification importante, il attribua les propriétés d'*homogénéité* et *d'isotropie* à ce fluide cosmologique. Chaque région de l'univers est représentative de sa totalité et peut donc être caractérisée à cette échelle globale par des propriétés physiques identiques : température, pression, densité d'énergie... Cette propriété est l'expression du *principe cosmologique* selon lequel il n'y a ni point ni direction privilégiés dans l'espace.

L'observation du ciel semble contredire cette image simplificatrice, les inhomogénéités y sont évidentes : la matière s'agglomère en étoiles et planètes qui forment des galaxies, des amas et superamas... Néanmoins, les résultats de l'astrophysique expérimentale actuelle, de plus en plus sophistiquée et précise, révèlent une image de l'univers qui est effectivement très homogène et isotrope aux grandes échelles, au moins celles des amas de galaxies.

Une des raisons majeures qui poussa Einstein à formuler le principe cosmologique réside dans l'énorme simplification mathématique qu'il apporte à la description du fluide cosmologique. Il permettait de réduire des équations extrêmement complexes à quelques équations très simples qui pouvaient être résolues *exactement*.

Einstein adhérait fermement au consensus général des physiciens de son époque concernant la structure statique de l'univers global, il espérait que les solutions de ses équations en donneraient la représentation mathématique. Il ne s'agissait donc pas de vérifier une hypothèse parmi diverses possibles, mais de confirmer théoriquement l'« évidence » d'un univers statique.

Or, sans même recourir aux particularités mathématiques de sa nouvelle théorie, ni aux diverses hypothèses et modélisations du contenu matériel de l'univers pensé globalement, comme le principe cosmologique, une vérité catastrophique et inévitable s'imposait : la nature exclusivement attractive de la gravitation – qu'elle soit interprétée classiquement à la

Newton, ou conçue de manière relativiste comme émanant des propriétés géométriques de l'espace-temps courbe – ne peut qu'engendrer l'effondrement d'un univers statique sur lui-même. En effet, comme rien n'échappe à l'emprise de la gravitation universellement attractive, celle-ci tend à rendre progressivement la matière cosmologique plus dense par l'attraction que chacune de ses parties subit et engendre, et plus ce milieu devient dense, plus la gravitation *et la courbure* qui l'exprime deviennent intenses. C'est une conséquence inévitable de l'effet rétroactif entre courbure et contenu matériel qu'expriment les équations d'Einstein. C'est l'effondrement gravitationnel de la matière cosmique sur elle-même : la matière et l'espace, le contenu et le contenant, le fluide cosmologique et la courbure, s'effondrent tous deux, en se précipitant l'un l'autre vers un destin commun singulier, un effondrement universel, le Big Crunch.

Voilà donc l'ordre cosmique statique dont devaient rendre compte les équations d'Einstein condamné à l'instabilité d'un effondrement universel. Cet effondrement vertigineux d'un univers uniformément rempli de matière semblait signaler, à l'échelle cosmologique, un symptôme pathologique alarmant de la théorie. La relativité générale, couronnée de succès dans sa description de la gravitation à l'échelle planétaire, était-elle défaillante dans sa description cosmologique de l'univers à grande échelle ? Ou, au contraire, ces équations pouvaient-elles tenir dans ce cas un autre discours ?

Nous lui faisons un mauvais procès en attribuant à la nouvelle théorie d'Einstein la responsabilité de cette catastrophe, elle est en effet génériquement inscrite dans le phénomène gravitationnel. Elle n'a rien de surprenant et n'invalide nullement la nouvelle théorie. Peu importe que le phénomène gravitationnel soit traduit par Einstein en termes de courbure ou qu'il s'exprime par la force d'attraction newtonienne, il traduit dans les deux cas cette propriété incontournable de la gravitation : son caractère universellement attractif. Ce n'est donc en aucune façon une pathologie spécifique de la nouvelle théorie, mais une « catastrophe générique » inhérente à la gravitation.

Il n'est pas étonnant que Newton se soit trouvé, lui aussi, devant la même impossibilité d'une description cosmologique d'un univers statique. Dans le cas d'un univers fini dont la matière ne remplirait qu'un volume limité de l'espace infini newtonien, il ne faisait aucun doute que l'attraction réciproque de chacune des parties de l'ensemble ne pouvait que les précipiter les unes vers les autres. Il s'agit bien sûr ici de considérations cosmologiques concernant une répartition matérielle distribuée de façon statique et non du système solaire dynamique dans lequel l'équilibre se réalise précisément grâce aux mouvements de rotation planétaires. Newton puis d'autres physiciens pensèrent, mais à tort, que cet équilibre statique pourrait être réalisé si l'univers était infini et que la matière y fût uniformément distribuée. Dans un tel univers, il semblait que chaque composante matérielle serait en équilibre parce que attirée également dans toutes les directions, ces sollicitations se compensant et neutralisant leurs effets individuels. Mais cet équilibre ne pouvait qu'être précaire, cette situation étant fondamentalement instable, à l'instar de l'équilibre d'un crayon posé verticalement sur sa pointe, le plus imperceptible des mouvements, une fluctuation infinitésimale d'une masse quelconque dans l'univers, engendrerait un mouvement d'ensemble fatal et précipiterait l'écroulement de l'univers sur lui-même. Bref, le caractère statique de l'univers est irréalisable, son caractère dynamique est une condition indispensable de son existence.

Cette situation reflète à l'échelle cosmologique celle, évidente, d'une pierre lancée vers le haut qui ne peut rester suspendue immobile dans les cieux. Ses deux seuls états possibles sont dynamiques : progression ralentie vers le haut suivie d'une chute accélérée vers le bas ; ou éloignement définitif de la Terre si la vitesse initiale du lancer vaut ou dépasse la *vitesse de libération*, c'est-à-dire la vitesse minimale qu'il faut communiquer à un projectile pour qu'il puisse s'extirper du « piège gravitationnel » terrestre et poursuivre une trajectoire qui l'en éloigne définitivement, tout en ralentissant progressivement. Dans les deux cas, c'est la vitesse initiale qui détermine l'aventure de la pierre. Dans le premier cas, sa décélération, qui ne dépend que de sa distance d'éloignement et de la masse de la Terre, est suffisante pour annuler sa vitesse à une distance finie de la Terre et la faire revenir ensuite ; dans le second, elle continue à ralentir sans voir jamais sa vitesse s'annuler à distance finie, si grande soit-elle, de la Terre ; elle continuera à s'éloigner indéfiniment jusqu'à l'infini, atteint après un temps infini. C'est exactement ce qui se passe dans la situation cosmologique où les galaxies distribuées uniformément ne peuvent que vivre une histoire similaire à celle de la pierre et de la Terre. Si elles sont animées de vitesses relatives d'éloignement suffisamment grandes, égales ou plus grandes que les « vitesses de libération », le ralentissement progressif de l'ensemble sera insuffisant pour annuler ces vitesses après un temps fini, les galaxies continueront à s'éloigner inlassablement et l'univers newtonien vivra à tout jamais. Dans le cas contraire, les galaxies ralentiront, inverseront leurs mouvements, se précipiteront les unes vers les autres et s'agglutineront en un laps de temps fini. Ainsi, le raisonnement newtonien purement classique pointe vers l'univers dynamique comme seule possibilité de stabilité.

On l'aura compris, il y a une *incompatibilité entre la stabilité statique de l'univers et le caractère exclusivement attractif de la gravitation.* Or, pour Newton, comme d'ailleurs pour Einstein au moment où il créait sa théorie, il était inimaginable de penser l'univers autrement que statique et éternel. Newton l'aurait-il fait qu'il aurait immédiatement découvert, par la simple application des lois dynamiques qu'il avait lui-même créées, que seul un mouvement d'ensemble des constituants matériels pourrait contrecarrer l'effondrement de la matière d'un univers homogène et infini, gouverné par sa loi de gravitation. Il aurait découvert que ce mouvement correspond à un éloignement progressif des constituants de l'univers les uns des autres avec des vitesses relatives d'autant plus grandes qu'ils sont éloignés.

Et c'est ainsi que Newton aurait pu faire, dès la fin du xviie siècle, la plus étonnante prédiction théorique que la physique eût pu faire : l'univers ne peut être qu'évolutif, il a donc une histoire ! Ce n'est là, bien entendu, qu'un souhait rétrospectif en porte-à-faux complet avec les connaissances observationnelles et les représentations que les imaginations les plus débridées pouvaient se faire du cosmos à cette époque. Einstein résistera pendant plus d'une dizaine d'années, dans des circonstances théoriques et observationnelles bien plus avancées, à l'idée d'un univers évolutif, pour enfin déposer les armes devant l'évidence expérimentale.

En dépit des prémisses et apparences communes, les événements newtoniens et einsteiniens sont conceptuellement distincts. Chez Newton, seul le contenu matériel de l'univers est concerné, ses aventures se déroulent *dans* l'espace et sont rythmées par un temps *absolu* ; chez Einstein, au contraire, les aventures sont vécues en commun par le contenu matière-énergie et l'espace-temps. L'effondrement gravitationnel newtonien conduit à un événement cataclysmique, une implosion, qui voit la totalité de la matière de l'univers se ramasser en un point de l'espace absolu où tout ce qui caractérise la matière devient infini (densité, pression...). L'effondrement einsteinien est tout autre chose, un phénomène radicalement différent, puisqu'il correspond à l'effondrement de tout, du contenant espace-temps comme du contenu matériel ; la matière-énergie se ramasse avec l'espace-temps, les événements ne se déroulent pas dans l'espace-temps mais avec l'espace-temps. C'est un cataclysme d'une tout autre nature. L'effondrement ne se produit pas en un point de l'espace mais dans tout l'espace ramassé sur lui-même.

L'univers statique et éternel selon Einstein

Cette situation était inacceptable pour Einstein, qui adhérait fermement au consensus sur la structure statique d'un univers éternel et qui espérait en donner la représentation mathématique comme solution de ses équations. Et voilà que cet ordre cosmique statique semblait condamné ! La relativité générale, couronnée de succès dans sa description de la gravitation planétaire, serait-elle défaillante dans sa description cosmologique de l'univers à grande échelle ?

Einstein comprit rapidement qu'il parviendrait à éviter le caractère non statique de l'univers grâce à la prise en compte de la constante cosmologique. Cette dernière engendre en effet, lorsque son signe et sa valeur sont adéquatement choisis, une force antigravitationnelle répulsive cosmique, une antigravitation à l'échelle cosmologique, contrebalançant les attractions gravitationnelles, susceptible de s'opposer à l'effondrement gravitationnel de l'univers sur lui-même et de le figer statiquement. Cette force devrait agir à l'échelle cosmique tout en ayant des effets locaux négligeables pour ne pas compromettre le succès de sa théorie à l'échelle locale du système solaire. Mais toutes ces propriétés sont précisément celles qui résultent du seul terme qu'Einstein avait volontairement négligé dans ses équations, le seul d'ailleurs que la théorie l'autorisait à rejeter : la *constante cosmologique*. Face au drame cosmologique auquel il était à présent confronté, Einstein n'hésita pas un seul instant et accueillit cette fois la constante cosmologique à bras ouverts.

Voilà donc le terme qui allait produire l'effet répulsif à grande échelle qu'Einstein jugeait indispensable. Mais il ne révélera sa présence qu'à l'échelle de l'univers considéré dans sa globalité, échelle à laquelle il produira ses effets de façon significative.

En ajustant sa valeur, Einstein parvint effectivement à produire l'effet de répulsion antigravitationnelle requis pour stabiliser la matière cosmologique, contrecarrer son effondrement et figer statiquement l'univers. Ce premier problème semblait ainsi résolu. Et c'est ainsi que naquit, dans le cadre de la relativité générale, le premier modèle cosmologique statique, l'univers statique et éternel d'Einstein.

Mais les jours de la constante cosmologique étaient comptés et ceux de l'univers statique également. Étrange aventure que celle de cette constante cosmologique ! Son introduction dans les équations d'Einstein en altère non seulement la simplicité, mais en occulte la prédiction théorique la plus magistrale que l'histoire des sciences eût pu vivre : *l'expansion de l'univers*.

Il s'avéra en effet que cette stabilité de l'univers était d'une fragilité extrême. Elle résultait du caractère nécessairement constant de cette « constante cosmologique ». L'ajustement extrêmement minutieux des deux effets antagonistes d'attraction gravitationnelle et de répulsion cosmologique ne pouvait résister à aucune fluctuation, si minime fût-elle. La plus infinitésimale des velléités expansionnistes de cet univers ne pouvait que s'emballer et dégénérer en expansion massive. De même, le moindre soubresaut contractif entraînerait l'univers dans une vaste contraction irrépressible. La chose est facile à comprendre : un soubresaut d'expansion ou de contraction engendre une diminution ou une augmentation de la cohésion gravitationnelle attractive du milieu matériel cosmologique, alors que l'effet cosmologique répulsif reste, lui, constant. L'équilibre statique est donc nécessairement rompu dans les deux cas, amplifiant l'expansion dans le premier et la contraction dans le second.

Einstein et « sa plus grande erreur » :
l'univers en expansion
et la cosmogenèse

Il ne fallut que quelques années pour que l'éventualité de l'expansion de l'univers fût envisagée comme une possibilité mathématique par Friedmann et Lemaître (1922). La beauté et la simplicité des équations d'Einstein, sous leur forme minimaliste, dépouillée du terme cosmologique additionnel, les avaient poussés à en rechercher les solutions mathématiques. Celles-ci, et donc les univers qu'elles décrivaient, ne pouvaient être statiques sans la constante cosmologique qu'Einstein avait précisément introduite à cet effet. À cette époque, les cosmologies évolutives de Friedmann-Lemaître étaient considérées comme des « univers mathématiques », territoires réservés aux ébats des mathématiciens et dénués de rapport à la réalité. Mais, sept années plus tard, la découverte expérimentale de la récession des galaxies par Hubble en 1929 imposa brutalement l'évidence d'un univers en expansion et confirma la réalité physique de l'univers évolutif de Friedmann-Lemaître.

Comment la récession observée des galaxies nous conduit-elle à ce concept étrange ? Et que signifie exactement cette propriété d'expansion de l'univers considéré globalement ? Si cette découverte avait été réalisée avant l'émergence de la relativité générale, elle aurait été interprétée comme un mouvement d'ensemble des galaxies se fuyant les unes les autres *dans* l'espace absolu de Newton. Cette expansion de la matière n'aurait donc eu aucune répercussion sur la structure géométrique passive et immuable de l'espace. Mais la relativité générale introduit précisément un lien indélébile entre la matière et la géométrie de l'espace-temps, de sorte que la structure géométrique de celui-ci ne peut que refléter ce mouvement des galaxies : la géométrie à l'échelle cosmologique évolue avec le temps.

Tout d'abord, l'univers ne s'étend pas *dans* quelque chose, mais *en soi*. La difficulté de la représentation intuitive de cette expansion est du même ordre que celle de la courbure intrinsèque de l'espace. À nouveau, une représentation mécanique va nous être d'un grand secours. Certes, ces représentations mécaniques sont à manier avec beaucoup de prudence, nous l'avons vu avec l'image de l'espace en forme de support élastique, mais elles sont néanmoins très suggestives. Celle qui illustre particulièrement bien le phénomène de l'expansion est un espace qui ne posséderait (génériquement) que deux dimensions et serait de forme sphérique : un ballon en caoutchouc dont on peut augmenter le rayon en le gonflant.

Représentons les galaxies distribuées selon le principe cosmologique comme de minuscules jetons plats, collés et placés régulièrement sur la surface. Imaginons à présent que le ballon soit progressivement gonflé. Sa surface se dilate et les petits jetons collés la suivent inévitablement en s'éloignant progressivement les uns des autres. Du point de vue de chacun d'entre eux, tous les autres s'éloignent de lui avec des vitesses d'autant plus grandes qu'ils sont éloignés. C'est exactement la caractéristique qu'énonce la *loi de Hubble* : les galaxies s'éloignent les unes des autres avec des vitesses relatives proportionnelles à leur éloignement.

Ce que nous révèle ce modèle du ballon gonflé est essentiel : les jetons qui figurent les galaxies sont *fixes* par rapport à l'espace *dans* lequel ils sont animés de leurs mouvements relatifs. Ils ne font que « suivre » l'espace dans sa dilatation. Si ce ballon était parfaitement transparent, nous aurions la certitude que les jetons se déplacent dans l'espace alors qu'ils ne font que traduire une propriété *d'expansion de l'espace* par rapport auquel ils restent immobiles. Voilà simulé le phénomène d'éloignement des galaxies qui nous révèle que c'est l'espace lui-même qui s'étend. C'est en ce sens qu'il faut comprendre l'expansion de l'univers. Peu importe qu'il soit fini ou infini, la propriété est la même et ne se réfère pas à un extérieur dans lequel ce mouvement aurait lieu.

Dans un tel espace homogène et isotrope en expansion, tout volume quel qu'il soit, microscopique ou énorme, enfle progressivement en accompagnant l'étirement de l'ensemble. Le fluide matériel cosmologique qu'il contient y adhère fixement, suit donc ce mouvement et ne peut que se diluer progressivement si aucun phénomène inattendu d'apparition de matière nouvelle n'interfère avec l'expansion. C'est précisément ce dernier point qui constituera l'enjeu crucial de la cosmogenèse.

Vous vous posez probablement une question troublante concernant l'expansion de l'univers qui devrait rejaillir sur tous les aspects de notre vie courante et sur toutes les propriétés rencontrées en physique. Si toutes les distances augmentent au cours du temps, alors il doit en être ainsi de toutes nos dimensions, du système solaire, des molécules, des atomes… ! Et pourtant, il n'en est rien. Le monde à nos échelles habituelles, les mondes atomiques et subatomiques et même les distances à l'échelle de notre galaxie semblent insensibles à cette expansion. Il y a une frontière qui joue le rôle d'échelle caractéristique entre les dimensions impliquées ou non dans ce phénomène d'expansion. Cette échelle n'est rien d'autre que celle au-dessus de laquelle l'isotropie et l'homogénéité de l'univers deviennent manifestes et le principe cosmologique s'applique. C'est à partir des amas de galaxies que l'expansion se manifeste. Dans l'image du ballon qui enfle, les petits jetons collés sur sa surface et entraînés par son extension sont les amas de galaxies.

Exit donc l'univers statique et son éternité ! L'univers est en expansion, il a donc une histoire et l'enjeu conceptuel pour les physiciens bascule brutalement : c'est désormais le décodage de la structure dynamique de l'univers dans sa globalité, non seulement sa destinée, mais également sa genèse. Le physicien semble être à présent muni de tous les outils lui permettant d'entreprendre cet ambitieux programme. Les équations d'Einstein lui fournissent les liens intimes qui unissent le contenant (l'espace-temps) et le contenu (la matière-énergie). Il « suffit » de les résoudre, d'en rechercher les réalisations mathématiques, c'est-à-dire la structure des espaces-temps qu'elles impliquent. Exprimé de manière temporelle, un espace-temps n'est rien d'autre qu'une *histoire temporelle de l'espace*. Ce sont ces histoires que les physiciens allaient tenter de reconstituer, en résolvant les équations d'Einstein.

Or, nous l'avons vu, ces équations sont relativement simples et faciles à manier dans le cas des univers satisfaisant la symétrie du principe cosmologique considéré par Einstein et les autres physiciens. Tous les espoirs étaient donc permis et l'on attendait avec fébrilité les informations que ces équations pourraient révéler à propos de la *cosmogenèse*.

Mais il fallut se rendre à l'évidence : ce projet grandiose s'avéra rapidement inaccessible à la relativité générale, elle restait désespérément muette et impuissante à ce propos. C'est précisément cette situation qui révéla la limitation intrinsèque de la théorie, tout en suggérant un extraordinaire élargissement. Que se passait-il donc ?

Les espoirs déçus : le Big Bang

Toutes les histoires cosmologiques que les équations d'Einstein racontent, toutes les solutions des équations de la relativité générale considérées à l'échelle de l'univers dans sa globalité, font surgir un événement dramatique, une catastrophe primordiale singulière qui s'est produite dans un passé fini, une *singularité mathématique* : tous les acteurs de l'histoire, les paramètres physiques et géométriques – densité d'énergie, pression, température du fluide cosmique, courbure de l'espace-temps, vitesse d'expansion... –, unis par les liens intimes qu'ils entretiennent au cœur des équations d'Einstein, y deviennent *simultanément* infinis dans un *passé fini* : c'est le *Big Bang* ! Tout se passe *comme si* notre histoire avait débuté par une explosion cataclysmique.

Ainsi, la découverte de l'expansion de l'univers sonnait non seulement le glas de la constante cosmologique, mais elle léguait du même coup aux physiciens l'étrange fardeau de l'événement primordial qui permet à notre univers, au moins pour un temps ou pour toujours, selon la densité de son contenu matériel, d'échapper à l'effondrement gravitationnel. C'est en effet cette densité du milieu cosmologique qui détermine le taux de ralentissement de l'expansion. Plus ce milieu est dense, plus ses diverses parties s'attirent gravitationnellement et plus elles ont tendance à freiner le mouvement d'expansion. On se trouve dans une situation analogue à celle de la pierre qui retombe sur le sol après un temps fini ou s'en échappe définitivement, selon sa vitesse initiale, mais aussi selon la masse de la Terre.

Bien étrange fardeau en effet, car le Big Bang est, du point de vue du physicien, l'inintelligible et l'irrationnel même, rebelle à toute mesure, à toute mise en rapport, à toute théorie. Et surtout, cet « événement » qui correspond *au passage à l'infini de l'ensemble des grandeurs* qui caractérisent l'univers relativiste est *non physique* ! Notre univers semble n'avoir pu exister, échapper à l'effondrement impliqué par la gravitation qui doit rendre compte de son ordre, que parce qu'il a pour origine ce qui, pour le physicien, est le désordre même, ce qu'aucune raison physique ne permet de concevoir.

L'éviction de l'univers statique portait certes un coup redoutable à la constante cosmologique, mais un autre événement, mathématique, contribua à la malmener encore plus. Le physicien hollandais William de Sitter découvrit, en 1917, une solution surprenante des équations d'Einstein qui renvoie à un espace-temps *vide*, dépourvu de tout contenu matériel : la simple présence de la constante cosmologique au sein de ces équations engendre une *expansion purement géométrique de cet espace vide* ! Les points de cet espace, bien qu'ils ne « portent » aucune matière, s'éloignent les uns des autres. De plus, la nature de cette expansion ne ressemble en rien à celle de notre univers matériel, elle est exponentiellement accélérée !

Quelle situation stupéfiante et ésotérique : alors que c'est l'effondrement de l'univers matériel qu'Einstein cherchait à contrecarrer par la constante cosmologique répulsive, c'est une expansion de l'univers vide qu'elle induit ! Einstein ne pouvait être que profondément déçu et amer. Choqué, il tenta de résister en recherchant des anomalies mathématiques à cette solution, mais en vain. « La plus grosse erreur de ma vie », soupira Einstein à propos de l'introduction de la constante cosmologique dans ses équations.

Il apparaîtra bien vite que cette « erreur », loin d'en être une, allait au contraire être au cœur de l'une des histoires les plus passionnantes et tumultueuses de la physique contemporaine.

Comment comprendre cette expansion du vide ? Est-ce un pur étirement géométrique ou une création continue et en tout lieu de « nouvel espace » ? Le terme cosmologique qui porterait en lui un effet de répulsion intrinsèque en l'absence de toute matière en serait-il le responsable ? Tout se passe *comme si* la constante cosmologique simulait la présence, dans le vide, d'un milieu matériel ésotérique, un fluide cosmologique dont les caractéristiques physiques inhabituelles, pression et densité d'énergie, produisaient cette expansion. Comme si cette constante cosmologique concernait l'espace directement, sans même passer par l'intermédiaire de la matière, comme si elle reflétait l'existence d'un fluide étrange. Et si tout cela n'était qu'une seule et même chose ? Et si le vide lui-même produisait inévitablement sa constante cosmologique ?

Il se passe manifestement quelque chose d'insolite qui semble bousculer les fondements de la relativité générale. Les rapports entre la géométrie de l'espace-temps et le contenu matériel avaient été clairement et univoquement exprimés par les équations d'Einstein. Comment concevoir alors qu'un terme géométrique engendre lui-même un effet sur cette géométrie à laquelle il participe ?

La réponse réside dans la nature ambiguë du terme cosmologique. Il représente non seulement la seule facette optionnelle du membre géométrique de l'équation d'Einstein, mais il détient également une personnalité trouble. Il apparaît comme un agent double géométrique et matériel à l'identité interchangeable. Alors qu'il avait été génériquement conçu et pensé de manière purement géométrique, sa structure mathématique particulière lui permet de siéger tout aussi bien dans le premier membre géométrique de l'équation que dans le second membre matériel. Il possède ainsi un rôle interchangeable défini par la place qu'on lui attribue dans l'équation. Écrivez-le dans le premier membre géométrique, il *est* géométrie et courbure cosmologique ; écrivez-le dans le second membre matériel, il *est* matière et densité d'un milieu matériel ! Malgré ce statut étrange de la constante cosmologique, qui aurait pu se douter, à l'époque, que ce terme deviendrait la plaque tournante des problématiques essentielles, des enjeux les plus profonds et des drames de la physique aujourd'hui ?

C'est autour de la constante cosmologique que se déchaînent aujourd'hui les passions des physiciens. C'est par elle que va s'imposer un nouveau protagoniste essentiel qui fait le pont entre le monde microscopique des constituants élémentaires de la matière et le monde à l'échelle cosmologique : le *vide quantique*. C'est précisément à travers la constante cosmologique que ce vide s'exprime au niveau cosmologique.

Sa prise en compte va fondamentalement modifier notre conception de l'histoire cosmologique et de sa genèse en particulier. Il va s'avérer en effet que toutes les grandes étapes de l'histoire cosmologique, exprimées dans le cadre de la relativité générale et de la théorie quantique des champs, font écho à des aventures particulières du monde microscopique. Le centre névralgique qui assure le passage du microcosme vers le macrocosme et les met en communication n'est autre que le vide quantique ! Le vide devient ainsi un acteur essentiel de cette histoire, qu'on pourrait appeler *l'histoire cosmologique du vide*.

Voila donc l'univers statique détrôné au profit d'un nouveau paradigme, celui d'un univers dynamique en expansion et d'une catastrophe apparemment incontournable : le Big Bang. Celui-ci s'exclut lui-même, par sa singularité, de l'histoire physique dont il est le détonateur mathématique. Mais cette histoire, l'histoire cosmologique, doit-elle avoir nécessairement pour origine un événement non physique ? La relativité générale est-elle inexorablement impuissante à tenir un autre discours ? Peut-on imaginer autrement le début de cette histoire, faire naître physiquement le contenu matériel de l'univers au lieu de le définir comme émergeant d'une singularité mathématique ? Est-il légitime que le physicien se préoccupe des conditions initiales du système physique « univers » ?

Le seul problème vraiment intéressant pour un physicien, disait Einstein, c'est de savoir si Dieu, au moment de créer le monde, eut véritablement le choix. Einstein ne s'exprimait pas alors en croyant, mais en héritier de la physique moderne, celle de Galilée, de Leibniz et de Newton, celle aussi de Laplace qui, lorsqu'il répliqua à Napoléon qu'il n'avait pas eu besoin de « l'hypothèse Dieu », proclamait le triomphe de la physique en tant que science déchiffrant la rationalité du monde. Si Dieu existait, il serait éventuellement réduit au rôle de créateur des conditions initiales du système et, de ces conditions, le physicien n'aurait dès lors pas à se préoccuper, elles lui seraient données.

Mais c'est une des caractéristiques de la physique du XXe siècle que l'infiniment petit devenait objet de science et imposait la diversité des interactions à cette échelle quand la gravitation seule permettait de transformer l'univers lui-même en objet de science. Si le projet grandiose de la cosmologie einsteinienne, fondée entièrement sur les équations de la relativité générale, s'était réalisé selon les vœux de son auteur d'un univers statique et immuable, Dieu n'aurait eu à faire aucun choix, même pas celui des conditions initiales : l'univers, immense tautologie quadridimensionnelle, n'aurait pu avoir d'origine dans le temps, il aurait existé de toute éternité dans la perfection statique de sa vérité purement géométrique.

Mais c'est précisément cet idéal qui s'écroula brutalement et sans équivoque en 1929 avec la découverte expérimentale de l'éloignement des galaxies, en attribuant, par cela même, aux conditions initiales de l'univers une place centrale dans l'interrogation cosmologique. Le Big Bang entamait alors son dramatique périple sur la scène de la physique de l'univers et sa singularité mathématique semblait désespérément dissimuler à l'interrogation des physiciens l'énigme de la cosmogenèse elle-même.

Était-ce réellement désespéré ? Une réflexion profonde, qui mobilisa de nombreux chercheurs pendant des décennies, fut consacrée à l'exploration de possibilités théoriques, éventuellement masquées par la complexité du formalisme mathématique de la relativité générale, qui auraient permis d'échapper au caractère singulier du Big Bang. Rien n'y fit. Stephen Hawking et Roger Penrose démontrèrent même un théorème mathématique puissant qui implique l'inévitabilité de singularités cosmologiques, sous des conditions fort générales de pression et de densité d'énergie, toujours satisfaites lorsque le fluide cosmologique possède les propriétés « respectables » rencontrées jusqu'alors en physique. Ce théorème n'exprime en fait rien d'autre que l'impuissance de la relativité générale à fournir une explication de l'origine du contenu matériel de l'univers.

Si la relativité générale exprime bien les liens qu'entretiennent la géométrie et la matière, elle reste muette sur l'origine de cette dernière. Elle ne contient aucun mécanisme qui soit responsable de la création ou de l'annihilation de la matière. Chaque volume de l'univers en expansion, quel qu'il soit, accompagne celle-ci en se dilatant, mais contient invariablement, tout au long de cette histoire, la même quantité de matière conservée, qui ne peut donc que se diluer progressivement lorsque le temps s'écoule. Dans cette histoire visionnée temporellement à rebours, toute quantité *constante* de matière se trouve alors inévitablement confinée dans un volume de plus en plus réduit, dans un passé de plus en plus lointain. En conséquence, la densité, la pression et toutes les caractéristiques physiques du fluide cosmologique tendent inévitablement vers l'infini. La courbure de l'espace-temps qui leur est associée par les équations d'Einstein subit le même sort : c'est le Big Bang !

L'inévitabilité du Big Bang trouve ainsi son origine dans la permanence du contenu matériel de l'Univers, une donnée qui fait partie des conditions initiales de l'histoire cosmologique. La singularité du Big Bang exprime alors un *aveu d'impuissance* et ne représente donc pas une tare de la relativité générale. Elle apparaît comme la conséquence des limitations théoriques imposées par son caractère classique, *non quantique*. Voilà, le mot est prononcé ! C'est cette description classique de la matière cosmologique qui contrarie la possibilité de conceptualiser un vide primordial et les conditions initiales physiques qui pourraient se substituer au Big Bang.

Mais revoici la constante cosmologique : c'est elle, et les divers déguisements sous lesquels elle se dissimule, qui va tenir un rôle de premier plan dans les approches nouvelles qui vont permettre d'éradiquer la singularité du Big Bang. Ce terme cosmologique, forcé dans les équations pour de mauvaises raisons, éliminé quelques années plus tard avec amertume, allait ressurgir à nouveau quelques décennies plus tard dans un rôle inattendu, celui du responsable d'un processus primordial et essentiel de notre univers matériel : *l'inflation*. Celle-ci apparaîtra comme le remède miracle du *Modèle standard* de la cosmologie contemporaine, nous l'évoquerons plus loin. C'est également la constante cosmologique, sous l'un ou l'autre de ses déguisements, qui tire probablement en coulisses les ficelles de l'accélération actuelle de l'expansion de l'univers et qui pourrait bien expliquer cette mystérieuse *énergie noire* qui représenterait 73 % du contenu de notre univers ! (chapitre 5).

Le bilan de l'aventure de la constante cosmologique est, à ce stade, pour le moins curieux. Son absence garantit l'expansion de l'univers matériel, mais au prix de la singularité inévitable du Big Bang, qui investit irréductiblement le devant de la scène. Sa présence suggère, par ailleurs, la possibilité d'un régime cosmologique inflatoire, mais en n'offrant que sa réalisation géométrique vide, dépouillée de tout aspect matériel. Ces deux problèmes sont-ils alors liés et permettent-ils un coup double ? Pourrait-on, par une même opération, éliminer le Big Bang et matérialiser l'inflation et, ce faisant, transfigurer le paysage conceptuel de la cosmologie ?

Pour donner corps à cette question et espérer obtenir des éléments de réponse, il serait nécessaire de mieux cerner les causes de cette « inflation vide » que la constante cosmologique engendre. Cette dualité géométrico-matérielle de la constante cosmologique est *a priori* énigmatique. Comment cet hybride peut-il être matière ou géométrie ? Est-ce une forme particulière de matière qui pourrait se dissimuler sous des atours géométriques ? Quel serait ce fluide cosmologique, capable de nous mystifier en se travestissant en pure géométrie ? La constante cosmologique s'exprime dans les mêmes unités qu'une densité d'énergie ou une pression. Il est donc naturel de chercher à l'identifier à ces grandeurs physiques.

Cette matière devrait inévitablement posséder une propriété étrange et *a priori* incompréhensible : sa densité d'énergie et sa pression devraient rester *constantes* en dépit de l'expansion de l'espace ! Et cette propriété en entraîne une seconde, troublante, énigmatique et qui jouera, nous le verrons, un rôle de premier plan dans les problèmes cosmologiques les plus subtils auxquels nous faisons face aujourd'hui : la pression est non seulement constante mais elle est également *négative* ! C'est à la lumière de ces deux propriétés essentielles que surgiront les nouvelles possibilités de penser l'univers.

Mais avant toute chose, pourquoi ces propriétés semblent-elles aller à l'encontre du bon sens et être attachées à un fluide matériel ésotérique que la physique ne connaissait pas ?

Les équations d'Einstein nous apprennent que la cadence de l'expansion de l'espace dépend essentiellement de son contenu, mais elles montrent surtout que la vitesse de cette expansion, la manière dont l'univers s'étend, est relativement indépendante du milieu matériel qui l'emplit, pourvu que ce milieu soit « normal et respectable ». En d'autres termes, qu'il contienne uniquement du rayonnement, uniquement de la matière ou que son contenu soit intermédiaire entre ces deux extrêmes, l'univers s'étend *grosso modo* de la même façon. Cette relative indifférence de l'expansion par rapport à la nature du fluide cosmologique qui l'engendre résulte d'une propriété *a priori* évidente : lorsque le volume disponible augmente, la densité d'un fluide normal diminue.

Mais un fluide matériel simulé par la constante cosmologique garderait, nous l'avons vu, une densité constante, il ne se diluerait pas avec l'expansion. Bien étrange situation que celle d'un fluide qui ne se dilue pas alors que le volume qui le contient augmente sans cesse ! Il ne peut être que d'une nature radicalement différente de tout ce que la physique connaissait. Mais surtout, l'existence d'un tel milieu ésotérique aurait une tout autre influence sur l'expansion de l'espace, il conduirait à des possibilités cosmologiques radicalement nouvelles et inattendues. Le problème est donc de savoir si ce *milieu mathématique* peut être érigé en *milieu physique* représentatif d'un état possible de la matière. Pourrait-on même concevoir que ce milieu résulte inévitablement de la théorie elle-même, plutôt qu'être le représentant d'une constante « mise à la main » dans les équations ?

La constante cosmologique deviendrait alors *inéluctable* et non plus tolérée et amovible. L'enjeu est de taille ! Mais le plus surprenant est à venir : les physiciens découvriront que c'est dans le face-à-face de la cosmologie einsteinienne et de la théorie quantique des champs que cette possibilité prend corps autour d'un acteur inattendu qui jouera un rôle déterminant : *le vide quantique.*

Mais pourquoi et comment le quantique s'introduit-il dans cette histoire ? Peut-il influencer et enrichir le discours cosmologique de la relativité générale ? En particulier, quel est le statut inattendu auquel la constante cosmologique va accéder et quel rôle va-t-elle alors jouer ?

La réponse à la question « Quelle est l'origine de l'univers ? » semble être hors de portée de la relativité générale classique qui reste définitivement muette sur ce sujet. L'accident mathématique singulier, le Big Bang, est clairement irréductible dans ce contexte et toutes les tentatives d'ouvrir de nouvelles pistes qui pourraient éventuellement conduire à une compréhension physique de la cosmogenèse procèdent d'une extension de la théorie classique. Or, nous l'avons vu, c'est essentiellement la permanence de la matière qui endosse la responsabilité de cet échec.

Comment alors résister à la tentation de se tourner vers le quantique, plus précisément vers une description quantique plutôt que classique du contenu matériel de l'univers ? C'est en effet dans ce cadre que se déroule en permanence ce qui manque tant à la description cosmologique classique : les créations et annihilations de matière.

L'histoire qui vient d'être contée semble impliquer que nous avons le choix et non l'obligation de considérer le fluide matériel cosmologique comme quantique plutôt que classique. Or, il ne faut pas s'y méprendre : il n'y a pas deux types de matière, quantique et classique. La matière est fondamentalement quantique à toutes les échelles, depuis le monde microscopique des constituants élémentaires de la matière et de leurs interactions jusqu'à l'échelle cosmologique de l'univers tout entier. Ce caractère quantique fondamental de la nature n'a jamais été pris en défaut jusqu'à ce jour, certains résultats expérimentaux coïncident avec ses prédictions théoriques avec une précision allant jusqu'à la dixième décimale !

Mais les spécificités du comportement quantique sont d'autant plus marquées que l'échelle étudiée est petite. Autrement dit, c'est aux très petites échelles que l'écart entre les prévisions des deux descriptions, classique et quantique, devient important et que seule la description quantique est en adéquation avec les comportements détectés expérimentalement. Cet écart devient si peu significatif aux échelles macroscopiques de notre monde habituel que la description classique lui convient suffisamment. Donc, si, *conceptuellement,* tout est quantique, il est légitime d'utiliser l'une ou l'autre description selon les circonstances. Et c'est ainsi que l'on traita classiquement le fluide matériel cosmologique jusqu'au début des années 1970.

CHAPITRE 3

QUAND LA MATIÈRE RAYONNE

« Dans quelques années, toutes les constantes physiques fondamentales auront été déterminées au mieux, et la seule occupation à laquelle pourra s'adonner l'homme de science sera d'en améliorer le nombre de décimales. » Voilà ce que déclarait James Clerk Maxwell dans sa leçon inaugurale à l'Université de Cambridge en 1871 !

En 1871, les physiciens n'avaient aucune raison de ne pas adhérer à ce point de vue. Tous les aspects de la réalité physique semblaient trouver leur explication naturelle au sein de la physique classique : la dynamique, la thermodynamique, l'optique, l'électricité et le magnétisme unifiés par Maxwell dans l'électromagnétisme, la gravitation newtonienne... Aucun physicien n'imaginait que de nouvelles lois physiques fondamentales manquaient à l'appel.

Et pourtant, trente-quatre ans plus tard, avec la relativité restreinte publiée en 1905, les physiciens allaient vivre une révolution conceptuelle qui balayerait des notions aussi solidement ancrées que le temps, la simultanéité et l'espace, on vient de le voir. Néanmoins, en dépit de ses aspects révolutionnaires, cette théorie s'inscrivait encore dans la tradition de la physique classique. Elle en préservait la clarté, l'objectivité et le déterminisme sans faille qui la marquaient depuis Galilée et Newton.

Mais c'est la seconde révolution majeure qui outragea l'intuition des physiciens et bouleversa leur représentation de la réalité physique elle-même. La *théorie quantique* prit son essor au cours de cette même « année magnifique » 1905. La rigueur réconfortante de la description du monde admise jusqu'alors s'effondra brusquement pour laisser place à une réalité schizophrène qui plongea les physiciens dans un état de perplexité et de désarroi dont l'onde de choc se prolonge encore aujourd'hui.

En physique classique, l'identité des acteurs du monde physique, la matière et les champs, est déterminée sans ambiguïté : une particule matérielle occupe une portion bien délimitée de l'espace. Elle possède à tout moment une position et une vitesse précises. Un champ électromagnétique, lui, est distribué de manière continue dans une portion étendue de l'espace et s'y propage de façon ondulatoire. Il est caractérisé par une longueur d'onde, donc une fréquence, et se propage à la vitesse de la lumière. On ne peut confondre ces deux protagonistes, leur comportement ne laisse aucun doute quant à leur identité.

Et voilà qu'une tout autre image du monde, *la physique quantique*, s'imposa brusquement aux physiciens : la réalité physique classique précise, concrète et univoque laissa place à un monde flou peuplé de personnages énigmatiques. Ses acteurs, d'apparence hybride, se comportent parfois *comme s'ils* étaient des particules et d'autres fois *comme* des ondes, *selon les circonstances*. Leur identité semble interchangeable. C'est le monde d'*Alice au pays des merveilles*, mais... de notre côté du miroir. La physique quantique n'est pas, en effet, une théorie qui se limite à la description du monde atomique et subatomique : elle est universelle et *théoriquement* pertinente à toutes les échelles de la nature, de la plus petite entité subatomique à l'univers dans sa globalité. *Notre monde quotidien est quantique* ! Mais il n'en révèle concrètement les spécificités que dans des circonstances bien précises.

La lumière dans tous ses états

Tout comme pour la relativité restreinte, l'aventure commença de nouveau par la lumière. La théorie de l'électromagnétisme de Maxwell, emportant l'adhésion unanime des physiciens, avait définitivement établi le caractère ondulatoire de la propagation de la lumière. Il est vrai qu'il y avait eu débat par le passé quant à l'identité de la lumière et que deux écoles s'étaient affrontées à ce sujet. Christian Huygens et Robert Hooke avaient proposé une théorie ondulatoire de la lumière. On savait alors avec certitude que la lumière possédait une vitesse finie de propagation. Galilée fut vraisemblablement le premier à être non seulement persuadé de cette propriété, mais à avoir même tenté, en 1607, de déterminer sa vitesse. Les « moyens techniques » mis alors en œuvre, des lanternes envoyant des signaux lumineux entre les sommets de monts voisins, ne donnèrent aucun résultat. La vitesse de la lumière est en effet bien trop grande pour être décelée de cette manière. C'est en 1676 que l'astronome danois Olaf Römer détermina cette vitesse par une méthode astronomique basée sur l'observation de Jupiter et de son satellite Io. À partir de cette propagation à vitesse finie, Huygens déduisit que la lumière devait être une onde se propageant à travers un certain milieu.

Cette interprétation rencontra un adversaire de taille. En 1704, Newton publia son livre sur l'optique (une première version datant de 1692 ayant brûlé accidentellement dans sa maison, il réécrivit ce traité en 1704). Il y déployait une attaque cinglante contre l'interprétation ondulatoire de Huygens et défendait l'idée selon laquelle la lumière était composée de petites particules se propageant à des vitesses différentes selon leur couleur. Cette interprétation lui permit d'expliquer une série de faits expérimentaux qu'il avait mis en évidence.

Mais c'est finalement l'interprétation ondulatoire qui l'emporta lorsque le physicien et médecin anglais Thomas Young imagina et réalisa en 1802 un nouveau type d'expériences démontrant de manière irréfutable que la lumière ne pouvait s'interpréter *que* comme une onde.

Cette confrontation entre intuition, expérience et théorie concernait deux interprétations antinomiques de la lumière, mutuellement exclusives : onde ou corpuscule ? La lutte fut âpre, mais l'enjeu en était clairement défini : est-ce une onde ou, au contraire, un ensemble de corpuscules lumineux ? Il était hors de question de poser la question en d'autres termes et d'envisager, par exemple, la possibilité absurde que cette « même chose » puisse être onde *et* corpuscule, parfois l'un et parfois l'autre ou *ni* l'un *ni* l'autre. Et pourtant, cette « absurdité » resurgira sans crier gare en dépit de l'expérience de Young, qui avait pourtant définitivement convaincu les physiciens du caractère ondulatoire de la lumière. En quoi consistait donc la procédure expérimentale de Young ?

Elle s'appuyait sur le phénomène d'interférence caractéristique de la superposition de rayons lumineux. Ce phénomène est sans conteste le révélateur le plus fiable des phénomènes ondulatoires. L'interférence se produit lorsque deux ondes de même nature se rencontrent et se superposent. Cette superposition peut être constructive ou destructive en chaque lieu, selon que les deux ondes y sont en phase (leurs déplacements s'y produisent dans la même direction et se renforcent) ou en opposition de phase (leurs déplacements s'y déroulent en sens contraire et se contrecarrent). Le résultat de cette interférence consiste en l'apparition de régions fortement marquées par le phénomène ondulatoire et d'autres où il est évanescent. Observez un plan d'eau, par exemple, sur lequel se propagent des vaguelettes issues de deux points. Voyez alors le motif complexe, *l'image d'interférence*, qui apparaît sur cette surface : des zones calmes, presque sans déformations (les vaguelettes issues des deux sources s'y sont contrecarrées) et d'autres, au contraire, où les vaguelettes se sont renforcées. S'il s'agit de rayons lumineux, les zones calmes se traduiront par des régions sombres (destruction des deux ondes lumineuses) et les vaguelettes renforcées se traduiront par des régions lumineuses (renforcement des ondes lumineuses). Ces régions spécifiques sont les *franges* d'interférences qui forment *l'image d'interférence*. Celle-ci révèle formellement le caractère ondulatoire du phénomène qui lui a donné naissance. En effet, *seules les ondes peuvent produire des interférences*.

Dans le but de lever définitivement le doute quant à la nature corpusculaire ou ondulatoire de la lumière, Young soumit un rayon lumineux à un test décisif : il le dirigea vers une surface sur laquelle étaient pratiquées deux petites fentes, les *fentes de Young*, qui autorisaient le passage du rayon. Celui-ci se trouvait ainsi scindé en *deux rayons distincts* issus d'une *même source*, chacun passant par l'une des deux fentes. Ces deux ondes lumineuses distinctes, vestiges du même rayon initial, étaient alors projetées sur un écran situé au-delà de la surface et parallèlement à celle-ci. Comme l'écrit Young dans le premier article qu'il publie, il faut que « deux parties *de la même lumière* arrivent à l'œil par des chemins différents... ». Autrement dit, on projette sur chaque point de l'écran la superposition des deux rayons partis en phase de chacune des fentes, mais qui parcourent des chemins de longueur différente jusqu'à l'écran, où ils arrivent ainsi avec des phases distinctes. En effet, si vous suivez des yeux une onde, disons aquatique, vous voyez que son amplitude, donc sa phase, se modifie en fonction de la distance parcourue.

L'image qui apparut sur l'écran montrait une succession de raies sombres et de raies lumineuses, de maxima et de minima lumineux : c'était la signature infaillible du phénomène d'interférence des deux rayons lumineux. Là où les ondes interfèrent positivement, il y a une raie lumineuse, là où elles interfèrent négativement, il y a une raie sombre. Ce sont les franges d'interférence de Young. Les rayons lumineux sont donc des ondes ! Si la lumière avait été de nature corpusculaire, elle n'aurait pu faire apparaître une telle image sur l'écran. Aucun doute n'était plus possible, les particularités du phénomène d'interférence n'étaient pas compatibles avec l'interprétation corpusculaire de la lumière, seul son aspect ondulatoire pouvait en rendre compte !

Newton avait perdu. Momentanément !

Il n'est pas coutumier, en physique, qu'une expérience aussi simple conduise avec autant de certitude à une conclusion aussi tranchée. De plus, cette conclusion expérimentale reçut une interprétation théorique magistrale, nous l'avons vu, lorsque Maxwell montra que les ondes lumineuses ne sont qu'un cas particulier d'ondes électromagnétiques. La boucle était bouclée. Jamais, dans ces circonstances, un physicien théoricien ne se serait hasardé à remettre en cause la nature ondulatoire de la lumière. Les choses en seraient restées là, s'il n'y avait eu le bouleversement produit par la découverte de *l'effet photoélectrique* et Einstein pour l'interpréter.

Cet effet, découvert en 1902 par le physicien allemand Philipp Lenard, consistait en l'émission d'électrons par certains métaux, comme le sélénium, illuminés par un rayonnement lumineux. L'électron et ses caractéristiques de masse et de charge électrique avaient été mis en évidence expérimentalement, quelques années auparavant, par le physicien français Jean Perrin et le physicien anglais J. J. Thomson, en 1895 et 1897 respectivement. Comment les physiciens pouvaient-ils interpréter cette émission d'électrons ? La théorie de Maxwell avait établi que les ondes électromagnétiques, en particulier la lumière, transportent de l'énergie qui croît avec leur intensité. Les physiciens s'accordaient naturellement sur le fait que l'énergie incidente transportée par l'onde lumineuse qui illumine le métal était transmise à ses électrons, ce qui leur permettait de s'en extraire. L'idée était simple : un électron illuminé par un rayonnement suffisamment intense, donc énergétique, pourra vaincre ce qui le retient captif dans le métal, l'énergie de liaison. Et les physiciens de conclure, en toute logique, que le phénomène d'émission ne devait dépendre que de la *seule* intensité de la lumière incidente.

Contre toute attente, il n'en était rien ! Une autre caractéristique tout à fait inattendue intervenait et jouait même un rôle décisif dans l'effet : la couleur de la lumière incidente, donc la fréquence du rayonnement ! Mais que venait faire la couleur dans ce phénomène ? D'après la théorie de Maxwell, elle n'avait aucune raison de s'immiscer dans ce jeu puisqu'elle n'avait rien à voir avec l'énergie de l'onde. Or, elle y jouait même un rôle central : l'expérience montrait en effet qu'il existe pour chaque métal une fréquence lumineuse seuil, donc une couleur, au-dessous de laquelle l'effet d'émission ne se produit *jamais, quelle que soit l'intensité de l'onde incidente* ! Par contre, sitôt qu'on projette une lumière de fréquence plus élevée que ce seuil, un éclairage, même de très faible intensité, éjectera des électrons.

Pourtant, d'après Maxwell toujours, lorsque cette intensité devient suffisamment faible, l'énergie que transporte l'onde doit nécessairement devenir trop petite et ne devrait plus être en mesure d'éjecter des électrons. On compléta cette expérience par un autre test, tout aussi incompréhensible que le premier : on mesura la vitesse, donc l'énergie cinétique, des électrons émis. À nouveau, selon Maxwell, celle-ci aurait dû croître avec l'intensité de la lumière incidente. Et, nouvelle surprise, on avait beau en augmenter l'intensité, l'énergie cinétique des électrons émis n'y était pas sensible. Seule la couleur de l'onde déterminait cette vitesse d'éjection. L'unique chose qui s'avéra finalement dépendre de l'intensité de l'onde lumineuse était le *nombre* d'électrons éjectés.

La théorie ondulatoire classique de Maxwell était tout à fait incapable d'expliquer cette double étrangeté. Pourquoi donc ne se passe-t-il rien pour certains métaux lorsqu'on les illumine avec une onde de couleur rouge, aussi intense qu'on le souhaite, alors qu'une onde de couleur violette, de plus grande fréquence, d'intensité même extrêmement faible, éjectera, elle, des électrons ? Pourquoi une intensité lumineuse incidente plus grande ne transmet-elle pas une énergie cinétique plus grande aux électrons qu'elle expulse ? Assez curieusement, tout se passe comme si l'énergie transportée par l'onde lumineuse avait partie liée avec sa fréquence plutôt qu'avec son intensité, en contradiction flagrante avec Maxwell.

L'explication des propriétés de l'effet photoélectrique, en 1905, est la troisième contribution majeure d'Einstein à la physique, après la relativité restreinte et l'explication du mouvement brownien, bouclant ainsi son « année magnifique ». C'est ce travail qui lui valut le prix Nobel, en 1922. Il ne faisait aucun doute pour lui que l'effet photoélectrique ne pouvait s'expliquer que si l'onde lumineuse interagit avec le métal *comme si* toute son énergie était concentrée en « paquets » d'énergie, des quanta de lumière dans le vocabulaire d'Einstein, appelés aujourd'hui « photons ». De plus, les interactions sont individuelles, *un photon n'interagit qu'avec un seul électron auquel il transmet toute son énergie.* C'est tout ou rien, il n'y a pas de demi-mesure, soit un photon ne rencontre aucun électron, soit il en rencontre un, auquel il transmet alors la totalité de son énergie. C'est elle qui permet à l'électron de se libérer du métal avec une certaine énergie cinétique. Et comme celle-ci ne dépend expérimentalement que de la fréquence du rayonnement incident, Einstein en déduisit que *l'énergie d'un photon ne dépend que de la fréquence du rayonnement* auquel il est associé.

Il put alors expliquer toute l'étrangeté du phénomène : l'intensité de l'onde incidente ne détermine pas son énergie, comme on le pensait, mais uniquement le *nombre* de quanta qu'elle transporte. Seule la fréquence de l'onde a partie liée avec l'énergie. Or, l'émission des électrons résulte de leurs chocs individuels avec les quanta. Qu'il y en ait beaucoup, grande intensité, ou peu, intensité faible, l'émission des électrons ne se produira que si l'énergie individuelle des quanta, donc la fréquence du rayonnement, est plus élevée qu'un certain seuil : précisément l'énergie de liaison de l'électron au sein du métal, qu'il faut vaincre pour qu'il puisse s'en échapper.

L'image en devient « lumineuse » : pour qu'un électron soit émis, il faut qu'il puisse au moins vaincre l'énergie de liaison qui le retient prisonnier dans le métal. Le surplus qu'il reçoit se retrouve dans l'énergie cinétique avec laquelle il quitte le métal dont il a pu se libérer. C'est pour cette raison que tous les électrons sont émis avec la même vitesse. Einstein ne se contenta pas de limiter cette interprétation aux seules *interactions de la lumière* avec le métal. Il était convaincu, et il le postula, qu'il s'agissait là *d'une propriété intrinsèque de la propagation de la lumière elle-même.* C'est en cela qu'il accomplissait un pas de géant.

Comment ne pas repenser à la thèse corpusculaire que Newton avait jadis défendue avec tant d'âpreté ? Avait-il raison en fin de compte ? Ses corpuscules lumineux seraient-ils les quanta d'Einstein ? Que ce clin d'œil de l'histoire aurait été cocasse s'il en avait été ainsi ! Mais il y avait une différence de taille entre les deux concepts : les corpuscules lumineux de Newton se propageaient à des vitesses différentes selon leur couleur, donc selon leur fréquence. Les quanta d'Einstein, eux, se propagent évidemment tous à la même vitesse, celle de la lumière, et c'est leur énergie qui dépend de la fréquence.

Il ne restait plus à Einstein qu'à comparer ses données théoriques avec les résultats expérimentaux pour qu'il en déduise la relation entre l'énergie d'un quantum et la fréquence du rayonnement. C'est la célèbre relation

$$E = h\nu$$

où E est l'énergie d'un quantum de lumière, ν est la fréquence du rayonnement et h est la constante de Planck sur laquelle nous allons revenir. Cette relation n'était pas nouvelle en soi, mais son interprétation l'était et allait marquer la physique à tout jamais.

Cinq ans avant Einstein, en décembre 1900, Max Planck avait annoncé cette relation prémonitoire de la révolution quantique. Elle avait plongé les physiciens dans l'embarras. La relation était bien la même que celle à venir d'Einstein, mais elle se référait à un autre problème, résultait d'une tout autre démarche et n'avait pas la même ambition. Toutefois, le ver était dans le fruit et les graines de la révolution quantique étaient semées.

Quel était le problème de Planck ?

Il s'agissait d'une contradiction frustrante et inexplicable entre la prédiction théorique et l'observation expérimentale de la couleur émise par un corps chaud. Lorsqu'on chauffe progressivement un corps, une barre métallique par exemple, la couleur du rayonnement électromagnétique, le rayonnement thermique qu'elle émet, passe successivement par le rouge, l'orange, le jaune... Cette couleur émise est un témoin fiable de la température du corps. Tout objet qui n'est pas strictement au zéro absolu des températures émet tout l'arc-en-ciel des fréquences, donc des couleurs, de l'infrarouge à l'ultraviolet. Mais la fréquence dominante, celle émise avec la plus grande intensité, augmente avec la température et détermine la coloration de l'ensemble. Pensez aux techniques de vision nocturne dans l'infrarouge. Elles sont fondées sur l'émission, par le corps humain par exemple, d'un rayonnement thermique dont la fréquence dominante se situe dans l'infrarouge.

C'est un phénomène bien connu des ouvriers fondeurs métallurgistes qui peuvent estimer la température d'une barre métallique ou d'un haut-fourneau à la couleur du rayonnement qui en illumine l'intérieur, observée à travers un petit orifice pratiqué à cet effet dans la paroi. Le haut-fourneau représente d'ailleurs une excellente réalisation d'un modèle idéalisé appelé *corps noir*. Un tel corps absorbe parfaitement toutes les radiations incidentes et les réémet tout aussi parfaitement. Ainsi, dans le haut-fourneau, toutes les fréquences, ou longueurs d'onde, du spectre électromagnétique sont absorbées et émises continuellement par les parois, sans pouvoir s'en échapper, et s'organisent en un état d'équilibre, l'équilibre thermique, *qui ne dépend que de la température*. Chaque fréquence du rayonnement piégé dans l'enceinte du haut-fourneau possède alors une intensité bien déterminée qui ne varie pas au cours du temps. Cet état ne dépend ni de la matière des parois ni de leur forme, et ce sont précisément ces particularités qui confèrent à la température du corps noir son caractère universel. Cette distribution des intensités en fonction des fréquences définit le spectre du rayonnement de corps noir. Il exprime l'intensité avec laquelle chaque fréquence contribue à l'intensité totale de celui-ci à une température donnée. Le défi lancé aux physiciens était de prédire théoriquement ce *spectre*.

Nous verrons que *l'univers représente le corps noir le plus parfait de la nature* et que le rayonnement cosmologique qui l'inonde aujourd'hui est le témoin fossile des événements primordiaux de son histoire.

Les physiciens de l'époque, plus particulièrement les deux physiciens anglais lord Rayleigh et James Jeans ainsi que le physicien allemand Max Planck, étudièrent ce phénomène dans le cadre classique de l'électromagnétisme et de la thermodynamique. L'enjeu de ces travaux était précisément de comprendre la coloration dominante du rayonnement thermique en fonction de la température.

Cette recherche ne présentait *a priori* que des difficultés techniques et semblait n'exiger que du temps, de la concentration et la volonté d'aboutir. Et pourtant, les calculs théoriques exécutés dans toutes les règles de l'art conduisaient inévitablement à une conclusion aberrante, conceptuellement inacceptable et en contradiction flagrante avec l'observation expérimentale : l'intensité totale du rayonnement thermique émis par un corps avait une valeur *infinie*, quelle que soit sa température ! On nomma cet accident mathématique la *catastrophe ultraviolette*, parce qu'il avantageait, de manière incompréhensible et contradictoire avec l'observation, les grandes fréquences situées au-delà du violet. D'après les calculs, une barre métallique chaude devait nous apparaître bleue plutôt que rouge !

Une conclusion semblait s'imposer : la physique rencontrait des limites inattendues avec l'impossibilité de comprendre ce phénomène. Le 14 décembre 1900, un pas énorme fut franchi lorsque Max Planck annonça une découverte *mathématique* curieuse : il avait trouvé, en manipulant les mathématiques du problème, un « truc » formel qui, sans qu'il comprît physiquement pourquoi, le conduisait à une formule qui prédisait merveilleusement bien le phénomène observé : *l'infini était éradiqué* et la forme du spectre thermique émis parfaitement conforme à sa prédiction théorique. Les connaissances intuitives de l'ouvrier fondeur devenaient correctement prédites par cette formule de Planck.

Ce que Planck ne pouvait déduire des théories existantes, il l'avait forcé en manipulant les mathématiques du problème. Les physiciens théoriciens sont souvent confrontés à ce genre de situations. Ne pouvant arriver à leurs fins, ils manipulent mathématiquement des expressions, ils improvisent et jouent avec le langage formel, ce qui les met parfois sur une piste dont ils n'élucident la signification physique qu'*a posteriori*. Mais les échecs sont infiniment plus nombreux que les succès en la matière.

Les quanta

En quoi consistait le « truc mathématique » de Planck ?

Planck organisa son calcul *comme si l'émission* de rayonnement électromagnétique par un corps ainsi que son *absorption* ne pouvaient se réaliser que par quantités minimales, par « paquets d'énergie » et non continûment, comme on l'admettait jusqu'alors. Ce n'était en aucune façon, pour Planck, une hypothèse physique nouvelle résultant de son intuition, mais la conséquence d'une manipulation mathématique qui conduisait à un résultat heureux. Et le calcul de Planck « fonctionnait », s'il attribuait à ces entités énergétiques nouvelles la valeur $E = h\nu$.

Sa formule semblait purement magique. La nature du remède qui guérissait un mal apparemment incurable était incompréhensible. Planck fit de multiples efforts pour comprendre la signification de ce qui n'apparaissait que comme un artifice mathématique, mais en vain. Autrement dit, il n'arrivait pas à justifier sa démarche, à expliquer son truc mathématique, dans le cadre de la physique classique. Il resta perplexe devant sa propre découverte. Toujours est-il que son « truc » fonctionnait et que l'expression qui en résultait décrivait, avec une précision saisissante, les données expérimentales. De plus, ni lui, ni aucun autre physicien, n'arrivait à l'explication théorique recherchée sans introduire cette *hypothèse du discontinu*.

Planck ne fut pas le seul physicien à douter du sens de sa découverte mathématique. Pratiquement toute la communauté physique était perplexe, sinon hostile. On n'échange pas des siècles de continu contre un discontinu douteux et ne reposant sur rien de tangible ! En dépit du fait que les physiciens reconnaissaient la parfaite coïncidence de la formule de Planck avec la réalité des données expérimentales, le plus grand nombre refusait d'admettre que l'énergie puisse être morcelée. Certains trouvèrent même l'interprétation de Planck tellement extravagante qu'ils mirent en doute les données expérimentales elles-mêmes ! Leur résistance était tellement grande qu'ils préféraient mettre en cause la réalité observée plutôt qu'admettre les « inepties de Planck ».

Toujours est-il que la catastrophe ultraviolette était éradiquée. L'hypothèse de Planck introduisait *une nouvelle constante de la nature, h,* le coefficient de proportionnalité entre les fréquences et les valeurs des « paquets d'énergie » associés. *Il en ajusta la valeur numérique* pour que les spectres d'émission calculés coïncident exactement avec ceux qui sont observés. Cette constante, dont Planck ne pouvait imaginer le rôle immense qu'elle allait jouer, porte depuis lors le nom de *constante de Planck* et *la lettre « h »* la désigne. Sa valeur est extraordinairement petite à l'échelle de notre monde courant, elle vaut en effet $6,63 \times 10^{-27}$, lorsqu'elle est exprimée dans les unités courantes, à savoir : les masses en grammes, les longueurs en centimètres et les temps en secondes ! C'est pour cette raison, nous le verrons, que les aspects quantiques ne s'imposèrent aux physiciens que lorsqu'ils furent confrontés au monde microscopique des dimensions atomiques. Cette nouvelle constante fondamentale h vient s'ajouter à c (vitesse de la lumière) et G (constante de la gravitation universelle). Les combinaisons adéquates de ces trois constantes permettent de définir de façon univoque les dimensions de Planck. Leurs valeurs sont données au chapitre 5.

Einstein et Planck étaient ainsi conduits au même concept de quantum caractérisé par la même relation $E = h\nu$, mais leurs interprétations en étaient bien différentes.

L'hypothèse *ad hoc* du morcellement de l'énergie électro-magnétique, introduite dans les calculs de Planck, se limitait aux *échanges* de cette énergie avec la matière, émissions et absorptions, et ne concernait pas la structure du rayonne-ment lui-même. En d'autres termes, la propagation du rayonne-ment électromagnétique restait tout aussi continue qu'auparavant et les discontinuités introduites dans son calcul se limitaient aux seules interactions avec la matière. Planck n'associait donc pas ces quanta d'énergie avec quelque parti-cule que ce soit.

De son point de vue, tout se déroulait comme si ces quanta étaient éphémères, ne se créaient que dans l'inter-action de l'onde lumineuse avec la matière, comme s'il fallait une accumulation suffisante d'énergie pour qu'elle puisse être échangée, émise ou absorbée. Il n'envisageait pas la possibilité que ces quanta fussent associés à une propriété persistante de l'onde lumineuse elle-même. Le caractère ondulatoire de celle-ci n'était donc pas affecté.

Einstein, au contraire, attribuait à *la lumière elle-même cet aspect corpusculaire*. C'était donc la personnalité de l'acteur lui-même qui se trouvait transfigurée et pas seulement certains traits de son jeu. Un nouvel aspect fondamental de la réalité physique faisait ainsi son apparition. Einstein n'en res-tait pas moins profondément troublé par ce conflit entre l'idée des quanta et l'évidence de la nature ondulatoire de la lumière que les phénomènes d'interférence de Young montraient de manière si convaincante.

Imaginez la situation conflictuelle dans laquelle se trou-vait Einstein : il adhérait fermement aux équations de Maxwell. Elles avaient joué un rôle décisif dans sa création de la relativité restreinte et manifestaient clairement la nature ondulatoire de la lumière. Il était également convaincu du bien-fondé de l'expérience de Young et de l'impossibilité de l'interpréter autrement que par ce comportement ondulatoire. Mais il était, par ailleurs, également convaincu de la justesse de son interprétation de l'effet photoélectrique : la nature corpusculaire de la lumière. Einstein était ainsi confronté à un paradoxe apparemment insurmontable. Une même chose ne peut avoir simultanément deux natures aussi contradictoires !

Quelle serait votre réaction si l'on vous soumettait une feuille de papier portant sur ses deux faces opposées les phrases suivantes : sur l'une d'entre elles, vous lisez « l'affirmation inscrite sur la face opposée est correcte » et sur l'autre face, vous découvrez la phrase « l'affirmation inscrite sur la face opposée est fausse » ! Cette situation est logiquement insoutenable : si la première de ces phrases est correcte, impliquant la véracité de la seconde, cette dernière indique en retour que la première est fausse. Autrement dit, si la première phrase est correcte, alors elle doit être fausse. Mais si cette première phrase est fausse, alors elle implique que la seconde doit être fausse, ce qui conduit inévitablement la première à être vraie. Cette fois, la fausseté de la première phrase implique qu'elle est vraie ! Quelle est l'origine de ce paradoxe ? Chacune des deux phrases est parfaitement sensée en soi, mais elles deviennent incompatibles lorsqu'elles sont mises en relation. Ce type de paradoxe était monnaie courante chez les logiciens depuis l'Antiquité grecque. Mais les physiciens ne peuvent les accepter dans leurs théories qui se proposent de décrire le fonctionnement de la nature. C'est pourtant ce qui semblait leur tomber dessus avec le dilemme « onde ou corpuscule ». Nous verrons bientôt comment les *relations d'incertitude* de Heisenberg permettent d'interpréter ce paradoxe.

Le dilemme semblait tellement insoluble que la majorité des physiciens continua de refuser l'idée de particules de lumière alors même que l'explication de l'effet photoélectrique par Einstein était largement admise. Il reçut d'ailleurs le prix Nobel de physique en 1922 pour « ses services rendus à la physique théorique et plus particulièrement pour sa découverte de la loi de l'effet photoélectrique ». Quelle contorsion de la part du jury ! Cet intitulé ne mentionnait même pas le *modèle quantique* sur lequel était fondée son explication. Que les méandres de la physique théorique peuvent être surprenants ! La formulation d'Einstein fut acceptée et même célébrée au plus haut niveau, mais l'implication qui en résultait inévitablement, l'aspect corpusculaire de la lumière, était éludée ! Comment ces deux descriptions, si contradictoires, pouvaient-elles être conciliées ?

Était-il possible d'unifier ces deux images en une seule image cohérente de la lumière ? Cette incompréhensible dualité était-elle inhérente et limitée à la lumière ? Son comportement n'aurait-il pas attiré notre attention sur une propriété générale et inattendue de tous les acteurs de la physique, qui nous aurait été occultée jusqu'alors ?

Les ondes de matière

Voilà la question que se posa, en 1924, un jeune physicien français, le prince Louis de Broglie, dans le cadre de sa thèse de doctorat qui lui valut le prix Nobel de physique. L'interrogation qui lui vint à l'esprit était la suivante : l'aspect dual de la lumière n'est-il pas un cas particulier d'une propriété générale de la nature ? Ne nous a-t-elle pas simplement révélé une propriété partagée par toute forme de matière ? Plus précisément, tous les constituants de l'univers ne possèdent-ils pas ce double aspect corpusculaire et ondulatoire ?

Sous quelle forme Louis de Broglie pouvait-il proposer d'attribuer des aspects ondulatoires à des particules matérielles ? Comment inventer et conceptualiser des longueurs d'onde et des fréquences là où il n'y a que des masses et des impulsions (le produit de la masse et de la vitesse) ? Il postula que *toute particule matérielle possède également un aspect ondulatoire*. Il érigea la signature des photons $E = h\nu$ en une relation universelle, caractérisant tant la matière que la lumière. Pour que toutes les caractéristiques corpusculaires aient une traduction ondulatoire, il postula, de plus, qu'à chaque corpuscule d'impulsion p est associée une onde dont la longueur d'onde λ est donnée par la relation $p = h/\lambda$.

La création du concept de photon par Einstein et la proposition de De Broglie ont des statuts conceptuels fort distincts. Le grand mérite d'Einstein fut de comprendre que seule l'hypothèse du photon permettait d'expliquer un phénomène naturel mis *préalablement* en évidence. De Broglie, lui, fit un acte révolutionnaire qui résultait d'une pure exigence intellectuelle : elle ne se fondait sur aucune motivation expérimentale. Il n'était animé que par un désir d'unification de la physique. Il ne pouvait accepter de dissocier les comportements des deux aspects de la réalité que sont la matière et le rayonnement. Mais seule la nature pouvait, comme toujours, trancher. Comment la faire parler et qu'en disait-elle ? Autrement dit, comment mettre expérimentalement en évidence d'éventuelles propriétés ondulatoires de la matière ?

Si les particules matérielles, et de Broglie pensait alors aux électrons, avaient le comportement ondulatoire qu'il postulait, il fallait qu'elles manifestassent le phénomène d'interférence dans des situations adéquates. Sans entrer dans le détail des montages expérimentaux, la difficulté technique d'une telle mise en évidence résidait dans la longueur d'onde extraordinairement petite, bien plus petite que celles des ondes lumineuses visibles, prévue par la relation de De Broglie : à peu près la dimension d'un seul atome. Impensable donc de réaliser le même montage expérimental que les fentes de Young ! Par contre, ces ondes devraient se comporter comme les rayons X du spectre électromagnétique dont elles avaient les longueurs d'onde, et la difficulté technique était la même dans les deux cas. L'interférence des rayons X avait déjà été réalisée depuis peu et les mêmes dispositifs expérimentaux devaient également révéler celle des électrons pourvu qu'elle existât ! De plus, la structure de la figure d'interférence devait fournir avec précision la longueur d'onde du rayonnement comme elle le faisait pour les rayons X.

Le résultat fut retentissant et la physique transfigurée : les premières observations directes d'interférence d'électrons furent réalisées en 1925 par G. P. Thomson et en 1927 par C. J. Davisson et L. H. Germer. Les figures d'interférences coïncidaient avec celles des rayons X et la longueur d'onde était précisément celle que la relation postulée par de Broglie prévoyait. Ni de Broglie ni aucun physicien ne connaissaient la nature de ces *ondes matérielles*, mais elles existaient bel et bien. La conception que les physiciens se faisaient de la matière en était transfigurée.

Ce résultat expérimental était décisif, il confirmait ce qui, quelques années auparavant, semblait encore inconcevable : l'électron n'est pas un objet matériel au sens où le concevait la physique classique. Il se comporte incontestablement comme une particule dans certaines circonstances. Lorsqu'il percute une plaque métallique, dans le tube cathodique d'une (vieille) télévision, par exemple, il produit un petit flash lumineux témoignant de son impact localisé et de sa nature corpusculaire. Mais lorsqu'il interfère, c'est bien comme une onde qu'il se comporte.

Il fallait encore, bien entendu, s'assurer qu'il ne s'agissait pas d'une particularité des électrons, mais que toutes les formes de la matière manifestent cet étrange comportement ondulatoire. Cela fut effectivement mis en évidence, dans les années qui suivirent, pour toutes les particules élémentaires et même pour des objets plus vastes comme des atomes et des molécules. Ces expériences se poursuivent encore aujourd'hui sur des particules de plus en plus « macroscopiques ».

Une personnalité énigmatique

Ainsi, il ne faisait plus aucun doute que tous les constituants connus de l'univers, les rayonnements électromagnétiques *et* la matière, avaient des comportements qui violaient tout ce que la physique classique nous avait appris : les ondes électromagnétiques présentaient *parfois* des aspects corpusculaires et les particules matérielles manifestaient *parfois* des aspects ondulatoires. De plus, chacun de ces deux aspects était *indispensable* à une description complète de la réalité physique : certains effets ne trouvaient d'explication que si les électrons, par exemple, se comportaient comme des particules, mais d'autres ne peuvent se comprendre que si les électrons se comportent comme des ondes.

Cette double personnalité de l'électron et du photon semble être tout à la fois inconcevable et inévitable.

Les physiciens devaient-ils abandonner l'idée selon laquelle l'électron possède une personnalité univoque, au sens où la physique classique, et notre intuition avec elle, l'avait toujours conçue ? Ils organisèrent une véritable traque à l'identité pour essayer de débusquer l'origine de ce dédoublement de personnalité. Ils firent une série d'expériences, toutes plus subtiles les unes que les autres, pour essayer de « surprendre l'électron ou le photon à leur insu » et découvrir les « trucs » qu'ils nous dissimuleraient, lors d'éventuels travestissements. Rien n'y fit ! Au contraire, la situation semblait même devenir tout à fait schizophrénique.

Comme l'affirmait Sherlock Holmes : « Lorsque vous avez éliminé tous les possibles, ce qui subsiste, même complètement improbable, doit représenter la vérité. » Dans le phénomène de l'interférence des électrons ou des photons, il ne restait qu'un dernier « possible raisonnable », encore inexploré, qui aurait pu leurrer les physiciens : les électrons ou les photons passés par les deux fentes de Young interagissaient peut-être ensuite entre eux par un mécanisme inconnu. Ce n'était pas à exclure *a priori* car il y a généralement un très grand nombre d'électrons ou de photons qui passent constamment à travers les deux fentes et qui pourraient interagir ensuite entre eux. Qui sait tout ce qui peut se passer dans une foule !

Pour confirmer ou infirmer cette possibilité, les physiciens reprirent l'expérience des fentes de Young, mais en n'envoyant qu'un seul photon à la fois. Il « suffit » pour cela de diminuer suffisamment l'intensité du rayonnement incident. Cette fois, ce photon solitaire n'avait aucun compagnon avec lequel interagir et il marqua son arrivée sur l'écran par une petite tache illuminée, bien localisée. C'était donc bien l'arrivée d'un corpuscule. Un second photon suivit le premier et engendra, lui aussi, une autre tache illuminée localisée. Ces impacts localisés correspondaient bien à des photons individuels venant percuter l'écran, confirmant ainsi la nature corpusculaire de la lumière. De plus, ces impacts semblaient se produire aléatoirement, indépendamment les uns des autres. Mais quelle ne fut pas la surprise des physiciens lorsqu'ils s'aperçurent que les impacts successifs d'un nombre croissant de photons, envoyés *individuellement*, s'organisaient progressivement sur l'écran et y *construisaient une figure d'interférence*. La conclusion était claire : la figure obtenue sur l'écran résultait bien de l'interférence des photons et non de quelque autre mécanisme inconnu.

Mais alors, le problème de l'interférence reste entier. En effet, pour interférer, il faut deux ondes passant par les deux fentes. Comment est-ce imaginable avec des photons (ou des électrons) individuels ? Se pourrait-il que le photon unique et indivisible se divise malgré tout en deux, lorsqu'il passe par les deux fentes, pour interférer alors avec lui-même ? La seule façon d'en avoir le cœur net est d'inventer un moyen ingénieux qui permette d'observer par quelle fente est passé le photon. Un vrai travail de détective !

Les physiciens mirent au point des dispositifs expérimentaux raffinés signalant le passage d'un photon par l'une ou l'autre fente, ou les deux simultanément. Cette fois, le photon ne pouvait pas leur échapper, il devait leur révéler son choix de l'un ou l'autre des deux chemins proposés. Et c'est ce qui se passa : chaque fois qu'un photon était émis par la source et se dirigeait vers les deux fentes, le détecteur révélait son passage par l'une *ou* l'autre de celles-ci ! Il n'y avait plus d'ambiguïté, le photon passait clairement par une seule des deux fentes. Mais le simple fait d'avoir réalisé cette observation eut une conséquence inattendue : *la figure d'interférence disparaissait* !

Le photon ne se comporte donc pas de la même manière lorsque nous le regardons ou lorsque nous ne le regardons pas ! Nous pensions l'avoir démasqué et voilà qu'il se jouait de nous. Le simple fait d'observer chaque photon individuellement avait transformé l'expérience initiale en une tout autre expérience. Et il en est ainsi de n'importe quel stratagème expérimental, si raffiné soit-il, qui serait mis en œuvre pour entrer dans l'intimité de ce monde : *il est impossible de l'interroger sans le modifier !*

Une conclusion surprenante, qui est au cœur de la *dualité onde-corpuscule,* s'imposa progressivement : la lumière passe par l'une ou l'autre fente, sous forme de photons, dans toute expérience qui cherche à détecter la fente par laquelle passent les photons ; mais cette même lumière passe par les deux fentes, sous forme d'onde, dans une expérience d'interférence dans laquelle le passage par les fentes n'est pas observé. Il en est de même pour les électrons ou toute autre particule microscopique.

La lumière, comme les électrons, n'a donc pas de personnalité univoque : les propriétés du monde quantique dépendent de façon cruciale du type d'observations auxquelles on le soumet. Si on l'interroge en termes corpusculaires, il exhibe un comportement corpusculaire, si on l'interroge en termes ondulatoires, c'est un comportement ondulatoire qu'il nous révèle. On est bien loin de l'objectivité classique. La raison profonde en est que, contrairement à la physique classique, il n'y a plus d'extériorité de l'observateur par rapport à la chose observée. Il y a en effet un présupposé tacite qui caractérise la physique classique : l'absence d'influence de l'observateur sur le déroulement des événements physiques. Que je regarde ou non une pierre qui tombe, je n'influence pas sa chute. Je peux, en principe du moins, réduire l'importance de mon influence autant que je le désire et, donc, l'ignorer. Il en résulte que l'observateur est en position d'extériorité absolue par rapport aux phénomènes observés en physique classique. Cela garantit une connaissance de la réalité qui est identique, qu'elle soit observée ou non.

Mais il n'en est rien en physique quantique. La situation y est complètement différente. Une façon de déterminer la localisation d'un objet, comme un électron, est de l'illuminer « pour le voir ». Mais l'interaction de la lumière avec cet électron perturbe inévitablement son état de mouvement. Contrairement au cas classique, cette perturbation ne peut pas être réduite à néant. On ne peut pas, en effet, réaliser cette observation au moyen d'une fraction de photon qui n'existe pas. Il y a, *par principe*, une perturbation minimale, irréductible et imprévisible, due à la rencontre avec le photon. Mais elle n'aura de conséquences que pour les systèmes observés du même ordre de grandeur que le photon. Elle sera donc pertinente pour un électron mais négligeable, en pratique, pour un objet macroscopique. On n'affecte pas une armoire dans une pièce obscure parce qu'on l'éclaire pour l'apercevoir, mais un électron, lui, subira un effet appréciable au cours de son choc avec un seul photon. On ne peut plus ignorer l'activité de l'observateur à l'échelle du monde microscopique.

Mais que sont donc alors « vraiment » les habitants, l'électron par exemple, de cet étrange monde quantique ? Comment la lumière ou la matière peuvent-elles être onde et particule en même temps ? Voilà l'une des questions essentielles qui se posait à Niels Bohr aux alentours de 1927. En bref, il pensait que cette question était mal formulée : s'il y a bien des expériences où la lumière se comporte comme une onde, s'il y en a bien d'autres où elle se comporte comme une particule, il n'y en a *aucune* dans laquelle elle s'exhiberait sous ces deux formes simultanément. La lumière se révèle sous l'un ou l'autre de ces aspects en réponse à des questionnements expérimentaux mutuellement exclusifs. Les acteurs de ce drame ne sont ni onde ni particule, mais « quelque chose » qui se comporte comme l'une ou l'autre dans des situations expérimentales bien précises. Notre connaissance complète du monde quantique ne peut que se déduire de nos connaissances cumulées dans ces diverses circonstances. Depuis 1927, cette interprétation porte le nom de *principe de complémentarité*.

Les relations d'incertitude de Heisenberg

L'étrangeté du comportement quantique résulte de notre insistance à décrire des entités *non classiques* en termes de *deux concepts classiques diamétralement opposés*. Nous ne pouvons obtenir de réponse, contrairement à la physique classique, à toutes les questions que nous posons simultanément, parce que nous devrions pour cela réaliser des expériences parfois incompatibles les unes avec les autres. C'est précisément ce qu'énonce Heisenberg dans ses célèbres *relations d'incertitude* ou *relations d'indétermination* (expression qui nous semble plus appropriée, mais nous maintiendrons la première par conformisme). Ces relations expriment la limitation de principe de notre connaissance du monde quantique. Leur puissance réside dans le fait qu'elles expriment non seulement que les physiciens font face à une limite absolue de ce qu'ils peuvent dire de la nature, mais également ce que vaut explicitement cette limite.

Ces relations précisent également les couples de propriétés dont la connaissance exacte est impossible simultanément. Un de ces couples joue un rôle important dans le face-à-face du monde quantique et de la relativité générale : la position et l'impulsion, donc la vitesse. La relation d'incertitude d'Heisenberg affirme que, plus on connaît l'une, et moins on connaît l'autre : le produit des deux incertitudes ne peut être inférieur à $h/2\pi$. C'est donc elle qui pondère ces deux incertitudes et fixe notre connaissance maximale d'un système quantique. Si nous connaissons exactement la position d'une particule (pas d'incertitude), alors nous ne connaissons rien de sa vitesse (incertitude complète) ; à l'inverse, si nous connaissons exactement sa vitesse, nous ne savons rien de sa position ; et, finalement, si nous connaissons la position avec une certaine incertitude (indétermination), alors nous pouvons au mieux connaître sa vitesse avec une incertitude (indétermination) dictée par la relation de Heisenberg.

Les relations d'incertitude abolissent complètement l'image que nous nous faisons intuitivement du monde microscopique : ce n'est pas une réduction, à très petite échelle, du monde macroscopique décrit par la physique classique. Même lorsque nous ne la regardons pas, une petite bille classique possède une trajectoire précise, bien déterminée. Toute la mécanique classique s'articule autour de ce type de réalité. Mais les électrons ne sont pas comme des petites billes classiques. La position et la vitesse ne sont pas en soi des propriétés du monde subatomique mais l'expression de notre manière de parler de ce monde.

Et c'est bien là le nœud du problème. Nous continuons à parler de ce monde au moyen des concepts habituels de notre description du monde macroscopique : la position, la vitesse, l'énergie, la durée… Mais, contrairement à la physique classique, ces concepts ne lui « conviennent » pas, dirions-nous dans un langage anthropomorphe. Nous commettons en quelque sorte un viol de ce monde, en le forçant à nous répondre dans un langage classique qui n'est pas le sien. Il nous répond alors, mais en nous en faisant payer le prix : ce sont les relations d'incertitude. La puissance de ces relations, comme on l'a dit, est qu'elles ne sont pas seulement qualitatives mais bien quantitatives : elles expriment quantitativement l'écart minimal, irréductible par principe, entre la connaissance quantique maximale et la certitude classique. Cet écart est déterminé par la constante de Planck, qui révèle là son sens profond.

Heisenberg soutenait que « ce que nous observons, ce n'est pas la "nature en soi", mais la nature sujette à notre méthode de questionnement. Notre travail scientifique en physique revient à poser des questions concernant la nature, dans le langage qui est le nôtre, en essayant d'obtenir des réponses *via* les expériences que nous pouvons effectuer ». Et Niels Bohr, qui attachait une importance fondamentale au fait que la physique représente notre manière de *parler du monde*, d'ajouter : « Il est faux de penser que le but de la physique est de découvrir ce que la nature *est*. La physique concerne uniquement ce que nous pouvons *dire* de la nature. »

Tous les physiciens, et plus particulièrement les fondateurs de la théorie quantique, éprouvent le même sentiment d'étonnement presque incrédule devant le comportement étrange de ce monde. Si, comme l'exprimait Feynman, un penseur parmi les plus profonds en la matière, on cherche, au-delà de son apparence révélée par l'expérimentation, à comprendre ce que le monde *est* « on s'égare sur un chemin sans issue, dont personne n'est encore revenu ». Comment enfin ne pas citer Bohr qui se plaisait à dire : « Si vous prétendez avoir compris la théorie quantique, c'est que vous ne l'avez pas comprise. »

La relation d'incertitude position-vitesse confère au monde quantique une de ses propriétés les plus marquantes : ses habitants ne peuvent jamais y être au repos, il est le siège d'une mouvance minimale irréductible. En effet, l'état d'une particule qui serait au repos en un point impliquerait la connaissance précise et simultanée de sa position et de sa vitesse, nulle dans ce cas, ce qui est formellement interdit par la relation d'incertitude. L'exemple d'un pendule est édifiant à cet égard, et il représente, de plus, un excellent prototype des propriétés mises en jeu dans le face-à-face de la cosmologie et de la théorie quantique.

Un pendule *classique* usuel peut osciller sans aucune restriction : il oscillera avec une amplitude plus ou moins grande selon l'écart initial par rapport à sa position d'équilibre. Il n'y a donc pas de contrainte sur son énergie d'oscillation, celle-ci sera faible si l'amplitude de son mouvement est petite, grande si cette amplitude est importante. Toutes les énergies supérieures, inférieures ou intermédiaires entre ces deux cas de figure sont réalisables. L'amplitude d'oscillation et l'énergie de ce pendule peuvent donc varier *continûment*. En particulier, l'énergie la plus faible est nulle et elle est associée à son état le plus figé possible : son immobilité en son point d'équilibre le plus bas.

Rappelons une propriété importante d'un pendule classique : l'amplitude de son oscillation dépend exclusivement de l'énergie qu'on lui fournit au départ, contrairement à sa *fréquence propre* d'oscillation qui est fixée et ne dépend que de la longueur du fil. Toutes les amplitudes sont ainsi réalisées avec la même fréquence. Galilée avait déjà observé cette propriété d'isochronisme des pendules. La petite histoire raconte que c'est en observant, lors des messes dans la cathédrale de Pise, les oscillations d'un chandelier qu'il décela cette propriété. En d'autres termes, la fréquence propre v d'un pendule est une propriété intrinsèquement attachée à celui-ci.

Le vide n'est pas ce qu'on croyait

Considéré quantiquement, l'état de repos n'est pas accessible, il est interdit par la relation d'incertitude position-vitesse. L'état quantique le plus figé du pendule correspond à une oscillation résiduelle inamovible par principe. Cet état de mouvement erratique résulte du « meilleur » compromis possible entre la position et la vitesse, qui se plie aux injonctions de la relation d'incertitude. L'énergie qui lui est associée est l'énergie la plus basse à laquelle ce système peut accéder et elle est non nulle. Cet état est appelé *le vide du système*. Il se rapporte à « ce qui reste » lorsqu'on a « enlevé » tout ce qu'on « pouvait » : classiquement, il ne reste rien, aucun mouvement, pas d'énergie, l'immobilité totale ; quantiquement, il reste une agitation quantique irréductible, les *fluctuations quantiques du vide*, et l'énergie minimale, inamovible, qui lui est associée, *l'énergie du vide*.

De plus, une différence essentielle distingue le pendule quantique du pendule classique : il n'y a pas que l'état figé d'énergie nulle qui lui soit quantiquement interdit. Seules certaines amplitudes ou *états quantiques* d'oscillation, donc certains niveaux d'énergie lui sont accessibles. Son énergie ne peut donc varier continûment. Elle ne peut prendre que l'une des valeurs d'un ensemble discret donnée par l'expression

$$E_n = n\ h\nu + 1/2\ h\nu$$

où *n* est un nombre entier 0, 1, 2, 3... et *h* la constante de Planck.

Cette relation révèle plusieurs propriétés importantes. L'énergie la plus basse que le pendule puisse posséder, associée à n = 0, vaut

$$E_0 = 1/2\ h\nu$$

C'est *la valeur de l'énergie du vide du pendule quantique*. Cette valeur peut surprendre car elle vaut la *moitié d'un quantum* d'énergie. Et, à l'image d'un rayonnement lumineux, une oscillation *réelle* du pendule n'est quantiquement admissible que si elle est porteuse d'une énergie valant un *nombre entier de quanta h*ν. Comment interpréter ce résultat ?

L'énergie E_0 du vide du pendule est associée non pas à une *oscillation réelle* de celui-ci, mais à son agitation quantique irréductible, imposée par la relation d'incertitude position-vitesse. Les énergies E_1, E_2... sont, elles, au contraire, associées aux *oscillations réelles* d'amplitudes de plus en plus grandes. Leurs expressions montrent clairement qu'elles correspondent à un nombre croissant de quanta $h\nu$ qui viennent s'ajouter à l'énergie du vide. Quel que soit le niveau d'énergie, il contient donc toujours l'énergie du vide qui signale ainsi sa présence dans tous les états vibratoires successifs du pendule. On dit que ces divers niveaux d'énergie représentent des « excitations du vide ». On y accède par paliers, en fournissant un nombre entier de quanta à l'énergie du vide.

Pensez à une balançoire dont vous augmentez progressivement et continûment l'amplitude d'oscillation en lui fournissant périodiquement une petite poussée qui, classiquement, peut être aussi faible qu'on le souhaite. *Quantiquement*, par contre, vous ne pouvez fournir à la balançoire que des paquets d'énergie, qui augmenteront son amplitude par paliers discontinus. Nous verrons que toutes les balançoires sont quantiques mais que la petitesse de la constante de

Planck occulte cette propriété dans le monde macroscopique ordinaire.

Ce comportement quantique semble tellement étrange qu'il fait naturellement surgir d'inévitables questions : qu'est-ce qu'un tel pendule quantique ? Sous quelle forme apparaît-il dans la nature ? Quelle est la frontière entre un pendule habituel classique et sa version quantique ?

Le pendule est un exemple de système oscillant de manière périodique, avec une fréquence bien déterminée et diverses amplitudes possibles ; un ressort attaché à une de ses extrémités en est un autre exemple. Ce sont des illustrations de ce qu'on appelle un *oscillateur harmonique*. Leur omniprésence dans la description de comportements tant classiques que quantiques résulte d'une propriété essentielle : tous les mouvements ondulatoires peuvent s'exprimer en termes d'oscillateurs harmoniques. Il en est ainsi, en particulier, des champs qui joueront, dans leur version quantique, un rôle majeur dans les conceptions nouvelles de la cosmogenèse.

Quant à la frontière qui séparerait un oscillateur quantique de son homologue classique, elle n'existe pas ! Tous les oscillateurs sont quantiques, mais leur spécificité ne se révèle véritablement que lorsque la constante de Planck se manifeste de façon significative par rapport aux grandeurs physiques concernées : il faut que les fréquences v soient incommensurablement plus élevées que celles rencontrées dans notre monde macroscopique pour compenser l'extrême petitesse de la constante de Planck h, et produire un effet tangible. C'est le cas des fréquences qui sont associées à la propagation ondulatoire des champs. Pour un pendule ordinaire, au contraire, les niveaux successifs d'énergie sont tellement rapprochés qu'ils paraissent former un ensemble continu. En d'autres termes, le continu classique n'est alors que le discret quantique dissimulé.

Le « flou quantique » qui résulte des relations d'incertitude est omniprésent, nous lui sommes redevables de notre existence même. Ce sont ces relations qui garantissent la stabilité des atomes, donc celle de tous les constituants de l'univers. Si les atomes avaient été gouvernés, tels des systèmes solaires en miniature, par les lois de la mécanique classique, l'univers ne serait pas là pour nous accueillir, ni nous pour en parler. Le plus simple des atomes, celui de l'hydrogène, illustre bien cette particularité fondamentale. Pour la théorie classique, l'électron de cet atome rayonne de l'énergie électromagnétique pendant qu'il tourne autour du noyau, le proton. Les équations de Maxwell prédisent, en effet, qu'une charge électrique accélérée comme l'électron en rotation émet de l'énergie électromagnétique. Cette propriété est d'ailleurs à la base de nombre d'applications dans notre vie courante, par exemple l'émission d'ondes radio par une antenne émettrice. Mais si l'électron émet ainsi de l'énergie, il la perd inévitablement. Il ne peut donc que ralentir en spiralant très vite vers le noyau, en contradiction avec l'existence de ses orbites et la stabilité de l'atome.

Comment la théorie quantique préserve-t-elle sa stabilité et sa permanence ? Les relations d'incertitude interdisent formellement à l'électron de se trouver au repos sur le proton. On aurait alors, en effet, une connaissance *précise simultanée* de la position (sur le proton) et de la vitesse (nulle) de l'électron. Plus généralement, les relations d'incertitude interdisent l'existence d'une trajectoire précise de l'électron, le long de laquelle sa position et sa vitesse seraient simultanément connues tout du long.

Ce que nous apprend, au contraire, la théorie quantique, c'est que l'électron se love spontanément dans son état d'énergie minimale, compatible avec les relations d'incertitude. L'électron réalise cet état fondamental en minimisant son énergie tout en réduisant au mieux l'inévitable flou quantique. L'image classique d'une trajectoire précise de l'électron est alors remplacée par celle d'un nuage continu, s'étendant autour du proton. Ce nuage reflète la potentialité de l'électron de manifester sa présence, avec une certaine probabilité, ici, ou là, ou encore ailleurs si l'on effectue une mesure cherchant à le localiser. Autrement dit, l'électron qui est classiquement ici *ou* là est quantiquement ici *et* là.

La relation d'incertitude position-vitesse ne modifie en rien le cours des choses dans la vie quotidienne. Les longueurs d'onde associées aux objets usuels sont insignifiantes et sans répercussion sur elle. Ces longueurs d'onde sont, nous l'avons vu, inversement proportionnelles à l'impulsion des objets. Pensez donc, la longueur d'onde quantique associée à un individu dont la masse vaut 60 kilos, se déplaçant à la vitesse de 1 m/s, vaut environ la longueur de Planck 10^{-33} cm, ce qui est 10^{20} fois plus petit que la dimension d'un proton ! Au contraire, la longueur d'onde associée à un électron est du même ordre que celle des rayons X, ce qui, nous l'avons vu aussi, a permis d'en révéler l'interférence. L'écart énorme entre ces deux cas est dû à l'impulsion démesurée de l'individu par rapport à celle de l'électron. Non pas à cause de sa vitesse, bien plus faible que la sienne, mais à cause de sa masse, 10^{32} fois plus grande. C'est pourquoi les hommes, les objets de notre monde, les amibes même, ne manifestent aucun flou, ni dans leurs formes ni dans leur comportement dynamique, qui est, pour cette raison, parfaitement décrit par la physique classique.

Il existe à cet égard une similarité entre la théorie quantique et la relativité restreinte. Toutes deux sont des théories qui s'appliquent à *tous* les niveaux de la réalité, des plus petites aux plus grandes dimensions et des plus petites aux plus grandes vitesses, sans être perceptibles dans notre monde habituel macroscopique. Mais chacune de ces théories est caractérisée par une frontière effective qui délimite deux types de comportements manifestes : la constante de Planck h pour la première, la vitesse de la lumière c pour la seconde. Lorsque la constante de Planck est négligeable par rapport aux caractéristiques des objets décrits, la physique quantique est indiscernable, en pratique, de la physique classique. Si les vitesses sont sensiblement plus petites que la vitesse de la lumière, la mécanique classique est une excellente approximation, pratiquement indiscernable de la relativité restreinte.

Ce sont les valeurs numériques extrêmes par rapport aux spécificités de « notre » monde, minuscules pour la constante de Planck et gigantesques pour la vitesse de la lumière, qui sont responsables de la conception tardive de ces deux théories. Si ces deux valeurs avaient été commensurables à celles de notre quotidienneté, celle-ci aurait été régie *explicitement* par les règles de la physique quantique et de la relativité restreinte. Elles auraient forgé notre intuition physique, et la physique classique nous aurait semblé étrange et inadéquate à la réalité !

Il est une seconde relation d'incertitude qui jouera un rôle déterminant dans l'extension de la théorie quantique à la théorie quantique des champs, la *relation d'incertitude temps-énergie*. Cette relation semble d'emblée curieuse et d'une nature différente de la relation d'incertitude position-vitesse. Dans cette dernière, en effet, les deux paramètres, position et vitesse, sont deux quantités observables, attachées à la description d'un système physique. Le temps, lui, joue au contraire le rôle de paramètre extérieur qui repère la chronologie des événements. C'est pourquoi cette relation d'incertitude possède une signification très particulière dont l'interprétation concerne essentiellement les *transferts d'énergie*. Plus précisément, cette relation impose une incertitude de principe quant à la connaissance maximale que l'on puisse avoir de l'énergie transférée durant un intervalle de temps donné. Il est également légitime d'interpréter cette relation d'incertitude comme exprimant la limitation de la connaissance de l'énergie d'un système en regard d'un temps caractéristique d'observation ou d'évolution de celui-ci.

Quelles qu'en soient l'interprétation et l'application, cette relation exprime à nouveau que plus l'intervalle de temps mis en jeu est court, plus l'incertitude fondamentale sur l'énergie d'un système, pendant ce laps de temps, est grande, et *vice versa*. Cette relation est responsable d'un effet quantique très surprenant : l'*effet tunnel*. Il symbolise de manière particulièrement imagée la *transgression des interdits classiques par la théorie quantique*. Sans ces transgressions, l'univers ne pourrait être ce qu'il est. Cet effet illustre clairement que ce qui est inconcevable classiquement peut être inévitable quantiquement.

En quoi consiste cet effet ? Imaginez une petite bille lancée sur une surface plane horizontale qui rencontre un petit monticule. Elle décélérera en gravissant la pente du monticule. Deux situations peuvent alors se produire du point de vue classique : soit sa vitesse initiale, donc son énergie cinétique, est suffisamment grande et elle franchira le col du monticule pour se retrouver de l'autre côté ; soit sa vitesse initiale est trop petite, sa décélération la mènera au repos avant de gravir le sommet et elle n'atteindra donc pas l'autre versant. Celui-ci représente alors pour cette bille une région énergétiquement interdite. Dans cet exemple classique, c'est l'énergie potentielle gravitationnelle qui est en jeu et qui s'échange avec l'énergie cinétique de la bille. Le sommet apparaît ainsi comme une barrière gravitationnelle. Ce qui caractérise cette petite expérience, du point de vue classique, c'est que son résultat est tranché de façon univoque : *aucune* bille dont la vitesse initiale est plus petite que le seuil critique, déterminé par la hauteur du monticule, ne se retrouvera au-delà du sommet. On réalise la même expérience avec des électrons et c'est une barrière électrique qui reproduit cette fois la présence d'un « monticule ». Il s'agit d'un champ électrique qui ralentit les électrons incidents. Il mime les effets produits par la gravitation sur les billes.

Si les règles classiques s'appliquaient universellement, on se retrouverait dans la même situation que dans le cas précédent : aucun électron dont la vitesse initiale est inférieure à un seuil précis ne devrait passer. Il y aurait donc également pour eux une barrière infranchissable et une zone interdite d'accès. Or, il n'en est rien ! Quelques électrons, que leur vitesse semblait condamner à ne jamais passer la barrière, se retrouvent dans la zone interdite ! C'est l'effet tunnel : un passage quantiquement réalisé alors qu'il est classiquement interdit. Comment comprendre ce phénomène qui semble violer la loi de conservation de l'énergie ?

En fait, il n'y a aucun viol mais une astuce qui fait partie de la richesse de la physique quantique : les électrons qui, au départ, ne possèdent pas assez d'énergie pour espérer sauter la barrière puisent momentanément dans une réserve mise à leur disposition par la relation d'incertitude temps-énergie grâce à laquelle ils bénéficient de l'indétermination de leur énergie pendant l'intervalle de temps qu'elle définit. Si les électrons « s'y prennent en un temps suffisamment bref », l'incertitude associée à leur énergie leur permet d'en « emprunter » assez pour sauter la barrière, à condition de « rembourser » leur dette énergétique au terme de ce même laps de temps. Et voilà comment ces électrons, sans passeport énergétique légitime au départ, arrivent à traverser légalement cette frontière. C'est grâce à ce phénomène que George Gamov, Ronald Gurney et Edward Condon purent expliquer, en 1928, la radioactivité α des noyaux atomiques lourds. De nombreuses applications technologiques, comme le microscope électronique ou la diode à effet tunnel, sont aujourd'hui fondées sur cet effet.

L'état quantique

Tous les ingrédients de la réalité quantique décrits dans les pages qui précèdent font partie de l'outillage conceptuel qui retrace les aventures de ce monde. Pour parvenir au niveau prédictif qui caractérise toute théorie physique, il est indispensable qu'un formalisme adéquat prenne en charge la description dynamique précise des phénomènes. Lorsque Galilée organisa la scène sur laquelle pouvait se jouer l'aventure de la mécanique classique, celle-ci ne put se dérouler et convaincre qu'avec la formulation de ses lois dynamiques par Newton. Lorsque Einstein repensa la gravitation en termes d'espaces courbes, il ne pouvait promouvoir ce nouveau langage au rang de théorie physique, la relativité générale, que s'il établissait des équations dynamiques précises.

Il en est de même du contexte quantique qui ne pouvait accéder au statut de théorie quantique que si un formalisme, prédictif des effets observés, était élaboré. Ce furent Heisenberg et Erwin Schrödinger qui présentèrent les premières formulations théoriques, très différentes par leurs approches mais qui s'avérèrent rapidement équivalentes dans leurs prédictions physiques. Il n'est pas dans notre propos d'en faire une description. Disons simplement que la mise au point d'un formalisme fut d'emblée confrontée à une situation inhabituelle en physique car ses protagonistes n'étaient pas clairement définis. Il y avait débat concernant l'interprétation des étrangetés du monde quantique. Il en était ainsi, par exemple, de la signification physique de l'onde de Louis de Broglie associée à une particule matérielle.

Pour Schrödinger, l'onde représentait une « vraie » onde physique. Il était persuadé que la réalité fondamentale de la nature était exclusivement ondulatoire, vraisemblablement une vibration de type électromagnétique, et que les propriétés corpusculaires de l'électron n'étaient qu'une apparence trompeuse. Quant à Heisenberg, il ne voyait même pas la nécessité de mettre en scène des comportements ondulatoires, il utilisa un langage formel d'une tout autre nature. C'est en 1926 que Schrödinger démontra que ces deux formalismes, en apparence si distincts, conduisaient exactement aux mêmes résultats, s'agissant de deux langages mathématiques distincts exprimant une même réalité. Leur manière de parler des choses était différente, mais ils parlaient de la même chose.

C'est pour s'exprimer de manière quantitative et prédictive à propos de l'électron, par exemple, que Schrödinger créa, en 1926, une équation dynamique qui exprimait l'évolution précise, dans le temps et dans l'espace, de l'onde associée, l'« équation de Schrödinger ». La relativité restreinte n'entrait pas en ligne de compte dans la construction de son équation, elle ne se proposait que de décrire des électrons dont les vitesses étaient négligeables par rapport à celle de la lumière. L'équation de Schrödinger s'apparentait ainsi à la description dynamique d'un fluide matériel classique.

Schrödinger cherchait à comprendre la structure atomique de l'atome d'hydrogène. Il identifia certaines solutions de son équation à l'« orbite » de l'électron autour du noyau, le proton. Mais les diverses interprétations qu'il tenta d'attribuer à son onde demeurèrent insatisfaisantes. Ce fut notamment le cas lorsque les physiciens tentèrent d'appliquer son équation à la description quantique d'électrons libres, non liés à un noyau atomique.

Au cours de cette même année 1926, le physicien allemand Max Born proposa une interprétation révolutionnaire, d'une tout autre nature, de la fonction d'onde de Schrödinger : il abandonna ses interprétations, donc toute référence à un quelconque milieu matériel, mais préserva son équation. Il parvint à la conclusion qu'elle ne décrivait pas du tout les électrons eux-mêmes, son rôle était de décrire les probabilités de présence des électrons en tout lieu de l'espace et à chaque instant. Ainsi, selon Born, l'équation de Schrödinger ne décrit pas le *comportement* des électrons mais la *probabilité* de les trouver ici ou là, lors de leurs détections expérimentales. Born, suivi par toute l'école de Copenhague, arriva à la conclusion que l'onde de Schrödinger, associée à un système physique, contient la *totalité* des informations quantiques concernant ce système, son *état quantique*. Ces informations sont donc assujetties aux relations d'incertitude.

C'est bien ce qui différencie l'état quantique de l'état classique d'un système. Dans les deux cas, l'état encapsule l'ensemble maximal d'informations que la physique puisse fournir d'un système. Ces informations sont plus nombreuses pour l'état classique que pour l'état quantique. Dans le premier cas, il n'y a en effet aucune limitation *a priori* de la connaissance simultanée de variables comme la position et la vitesse, contrairement au cas quantique. Cet appauvrissement de l'information contenue dans l'état quantique est une conséquence des relations d'incertitude.

Mais il y a une seconde différence de taille entre les états classiques et quantiques : ces derniers satisfont à un *principe de superposition*. Ce concept, qui est au cœur de la réalité quantique, exprime une propriété totalement étrangère au monde classique : deux états quantiques distincts d'un même système physique peuvent être « mélangés » dans des proportions bien définies, donnant alors naissance à un nouvel état quantique, qui est une superposition quantique de ces états. Considérons un exemple simple, celui de deux états quantiques d'un électron définis chacun par sa position précise : dans le premier état, l'électron est « ici » et dans le second, il est « là ». Le mélange des deux engendre un nouvel état quantique, *l'état superposé*, dans lequel l'électron n'est pas « quelque part entre ici et là », mais, au contraire, il est « ici et là » avec une probabilité de le trouver dans chacun de ces lieux en fonction de la proportion du mélange. C'est cette propriété qui permet de représenter les états quantiques par des vecteurs dans un espace mathématique abstrait qu'on appelle l'« espace de Hilbert » des états. La superposition quantique des états correspond alors à l'addition vectorielle des vecteurs associés à ces états. Ces vecteurs-états ne sont qu'une expression mathématique alternative des ondes de Schrödinger et leurs superpositions expriment, dans ce langage, les propriétés caractéristiques d'interférences ondulatoires. La fonction d'onde de Schrödinger n'apparaît finalement que comme une représentation explicite d'une grandeur plus abstraite, l'état quantique. L'interprétation probabiliste de l'addition vectorielle des états traduit l'interprétation probabiliste de l'onde de Schrödinger proposée par Born. C'est Dirac qui construisit une merveilleuse structure formelle générale, un langage particulièrement bien adapté à la théorie quantique, dont les éléments de base, les briques élémentaires, sont les vecteurs-états.

L'onde de Schrödinger ne nous dira donc pas ce que sont, *avec certitude*, les grandeurs physiques, comme les positions et les vitesses des particules du système. Elle ne nous révélera que les *probabilités* des résultats des mesures qui en seraient réalisées. L'équation de Schrödinger exprime ainsi l'évolution précise, continue et *déterministe* de l'onde associée au système, aussi longtemps qu'on le laisse évoluer sans l'ausculter expérimentalement : la connaissance de l'onde à un moment donné la détermine à tout moment ultérieur. L'onde ne prédit que des probabilités de résultats de mesure à chaque instant, mais son évolution est, par contre, entièrement déterministe.

Quelle qu'en soit l'interprétation, l'essentiel réside dans les prédictions de la théorie : elle annonce, avec une précision inégalée en physique, toute une série d'effets propres au monde microscopique, ce monde dominé par la constante de Planck. Jamais la physique n'avait connu de prédictions théoriques qui s'accordaient avec autant de précision à l'expérience. C'est ce qui donna aux physiciens une profonde confiance, inaltérée jusqu'à ce jour, dans la théorie quantique. Et cela en dépit de la multiplicité d'interprétations possibles qui font partie d'un débat qui est loin d'être achevé aujourd'hui.

Le grand débat

Un important sujet de discorde à propos de cette théorie concernait ses aspects probabilistes. Imprégnée des relations d'incertitude, elle ne peut décrire certains aspects de la réalité qu'en termes probabilistes. Plusieurs pères fondateurs de la théorie quantique eux-mêmes ne purent s'en accommoder et restèrent persuadés qu'il serait un jour possible de la reformuler de sorte qu'elle soit explicitement déterministe, donc sans incertitudes de principe. Ils étaient convaincus qu'une réalité classique était dissimulée à un niveau plus profond du fonctionnement de la nature et qu'un jour elle se révélerait lorsqu'un langage adéquat serait découvert.

Schrödinger et Louis de Broglie partageaient ce point de vue. Mais c'est Einstein qui refusa avec le plus de vigueur d'accepter les probabilités dans une description fondamentale de la nature. Il déclara, en 1924, que si elles persistaient à prendre le dessus sur une description complètement causale, il « préférerait être employé dans une maison de jeux, plutôt que physicien ». Dans une lettre à Max Born, datée du 4 décembre 1926, il écrivit sa phrase célèbre : « Dieu ne joue pas aux dés. » Il déclara aussi : « Dieu est subtil mais pas méchant. » À quoi Bohr lui répondit, dit-on : « Ne dites pas à Dieu ce qu'il doit faire ! » Einstein ne cessa de chercher une nouvelle formulation déterministe de la théorie quantique et essaya sans relâche de déceler les failles des versions existantes. Il concentra ses assauts sur ce qui représentait sa véritable bête noire, les relations d'incertitude.

À la fin de la décennie 1920 se déchaîna une bataille conceptuelle homérique sur ce problème entre Einstein et Bohr. Einstein déploya des trésors d'imagination pour réfuter les relations d'incertitude. Il concocta d'ingénieuses expériences de pensée à cet effet, toutes elles aussi plus subtiles les unes que les autres. Mais il trouva en Bohr un adversaire farouche, déterminé et profondément convaincu de la justesse de ces relations. Chaque argument d'Einstein engendrait un contre-argument de Bohr, dans un chassé-croisé dont le degré de subtilité atteignit des sommets d'imagination. Mais cet affrontement conceptuel n'arrivait pas à se conclure.

La nature se dissimule-t-elle ?

Einstein défendait l'idée que l'aspect probabiliste de la théorie ne résultait probablement que de notre connaissance incomplète du monde quantique. Il était convaincu que seule notre ignorance faisait entrer les probabilités dans notre description du monde quantique. Il pensait que « quelque chose » manquait, des spécificités propres à la formulation quantique, des variables encore inconnues, les *variables cachées* comme elles furent appelées. Il suggéra qu'il devait exister une description plus détaillée et *complète* de la réalité, qui engloberait ces variables cachées. La prise en compte de leurs effets compléterait la théorie quantique qui deviendrait alors aussi déterministe que la mécanique classique. Selon ce point de vue, la théorie quantique serait *incomplète*, une réalité classique à un niveau plus profond serait encore inaccessible.

Une nouvelle physique émergerait si l'on pouvait exhiber ces variables théoriquement et expérimentalement. Toutes les particules auraient, dans ce cadre physique élargi, des positions, des vitesses et des trajectoires bien déterminées. Einstein était convaincu que le flou quantique serait éradiqué lorsque l'existence de la machinerie orchestrée par les variables cachées, agissant à notre insu, apparaîtrait au grand jour.

L'effet tunnel nous fournit un exemple concret qui illustre cette conviction d'Einstein : dans une théorie de ce type, les électrons qui se trouvent face à la barrière électrique ne seraient pas tous identiques. Indépendamment de leurs vitesses, d'autres variables, encore inconnues, leur seraient également attachées. Ce sont précisément les valeurs prises par ces variables qui détermineraient le comportement de chacun des électrons. Elles décideraient de leur sort : passer ou non la barrière. Le processus serait donc entièrement déterministe, comme en mécanique classique, et les probabilités en théorie quantique ne résulteraient que de notre ignorance de ces variables.

Qui avait raison, Einstein ou Bohr ? La théorie quantique révèle-t-elle la nature profonde de la réalité ou n'en dévoile-t-elle qu'un aspect limité, d'où cette apparence non déterministe ?

Le débat entre Einstein et Bohr dura des années et chacun campait avec fermeté sur ses positions. En 1935, Einstein lança un pavé dans la mare, persuadé de clore définitivement leur affrontement en sa faveur, dans un des articles les plus célèbres, coécrit avec les physiciens Podolsky et Rosen. Cet article historique, mentionné depuis comme l'article EPR, pose en titre la question « la description quantique de la réalité peut-elle être complète ? ». Le but en était précisément de présenter un argument « imparable » démontrant que la description quantique ne pouvait être complète. L'expérience de pensée autour de laquelle s'articulait cet argument plaidait, aux yeux d'EPR, en faveur de l'existence de variables cachées. Pour qu'il n'y ait aucune ambiguïté sur le sens à attribuer à la réalité physique, les auteurs en donnaient, d'entrée de jeu, un critère incontournable, prévenant les ripostes prévisibles de Bohr : « S'il est possible de prédire avec *certitude* (donc avec une probabilité égale à l'unité) la valeur d'une grandeur physique, *sans perturber* d'aucune façon un système, alors il existe un élément de la réalité physique associé à cette grandeur physique. » Et EPR de montrer que le formalisme même de la théorie quantique conduit, dans certaines circonstances bien définies, et en contradiction avec la philosophie de Bohr et de Heisenberg, à la connaissance précise de la position et de la vitesse d'une particule *sans l'observer*, donc sans la perturber.

Dans leur article, les auteurs montrent en effet que la théorie quantique, dont ils cherchent à montrer les insuffisances, prédit l'existence d'états particuliers de deux particules qui entretiennent, *à distance*, des liens inconnus jusqu'alors. Ces entités d'un genre nouveau, les couples de *particules intriquées ou enchevêtrées* (*entangled*), deux photons ou deux électrons, par exemple, préservent, si ces particules se sont rencontrées au préalable, une intimité étrange qui les unit pour la vie, en dépit de leur éloignement spatial, tant qu'elles ne font pas d'autres rencontres. Ces liens résultent des principes généraux de symétrie qui s'appliquent aussi bien à la théorie classique qu'à la théorie quantique. Ces couples intriqués semblent se transmettre *instantanément des informations par une « action mystérieuse à distance »*, même lorsqu'ils sont séparés par des distances astronomiques, comme si l'espace qui les séparait n'était plus présent et ne pouvait rompre leur intimité et séparer leurs propriétés. L'intrication entre deux particules se manifeste comme une corrélation de leurs états quantiques, qui les lie aussi longtemps qu'elles n'interagissent pas avec leur environnement.

C'est précisément ce « lien à distance » qui permet de déduire l'état de l'un des membres d'un couple ainsi intriqué, disons deux électrons, même si celui-ci se trouve aux confins de l'univers, en n'effectuant des mesures que sur l'autre qui, lui, se trouve à portée de main. Il suffit de mesurer la vitesse, par exemple, de ce dernier pour connaître instantanément, *avec certitude*, celle de l'autre électron. Mais on pourrait tout aussi bien mesurer la position de cet électron proche pour en déduire, *avec certitude* également, celle de l'autre. EPR en déduisent que le partenaire lointain de ce couple possédait, *avant les mesures*, des valeurs « intrinsèques » de vitesse *et* de position indépendantes de toute observation. Voilà qui est contradictoire avec l'esprit même de la théorie quantique et qui fournit un degré de connaissance qui dépasse ce que les relations d'incertitude autorisent. EPR en concluent que *le formalisme quantique est incomplet*, qu'il ne rend pas compte de la totalité de la réalité physique, au sens où ils la définissent dans leur argument. L'existence de variables cachées qui compléteraient cette description de la réalité leur semblait donc acquise.

Ces arguments furent loin d'être décisifs. Bohr réagit promptement. L'essentiel de son contre-argument fut qu'il est erroné de considérer les propriétés individuelles de chacune des particules d'un tel couple. Elles se sont en effet intriquées, lors de leur rencontre, dans un objet unique qui ne peut être *interrogé que globalement*. En présence de telles paires de particules, c'est notre concept même d'individualité et de séparation spatiale qui perd son sens. Il s'avère en effet qu'en dépit des apparences et de la distance qui les sépare ces particules intriquées sont des éléments d'un seul et même système physique dans lequel les distances spatiales deviennent fantomatiques. En dépit de cette étrange « transmission d'informations à distance » au sein d'un tel couple, la relativité retreinte n'est jamais violée. Mais c'est là l'objet de considérations qui sortent du cadre de notre quête cosmologique.

Alors, variables cachées ou non ? Einstein ou Bohr ? Comme toujours en physique, ce débat ne pouvait être tranché que par la confrontation à la réalité expérimentale. Il fallut attendre trente ans pour que John Bell, un physicien théoricien irlandais travaillant au CERN, à Genève, propose, en 1964, dans un article resté célèbre, un test expérimental qui permette de détecter l'existence de variables cachées, et susceptible ainsi de trancher définitivement le problème.

Le verdict tomba, en 1981, grâce aux expériences réalisées à l'Institut d'optique théorique et appliquée de l'université Paris-Sud à Orsay par Alain Aspect et son équipe : les états intriqués existent bel et bien, mais les conséquences qu'EPR en déduisaient sont fausses : il n'y a pas de variables cachées et le fonctionnement de la théorie quantique est bien celui que défendaient Bohr et Heisenberg.

Théorie quantique des champs

Où en sommes-nous ? Qu'en est-il de notre quête essentielle, celle de la cosmogenèse ? La description quantique de la matière offre-t-elle à la cosmologie einsteinienne l'espoir de surmonter la singularité du Big Bang ? Avons-nous pu identifier ce qui manquait tant à la description classique du contenu de l'univers : la possibilité de comprendre l'origine de ce contenu, de le faire naître quantiquement plutôt que subir les conséquences théoriques de sa permanence classique ? La réponse est clairement négative. Le fardeau de la singularité du Big Bang n'est pas allégé par la prise en compte de la description quantique du fluide cosmologique. En effet, si la théorie quantique nous a révélé un niveau de description plus profond de la réalité physique, valable à toutes les échelles, de l'infiniment petit à l'univers, si la matière y révèle des aspects qui surprennent et choquent notre intuition, cette matière y est néanmoins toujours aussi permanente qu'en physique classique : aucun mécanisme ne conduit, au cœur de cette description quantique pas plus qu'en théorie classique, à sa création ou à son annihilation.

Mais l'aventure quantique était loin d'être achevée, elle nous réservait une surprise de taille : la théorie quantique ne représentait que l'écume superficielle d'une vision bien plus profonde de la réalité, où les concepts mêmes de matière et de champ seront complètement repensés ; c'est la théorie quantique des champs. Elle fera apparaître une intimité d'un type nouveau entre les ondes et les particules, qui apaisera définitivement la tension entre le continu et le discontinu. Les particules matérielles, que l'on pensait immuables et fondamentales, en physique classique comme en théorie quantique, y apparaîtront comme de simples épiphénomènes révélant les états quantiques des *seuls* acteurs fondamentaux de la réalité : *les champs quantiques*. L'énigmatique dualité onde-corpuscule s'évanouira ainsi naturellement dans ce nouveau paysage conceptuel.

La théorie quantique des champs permit aussi de donner une réponse à un problème important qui ne trouvait pas sa formulation dans le cadre de la seule théorie quantique, ce qui en représentait ainsi une sérieuse limitation théorique La théorie quantique prédisait avec succès les niveaux d'énergie atomiques, mais ceux-ci apparaissaient comme parfaitement stables, donc immuables. C'était en contradiction flagrante avec les observations expérimentales qui montraient que les niveaux énergétiques excités se désintégraient vers l'état de plus basse énergie, l'état fondamental, en émettant des photons. Ceux-ci transportent précisément l'énergie séparant ces états excités de celui de l'état fondamental. De façon plus générale, la théorie quantique des champs allait permettre de formuler et de résoudre le problème de l'émission et de l'absorption de la radiation électromagnétique par la matière, problème inaccessible à la théorie quantique.

Tout commença de nouveau par le champ électromagnétique et le personnage clef de cette nouvelle aventure, qui prit son essor en 1927, est Paul Dirac. Il était persuadé que le photon n'avait pas livré tous ses secrets au sein de la théorie quantique. Il sentait que cette théorie n'avait pas éclairci pleinement les statuts respectifs du champ électromagnétique et du photon, qu'elle n'avait pas dit le dernier mot sur les rapports qui les unissent.

Repensez à la manière dont les photons sont apparus : leur existence et leurs propriétés se sont imposées en réponse aux comportements étranges et inattendus de la lumière. Ils ont donc été façonnés « à la main », postulés, inventés et taillés sur mesure pour que « ça marche », mais leur statut théorique reste néanmoins énigmatique. « Ils » semblent bien être là, mais que sont-ils vraiment, sont-ils « quelque chose » ou les simples révélateurs d'aspects encore incompris du champ électromagnétique dans le contexte d'une théorie plus vaste ? Pourquoi y a-t-il des photons, pourquoi l'énergie transportée par le champ électromagnétique se morcelle-t-elle en paquets discrets d'énergie ? Pourquoi les équations de Maxwell qui régissent la dynamique de ce champ n'en portent-elles pas les signes avant-coureurs ? La réponse est claire : les équations de Maxwell sont purement classiques, elles décrivent le comportement d'un acteur physique, le champ électromagnétique, qui n'est en rien concerné par les relations d'incertitude quantique. Or ce champ a acquis, nous l'avons vu, une existence aussi réelle que les particules matérielles.

Pourquoi alors ne pas quantifier le champ électromagnétique lui-même ? Lorsque Dirac se pose ces questions, en 1927, il fait face à une interrogation majeure : comment conceptualiser le comportement quantique d'un système physique continu, le champ, défini en chaque point de l'espace ? Quelles pourraient être les spécificités du champ qui exprimeraient son caractère quantique plutôt que classique ?

Lorsqu'un physicien est confronté à une situation nouvelle, il cherche avant toute chose à la formuler en termes d'un problème résolu. Le champ électromagnétique possède une propriété dynamique qui se prête particulièrement bien à cette démarche. Quelle que soit la complexité de ses oscillations, elles résultent toujours d'une superposition, adéquatement dosée, de vibrations élémentaires : les ondes monochromatiques de fréquences et de longueurs d'onde bien déterminées. Elles jouent le rôle de briques ondulatoires élémentaires, dont les divers assemblages permettent de construire n'importe quel champ. Pensez, par exemple, à une corde de violon et à ses différentes façons de vibrer. Il y a les modes vibratoires dits « normaux » : le mode fondamental, par exemple, correspond à la vibration de la corde qui a été pincée en son centre et dont la longueur d'onde vaut ainsi deux fois la longueur de la corde. Les modes suivants sont les harmoniques supérieurs successifs de ce fondamental dont la longueur d'onde est de plus en plus courte et la fréquence de plus en plus élevée. Quelle que soit la complexité d'un état vibratoire de la corde, il est aisé de déterminer explicitement la manière selon laquelle cette vibration résulte d'une super-position adéquate de divers modes normaux (décomposition de Fourier). Cette démarche s'applique également à une sur-face oscillante, la membrane d'un tambour par exemple, qui suggère une image intuitive des oscillations du champ.

Cette décomposition du champ en briques élémentaires d'oscillations, les ondes monochromatiques, représente ce qui permit à Dirac de concevoir le champ électromagnétique quantifié. En effet, la propagation d'une onde monochroma-tique est dynamiquement équivalente aux oscillations d'un pendule ou d'un ressort : leurs amplitudes varient périodi-quement dans le temps exactement de la même façon. Le pendule, le ressort et l'onde monochromatique ne sont donc que différentes réalisations d'un même système dynamique fondamental, l'oscillateur harmonique. Or l'oscillateur har-monique est un système dont la théorie quantique avait com-pris le comportement dans tous ses détails. Dirac transforme ainsi le problème de la quantification du champ électroma-gnétique en celle d'un grand nombre (en principe, une infi-nité) d'oscillateurs harmoniques, oscillant chacun avec sa fréquence propre.

Le traitement quantique d'un oscillateur harmonique de fréquence propre v conduit, nous l'avons vu, à la discrétisa-tion de ses états d'oscillation, donc de ses niveaux d'énergie physiquement réalisables : ceux-ci se succèdent par paliers de valeur hv. Ils s'ajoutent à l'énergie du niveau fondamental de l'oscillateur, *1/2 hv*, que nous avions appelé son « vide ». Ils résultent donc du vide lorsqu'on lui fournit de l'énergie par nombres entiers de quanta. C'est pourquoi nous les avions interprétés comme des *excitations du vide*.

Le vide, réservoir potentiel de matière

C'est une propriété quantique universelle de tous les oscillateurs harmoniques, à laquelle l'onde électromagnétique quantique ne peut donc échapper. Mais les voilà donc, les photons, qui émergent de la théorie ! Les ondes électromagnétiques monochromatiques quantifiées sont des oscillateurs harmoniques dont les niveaux discrets d'énergie ne sont rien d'autre que les photons.

Les paliers d'énergie successifs de valeur $h\nu$, les seuls qui soient quantiquement autorisés, correspondent à la présence d'un nombre croissant de photons, tous de même énergie $h\nu$. En effet, c'est le point essentiel, augmenter l'énergie de l'onde-oscillateur en lui ajoutant un quantum d'énergie $h\nu$, donc augmenter son amplitude d'oscillation en gravissant un palier énergétique autorisé, a exactement les mêmes conséquences qu'ajouter un photon de cette fréquence ν. Il n'y a pas de distinction entre ces deux opérations, qui n'en font donc qu'une seule. Les aspects ondulatoire et corpusculaire de l'onde électromagnétique apparaissent ainsi clairement comme les deux interprétations d'un même élément de cette nouvelle théorie : dans la version ondulatoire, il s'interprète en termes d'états vibratoires de l'onde quantique, alors que dans la version corpusculaire, il est décrit en termes d'états énergétiques discrets de cette onde, donc de nombre de photons. Ce sont ces deux manières distinctes de parler de la même chose, sans qu'on le sache, qui conduisent en théorie quantique à l'apparence paradoxale de la dualité onde-photon.

Dans sa nouvelle formulation quantifiée, l'onde monochromatique de fréquence ν n'existe que sous la forme d'une série d'états discrets, d'amplitude de plus en plus grande, qui correspondent à la présence de un, deux, trois… photons, tous de même énergie hv. Nous avons été, en quelque sorte, trompés par les mots et les images mentales qu'ils induisent inévitablement : lorsque nous pensons à un photon, nous essayons de cerner par la pensée une entité précise à laquelle nous pourrions rattacher ce mot. Mais, et c'est le cœur de la théorie quantique du champ électromagnétique, il n'y a pas d'entité photon ! Les photons ne sont que les révélateurs des états ondulatoires globaux du champ électromagnétique quantifié. Toute la problématique de la création-annihilation de photons change ainsi de perspective : il n'y a pas « plus » ou « moins » de photons, il n'y a que des états excités différents d'une même entité physique fondamentale, le champ électromagnétique. Et l'on passe des uns aux autres en fournissant de l'énergie à ce champ ou en en extrayant. Ce sont précisément ces opérations que nous interprétons intuitivement comme la transformation d'énergie en photons et *vice versa*.

En particulier, l'absence de photons révèle que l'onde électromagnétique se trouve dans son état d'énergie le plus bas, son état fondamental : son *vide*. Mais cette énergie, la plus basse quantiquement accessible, n'est pas nulle. Ce vide n'est pas dénué d'énergie. Elle équivaut, nous l'avons vu, à celle d'un « demi-photon » : $1/2\,hv$! Cette énergie du vide, sous laquelle il est quantiquement interdit à l'onde de descendre, ne peut donc pas être associée à la présence de photons. Il n'y a en effet pas assez d'énergie dans cet état du champ pour produire des effets physiques assimilables à la présence d'un photon. Cette énergie du vide ne mesure donc pas l'énergie d'un état excité, mais bien celle qui est associée à l'agitation quantique irréductible du vide, les *fluctuations quantiques du vide*, non éradicables par principe.

La présence de un, deux, trois… n photons, tous de même énergie hv, exprime les valeurs des paliers successifs de l'énergie $E_n = E_0 + nhv$, auxquels l'onde monochromatique peut accéder. L'onde « saute » de son tremplin fondamental, son vide, vers ces états d'énergie plus élevée lorsqu'on l'*excite* en lui fournissant les quantités d'énergie correspondantes. On passe ainsi du vide ne contenant aucun photon à des états excités peuplés de photons : on crée des photons en excitant le vide de l'onde ! Les photons ne sont dès lors que les excitations du vide de l'onde électromagnétique quantifiée ! Voilà notre première rencontre avec un mécanisme de *création de particules*. Voilà aussi notre première rencontre avec un aspect inattendu du vide : c'est un *réservoir potentiel de quanta*.

Ayant ainsi bouclé son programme de quantification d'un mode normal du champ, il ne suffisait plus à Dirac qu'à construire tout l'édifice, le champ électromagnétique quantique général, par l'assemblage de ces briques ondulatoires élémentaires.

La catastrophe du vide

Les photons associés à un champ électromagnétique sont, en nombre et en fréquence, les diverses excitations quantiques du vide de ce champ. Ce vide est l'état du champ électromagnétique qui ne contient aucun photon, d'aucune fréquence. Dans ce vide, chaque mode de vibration élémentaire est dans son état fondamental, qui contribue ainsi à l'énergie du champ. Il y a donc une différence quantitative entre l'énergie du vide d'un mode de vibration fondamental (monochromatique) et celle du champ électromagnétique. En effet, si la valeur $1/2\,h\nu$ associée à chaque mode possède une valeur modeste, il n'en est rien de l'énergie du vide du champ qui est la somme de toutes ces valeurs individuelles. Comme le champ contient un nombre infini de modes élémentaires dont les fréquences sont arbitrairement grandes, la densité de l'énergie du vide est *a priori* infinie ou divergente !

Voilà comment le statut théorique des photons est légitimé et comment ils entrent par la grande porte dans cette nouvelle théorie quantique du champ électromagnétique. Ils ne se limitent plus à ces paquets d'énergie du champ électromagnétique classique, introduits pour les besoins de la cause, de l'extérieur du cadre théorique. Ils font cause commune avec le champ électromagnétique quantifié dont ils révèlent les divers états quantiques possibles. Ils représentent donc les excitations du vide de ce champ. Qui plus est, il va de soi qu'il n'y a plus l'ombre d'un paradoxe onde-photon : la dualité champ électromagnétique-photon est intégrée dans ce nouveau formalisme. En effet, une théorie quantique d'un champ est, par construction, apte à décrire *simultanément* ses propriétés ondulatoires et ses aspects discrets corpusculaires. Si le concept de photon est à présent éclairci, qu'en est-il du problème posé par la divergence de la densité d'énergie du vide ? Cette valeur infinie résulte de la prise en compte des contributions de toutes les fréquences, donc de toutes les énergies si élevées soient-elles des fluctuations quantiques du vide. Les longueurs d'onde correspondantes n'ont donc pas de limite inférieure. Ces dernières vont nécessairement de pair avec les très petites distances qui leur sont associées. Mais de nombreux physiciens croient en l'existence d'une échelle spatiale minimale sous laquelle le concept de continuum spatial qui nous est familier n'est plus physiquement pertinent. Cette échelle correspond à l'échelle de Planck. C'est en effet sous celle-ci que les fluctuations du champ matériel deviennent si importantes qu'elles provoquent des fluctuations de l'espace-temps lui-même qui ne pourraient être éventuellement étudiées que par la gravitation quantique, qui nous reste toujours inconnue. En d'autres termes, la densité d'énergie infinie reflète notre ignorance de la physique aux très hautes énergies et aux très petites distances qui leur sont associées.

Assigner une limite inférieure aux distances spatiales revient à poser une borne supérieure aux fréquences physiquement admissibles, donc à borner les grandes énergies des oscillateurs qui contribuent sans limite à la densité de l'énergie du vide. Cette élimination « à la main » des grandes énergies supérieures à un certain seuil, défini généralement par l'énergie de Planck, conduit alors à une valeur finie de cette densité. On admet que c'est cette valeur finie qui représente la densité d'énergie du vide prédite par la théorie quantique des champs.

Les autres procédures techniques de l'élimination de la valeur infinie conduisent à des résultats numériques fort proches : si la valeur mathématique infinie de la densité d'énergie du vide est donc bien éradiquée, il n'en reste pas moins que sa valeur physique finie est gigantesque. Et cette énergie est, comme toute autre forme d'énergie, source de gravitation donc de courbure de l'espace-temps. Comme le vide est partout, il ne produit pas d'effet local mais il influence la courbure globale de l'univers. Ses effets se font donc sentir à l'échelle cosmologique où il devrait produire une véritable « catastrophe » : en effet, la densité d'énergie du vide, proposée par la théorie quantique des champs, vaut environ 10^{120} fois la densité de la matière-énergie de l'univers actuel ! Explicitement, elle vaut environ 10^{121} GeV/m^3, ce qui correspond à 10^{121} protons/m^3 environ ! L'ordre de grandeur de cette densité d'énergie peut être estimé approximativement sans recours à des calculs détaillés. La somme de toutes les contributions prises en compte dans le calcul de l'énergie totale est en effet dominée par leur borne supérieure, l'énergie de Planck. Sa densité fournit une estimation de la densité d'énergie du vide. Cette valeur est extraordinairement plus élevée que celle du milieu cosmologique actuel qui vaut 10 GeV/m^3 ou environ 10 protons/m^3. Ce fossé est gigantesque : il en résulte en effet qu'il y a dans chaque mètre cube du vide quantique beaucoup plus d'ordres de grandeur d'énergie que celle de la matière répartie dans tout l'univers visible !

Nous verrons que la valeur de la densité d'énergie du vide est insensible à l'expansion de l'espace et maintient une valeur constante tout au long de celle-ci : elle possède donc, dans les équations d'Einstein, le même statut qu'une constante cosmologique, répulsive de surcroît, comme nous le verrons plus loin. Voilà donc la constante cosmologique d'Einstein réhabilitée, mais environ 10^{120} fois plus grande ! On peut donc s'attendre à ce que cette constante cosmologique *répulsive,* imposée par le vide quantique omniprésent, produise des effets cosmologiques hallucinants, incomparablement plus intenses que tous les autres constituants de l'univers. Celui-ci ne pourrait ressembler à rien de ce qu'il est : la courbure répondrait au vide d'une manière catastrophique. Notre univers se courberait si intensément que la possibilité normale dans notre univers de « voir » loin disparaîtrait : l'horizon de visibilité se situerait à des distances centimétriques !

C'est plus qu'un conflit sérieux, c'est la plus grande crise de la physique contemporaine. Il nous faut conclure qu'il y a une contradiction profonde entre les concepts de la théorie quantique des champs qui nous ont conduits à cette valeur insensée de l'énergie du vide, et les idées de la relativité générale que nous avons utilisées pour associer cette estimation aux observations astrophysiques. La valeur de l'énergie du vide, déduite de la théorie quantique des champs, est donc physiquement absolument inacceptable. C'est la catastrophe du vide ou le problème de la constante cosmologique.

On aura remarqué l'analogie de cette « catastrophe du vide » avec la « catastrophe de l'ultraviolet » dont il a été question plus haut. Dans ce dernier cas, c'est la loi classique du rayonnement appliquée au problème du spectre de corps noir qui conduisait à sa divergence aux hautes fréquences. Rappelez-vous que la résolution de ce problème demanda qu'on aille bien au-delà de la physique admise à l'époque pour obtenir un résultat qui ne diverge pas et qui s'accorde avec l'expérience. Les physiciens ne peuvent oublier que cette solution, considérée tout d'abord par Planck comme « une solution désespérée », dénuée de sens physique, ouvrit les portes de la physique quantique. On ne s'étonnera pas, dès lors, que le problème de la constante cosmologique, ou la catastrophe du vide, ait à ce point éveillé l'intérêt des théoriciens qui pressentent que la résolution de ce conflit majeur pourrait peut-être conduire à l'unification de la gravitation et de la théorie quantique. En dépit des nombreuses recherches qui traquent les possibilités de cette unification, ce problème n'est toujours pas résolu à ce jour.

Et si la catastrophe du vide n'était qu'une catastrophe du concept de vide quantique ? Celui-ci pourrait-il n'être qu'une pure fiction formelle qu'on manipule illégitimement ? Existe-t-il une histoire expérimentale qui validerait, sans ambiguïté, l'objet théorique « vide quantique » ? Si le vide quantique, par principe, ne peut être utilisé par le physicien, au sens où on en extrairait une « énergie utilisable », il peut être manipulé. Le physicien hollandais Hendrik Casimir est l'auteur de la première de ces manipulations, du premier dispositif qui fit intervenir le vide quantique dans un laboratoire. Casimir, dernier compagnon intime de Bohr, Heisenberg, Born..., avec lequel l'auteur de ces pages a eu le privilège de longuement s'entretenir à plusieurs reprises au cours des quelques années précédant sa mort, se disait encore étonné, avec sa modestie caractéristique, de ce qu'il avait mis au jour : la possibilité de manipuler le vide, de le faire passer de l'abstraction mathématique à un effet mesurable. La découverte de l'effet Casimir en 1948 est également un bel exemple des voies sinueuses que peut prendre l'innovation en physique, car c'est à partir d'un travail sur les forces de Van der Waals, bien connues des physico-chimistes (elles expliquent les déviations du comportement des gaz par rapport à l'idéal du gaz parfait, mais aussi la cohésion des solides, la stabilité des émulsions, etc.), qu'il était arrivé à un résultat curieux. Il le présenta, comme toujours à cette époque en cas de perplexité, à Niels Bohr. Celui-ci grommela : « Cela doit avoir quelque chose à faire avec l'énergie de point zéro (l'énergie du vide)... » Casimir suivit la parole de l'oracle et mit en scène un dispositif expérimental simple et ingénieux qui lui donnait un accès direct à l'énergie du vide quantique, ou plus précisément, nous allons le voir, à la différence finie de cette énergie entre des régions dans chacune desquelles elle est infinie.

Casimir cherchait un moyen expérimental qui lui permettrait de « sentir » le vide du champ électromagnétique. Il découvrit qu'il pouvait coincer les ondes électromagnétiques qui représentent les fluctuations quantiques du vide, à l'image d'une corde de violon attachée à ses deux extrémités. Le principe de son montage expérimental était simple : il plaça deux plaques métalliques conductrices parallèles dans le vide. Or, c'est une propriété bien connue de l'électromagnétisme, les ondes électromagnétiques s'annulent sur une plaque conductrice. Il en résulte, et c'était tout l'intérêt de ce montage, que la présence des deux plaques modifie radicalement la distribution des ondes électromagnétiques du vide dans l'espace intérieur qu'elles délimitent : seules certaines ondes particulières peuvent y subsister. Seules celles qui ont un nombre entier de vibrations entre les plaques y survivent. Il en résulte que toutes les ondes qui ne satisfont pas à cette condition sont exclues de cette région et ne contribuent donc pas à l'énergie du vide qui la caractérise. En revanche, ce n'est pas le cas des régions extérieures aux plaques qu'habitent toutes les longueurs d'onde. En effet, elles ne doivent s'annuler qu'à une seule de leurs extrémités et peuvent donc déployer toutes leurs longueurs d'onde. Il en résulte qu'il y a beaucoup plus de fluctuations du vide à l'extérieur des plaques que dans l'espace qu'elles délimitent. En conséquence, les plaques sont sollicitées par plus d'ondes du vide sur leur face extérieure qu'elles ne le sont sur leurs faces internes. D'où une pression du vide qui tend à rapprocher les deux plaques l'une de l'autre. Casimir a calculé exactement l'intensité de cette pression qui est inversement proportionnelle à d^{-4}, où d est la distance entre les plaques. Cet effet est donc d'autant plus faible que les plaques sont éloignées. C'est facilement compréhensible : l'existence de la pression qui tend à rapprocher les plaques résulte de l'exclusion des longueurs d'ondes interdites dans l'espace qui les sépare. Si la distance d entre les plaques augmente, il y aura plus de longueurs d'onde qui pourront se loger entre elles, et la disparité entre le nombre d'ondes du vide qui agissent de l'extérieur et entre les plaques deviendra plus petite. En dépit de la faiblesse de cette force, elle a été mesurée et les expériences s'accordent avec la prédiction théorique. Si les plaques sont séparées par une distance d'un demi-millième de millimètre, la pression sera de 0,02 Newton/m^2, soit environ celle engendrée par le poids d'une aile de mouche posée sur le bout de votre doigt.

C'est en 1958 que fut réalisée la première observation expérimentale de l'effet Casimir par Marcus Sparnaay qui utilisa deux plaques d'une surface de un centimètre carré. Mais les incertitudes expérimentales laissaient un doute sur la fiabilité de cette expérience. Ce n'est enfin qu'en 1996 qu'une vérification expérimentale précise et non ambiguë confirma qualitativement et quantitativement l'effet Casimir.

A-t-on mesuré l'énergie du vide par ces mesures de l'effet Casimir ? Absolument pas, on a simplement mis expérimentalement en évidence l'existence de l'énergie du vide par les effets qu'elle produit. Plus précisément, la force de Casimir révèle une différence finie de la densité d'énergie du vide évaluée dans deux régions voisines, mais elle ne dit rien sur la valeur de cette énergie. Cette dernière ne peut se déduire que de ses effets gravitationnels, parce que seule la gravitation dépend de la valeur des densités d'énergie et pas seulement de leurs différences. Voilà pourquoi l'énergie du vide n'engendre de drame que dans le face-à-face de la théorie quantique des champs et de la relativité générale. Dans la première de ces deux théories, seules les différences d'énergie sont significatives.

Pour la petite histoire, Casimir, lorsqu'il découvrit son « effet », laissa libre cours à son imagination débordante et pensa même pouvoir expliquer la structure de l'électron ! L'auteur ne peut s'empêcher de repenser avec tendresse à son exaltation malicieuse lorsqu'il lui décrivit cet épisode. L'idée de Casimir était que la force qu'il avait découverte devrait également se manifester pour d'autres configurations géométriques, en particulier pour une sphère. Qu'il était dès lors tentant de conceptualiser l'électron comme une petite sphère à la surface de laquelle sa charge électrique serait répartie uniformément. La stabilité de l'ensemble serait alors assurée par la force attractive de Casimir agissant sur les parois de la sphère, qui contrebalancerait la force répulsive électrostatique due aux charges négatives tapissant sa surface. L'équilibre entre ces deux forces antagonistes devait dépendre du rayon de la sphère, ce qui lui aurait permis de prédire et d'expliquer les dimensions de l'électron.

Hélas ! ce beau rêve se brisa parce que la substitution aux plaques parallèles d'une surface sphérique ou d'autres formes géométriques rendait non seulement le calcul très ardu, mais surtout le résultat fort différent. Dans le cas de la sphère, par exemple, la force de Casimir devient répulsive plutôt qu'attractive, sapant par cela même l'équilibre de l'électron.

Il est amusant de noter que certains phénomènes classiques associés à des comportements ondulatoires résultent de mécanismes analogues à celui de Casimir. Il en est, par exemple, ainsi de la tendance qu'ont deux barques parallèles amarrées au port de se rapprocher l'une de l'autre lorsque l'eau est agitée par de petites vagues. À l'instar de l'effet Casimir, c'est l'ensemble de vagues, dont les longueurs d'onde sont interdites *entre* les deux barques alors qu'elles sont présentes de part et d'autre, qui se traduit par une poussée qui tend à les rapprocher.

Après cet inévitable détour par l'énergie du vide quantique, revenons à nos photons.

Quelque chose de remarquable et d'inédit s'est produit dans la transition de la théorie classique à la théorie quantique du champ électromagnétique, qui nous concerne, du point de vue cosmologique, au plus haut point : cette théorie décrit de manière naturelle des situations physiques où le nombre de particules, les photons dans ce cas, est variable. Voilà enfin un premier pas qui laisse entrevoir la possibilité théorique de contourner le problème posé par la permanence de la matière. La quantification de ce champ conduit en effet à une théorie propice à la description d'un nombre arbitraire de photons : les divers états du champ électromagnétique quantique, qui représentent autant d'excitations différentes du vide, contiennent des nombres différents de photons. On peut, par exemple, passer d'un état du champ à un autre, qui contient plus de photons, en l'excitant, donc en lui fournissant une quantité adéquate d'énergie. On aura alors *créé des pho-*

tons. L'énergie fournie au champ par le monde extérieur aura été transformée en photons. Il en est ainsi, en particulier, du vide du champ : en lui fournissant adéquatement de l'énergie, on l'excite et ce vide se transforme alors en un état du champ possédant un certain nombre de photons : *on crée des photons à partir du vide en lui fournissant de l'énergie !* Le vide du champ électromagnétique quantique est un transformateur d'énergie.

Cette opération n'est réalisable que parce que les équations de Maxwell, qui régissent le comportement du champ électromagnétique, sont au cœur même de la relativité restreinte. Toutes les spécificités des photons en sont imprégnées. C'est ainsi que, dès son origine, la théorie quantique des champs a eu partie liée avec la relativité restreinte, car elle répond à une possibilité qu'affirme cette dernière, celle de la création et de l'annihilation des particules, dont la plus célèbre des formules einsteiniennes, $E = mc^2$, établit la possibilité.

Le saut conceptuel réalisé par Dirac est à la fois énorme et limité. Il introduit une manière radicalement nouvelle de concevoir le concept de quantum, mais il se limite au seul champ électromagnétique et aux photons. Pourquoi ne pas sauter le pas et appliquer la même démarche à toute forme de matière, les électrons en l'occurrence ? Le nouveau formalisme et son interprétation ne préfigurent-ils pas la possibilité de repenser fondamentalement les concepts de particule et de matière ? Les électrons ne seraient-ils pas, à l'instar des photons, les révélateurs de l'état global d'un champ quantique, *un champ d'électrons* ?

Quel serait ce champ qui jouerait pour les électrons le rôle du champ électromagnétique pour les photons ? Serait-ce l'onde que la théorie quantique associe à l'électron, celle dont l'évolution est régie par l'équation de Schrödinger ? Pourrait-elle révéler la nature des électrons, comme le champ électromagnétique le fait pour les photons ? Plus précisément, les électrons ne seraient-ils pas les révélateurs des états excités de... La phrase s'interrompt là ! En effet, l'onde de l'électron ne représente en rien un champ physiquement mesurable comme le champ électromagnétique. Ces deux champs possèdent des statuts physiques complètement distincts. Le champ électromagnétique est l'acteur *classique* de toute l'aventure quantique. Il produit des effets physiques mesurables comme les forces exercées sur les particules chargées électriquement. Il possède et transporte de l'énergie, celle dont le morcellement en quanta a précisément fondé la démarche quantique. Les ondes qui transportent cette énergie sont des oscillateurs harmoniques dont les niveaux discrets d'énergie ne sont rien d'autre que les photons.

L'onde quantique associée à l'électron est une entité physique d'une tout autre nature. Elle ne possède aucun équivalent classique. Nous avons vu qu'elle donnait les probabilités de présence des électrons en chaque lieu de l'espace. Si cet objet mathématique est défini de façon précise et satisfait à une équation dynamique, celle de Schrödinger, qui en détermine de façon univoque l'évolution temporelle, elle ne produit aucun effet physique mesurable, comme des forces agissant sur les particules, par exemple. Mais, surtout, la théorie quantique de l'électron souffre d'une tare importante : *elle n'est pas compatible avec la relativité restreinte.*

Cette situation ne résulte pas, bien entendu, d'un « oubli » des créateurs de la théorie quantique de l'électron. Comment Einstein aurait-il pu oublier sa propre création ! Elle provient d'une difficulté majeure à concilier cette théorie avec la relativité restreinte.

Einstein, Bohr, Heisenberg, Schrödinger... se bornaient à parler de l'onde de l'électron comme si les concepts fondamentaux de temps et d'espace, ainsi que les règles du jeu de la physique classique, n'avaient pas été profondément affectés par la relativité restreinte. Ainsi, le temps qui gouverne l'équation de Schrödinger de l'électron est le temps newtonien, absolu et universel, de la physique classique. Le temps et l'espace n'y jouent pas les rôles requis par la relativité restreinte. D'ailleurs, la signature de cette dernière, la vitesse de la lumière c, ne figure pas dans cette équation. En conséquence, la relation centrale, $E = mc^2$, qui gère les transformations de l'énergie en masse et *vice versa*, ne s'applique pas à la théorie quantique de l'électron. Cette théorie n'offrait ainsi aucune possibilité de créer ou d'annihiler les électrons. Elle ne pouvait que décrire des situations dans lesquelles le nombre d'électrons est immuable, l'atome d'hydrogène par exemple. Dans le cadre de cette théorie, aucune source d'énergie ne peut donner naissance à des électrons, d'autre part ils ne peuvent s'annihiler en énergie. Les particules matérielles, contrairement aux photons, y sont éternelles. La matière y est permanente.

L'équation de Schrödinger de l'électron montre ainsi clairement ses limites : elle n'est appropriée qu'à la description de situations non relativistes, celles des vitesses petites par rapport à celle de la lumière. Mais les vitesses des électrons atteignent couramment des vitesses proches de celle de la lumière, l'équation de Schrödinger ne peut dès lors les décrire. Cette équation ne peut donc correspondre qu'à une théorie quantique approximative de l'électron. Existe-t-il une théorie quantique générale, qui prenne en compte l'électron dans toutes les situations ? Voilà la question qui était au centre des préoccupations de Dirac. La question fondamentale qu'il se posait était la suivante : *peut-on unifier la théorie quantique et la relativité restreinte ?*

C'est en 1928 qu'il réussit son véritable coup de force. Il parvint, grâce à un stratagème extrêmement ingénieux, à concilier la théorie quantique de l'électron avec la relativité restreinte. Il ne prit pas immédiatement conscience de l'impact de sa découverte, parce qu'il n'était pas préoccupé par le problème de la création et de l'annihilation des électrons. Il pensa tout d'abord qu'il avait découvert une nouvelle forme de l'équation de Schrödinger, applicable à tous les électrons, quelles que soient leurs vitesses. Ce n'est qu'ensuite qu'il se rendit compte du pas de géant qu'il avait réalisé. Il avait créé un nouvel acteur physique qui allait bouleverser les données de la théorie quantique : *le champ quantique relativiste de l'électron.*

L'équation dynamique qui régit ce champ porte le nom *d'équation de Dirac*. Elle remplit la même fonction pour le champ de l'électron que les équations de Maxwell pour le champ électromagnétique. Cette équation décrit avec une grande précision le comportement des électrons soumis à des champs électriques et magnétiques, et ce, quelle que soit leur vitesse, ce qui n'était pas le cas auparavant. Cette seule propriété était suffisante pour engendrer la confiance des physiciens en cette nouvelle équation. Mais contrairement au champ électromagnétique, il n'existe pas de version classique du champ de l'électron. Ce champ est un pur produit quantique, il ne résulte pas de l'interprétation quantique d'un champ classique préexistant. Il représente un degré supplémentaire dans l'abstraction mathématique de la description de la réalité. L'intuition y est mise à rude épreuve, car aucune image ne permet de se le représenter.

Dirac venait de réaliser un merveilleux coup double : non seulement il a donné une version relativiste de l'équation de Schrödinger de l'électron, mais il a ce faisant découvert un champ quantique dont les états énergétiques excités s'identifient précisément aux électrons. *Les électrons révèlent les excitations du vide du champ de l'électron.*

Les particules, états excités du vide

Comme l'équation de Dirac résulte du mariage de la théorie quantique et de la relativité restreinte, les créations et annihilations d'électrons font partie intégrante de cette nouvelle formulation : elles sont associées aux sauts entre les divers états excités du champ de l'électron. Elles correspondent aux divers états excités du vide de ce champ. Il n'y a pas « plus » ou « moins » d'électrons, il n'y a que des états excités différents d'une même entité physique fondamentale, le champ quantique de l'électron. Et l'on passe des uns aux autres en lui fournissant ou en en extrayant de l'énergie, quelle qu'en soit la forme.

Nous assistons là à un nouvel exemple de cette quête de l'unité en physique dont les réalisations se sont avérées si fructueuses précédemment ; rappelez-vous l'électromagnétisme de Maxwell qui, unifiant l'électricité et le magnétisme, prédit les ondes électromagnétiques et joua un rôle central dans l'élaboration de la relativité restreinte. Puis, la relativité restreinte, unifiant les symétries de la mécanique classique et de l'électromagnétisme, balaya le temps absolu universel et identifia les concepts de masse et d'énergie. Enfin, la relativité générale qui s'articule autour de l'exigence de la symétrie des lois physiques par rapport à tous les observateurs et « explique » la gravitation par la dynamique de l'espace-temps. Ces unifications ont été la source de bonds prodigieux dans la conceptualisation de la réalité, en rupture avec les consensus précédents. Et c'est à nouveau ce qui se produit en 1928, avec l'unification de la théorie quantique et de la relativité restreinte qui donne naissance à la théorie quantique des champs. C'est dans le cadre de cette théorie que toutes les particules élémentaires apparaissent, à l'image des photons et du champ électromagnétique quantifié, comme les excitations des champs auxquels elles sont associées, le champ d'électrons par exemple. Et, comme dans le cas des photons, on peut créer (ou détruire) des particules en injectant (ou en extrayant) de l'énergie à leurs champs. Le nombre de particules n'est donc plus une donnée immuable de la théorie. *La matière n'y est plus permanente.*

Première rencontre avec l'antimatière

Nous avons vu comment chaque étape unificatrice fait émerger de nouveaux concepts physiques qui jouent un rôle central dans les théories résultantes. L'unification de la théorie quantique avec la relativité restreinte et le champ de l'électron qui en résulte ne font pas exception à cette règle : les quanta associés à son champ sont naturellement porteurs d'une charge électrique négative, ce qui est la moindre des choses puisque toute sa construction s'articule autour de l'électron. Mais, à sa grande surprise, Dirac découvrit que ce champ exhibait aussi inévitablement des particules portant une charge électrique positive, égale et opposée à celle de l'électron !

La seule particule portant une charge électrique positive, connue à l'époque, était le proton. Mais l'équation de Dirac révéla rapidement que la masse de cette particule inconnue devait être égale à celle de l'électron. On la baptisa *positron*. Le premier représentant de l'antimatière faisait son apparition. Il s'avéra par la suite que chaque particule avait son antiparticule. Le positron fut mis en évidence pour la première fois en 1932 dans les rayons cosmiques par Carl Anderson. Ce fut ensuite le tour de l'antiproton et des autres constituants élémentaires de la matière.

Cette découverte théorique de l'antimatière représente un événement capital de l'histoire de la physique en général. L'existence d'une facette totalement inconnue de la réalité apparaît comme une nécessité logique de l'union de la théorie quantique et de la relativité restreinte. Imaginez ! Vous avez deux aspects de la réalité, résultant *a priori* de registres physiques distincts, la théorie quantique et la relativité restreinte. Vous exigez que les lois de la nature se plient à leur unification ; vous manipulez le langage mathématique pour qu'il exprime votre exigence. Il ne s'y plie que si un acteur nouveau entre en scène : *l'antimatière*.

Sans l'antimatière, ni la physique des interactions fondamentales ni la cosmologie ne seraient ce qu'elles sont aujourd'hui. Considérez, par exemple, la création d'électrons à partir d'un rayonnement pur, donc par annihilation de photons. Les photons ne sont porteurs d'aucune charge électrique de sorte que ce phénomène ne pourra donc se produire que s'ils donnent naissance à des paires électron-positron dont les charges électriques se compensent. Si la charge électrique est nulle au départ d'un processus, il faut qu'elle le reste tout du long. C'est ce qu'exprime la loi de conservation de la charge électrique.

Le mystère s'éclaircit

On assiste, avec l'apparition de la théorie quantique relativiste des champs, à un renversement de notre représentation des champs, des particules et de leur rapport. Les particules sont, en théorie quantique comme en théorie classique, immuables et données dans les conditions initiales de toutes les situations théoriques qui les mettent en jeu. Elles sont irréductibles. La matière est permanente. Les champs, qui sont, eux, secondaires, sont engendrés par ces particules.

En théorie quantique des champs, au contraire, ce sont *les champs qui sont les entités fondamentales* inexpurgeables : les relations d'incertitude ne leur permettent pas, nous l'avons vu, de descendre sous un seuil minimal d'activité, leur vide. Il est donc interdit, par principe, de réduire simultanément à zéro leur amplitude en chaque lieu, donc de les gommer de la réalité. Un champ électromagnétique *classique* peut être réduit à néant partout simultanément, donc éliminé. Il n'en est rien du champ électromagnétique *quantique* dont la réalité refuse, obstinément, par principe, de se débarrasser : il est permanent, comme tous les autres champs quantiques. Les particules, au contraire, ne sont que les révélateurs matérialisés des états excités du champ quantique. Plus précisément, les particules représentent les diverses excitations du vide du champ.

Leur nombre est variable selon les circonstances et elles peuvent complètement disparaître. *La permanence de la matière a disparu.* La hiérarchie entre champs et particules s'est ainsi complètement renversée au cours du passage de la théorie quantique à la théorie quantique des champs : les particules deviennent des êtres subalternes, présents ou absents, selon les états quantiques des objets fondamentaux permanents que sont les champs. La réalité n'est donc pas la scène où se produisent deux types d'acteurs, les champs et les particules. Il n'y a que des champs quantiques, les particules ne sont que des épiphénomènes, les témoins de l'état global des champs auxquels elles sont associées.

La théorie quantique des champs conduit ainsi à la seule explication naturelle d'une propriété universelle des particules élémentaires, comme l'électron : leur identité. Tous les électrons sont identiques, en masse, charge et autres propriétés quantiques, parce qu'ils ne sont le reflet que d'une seule et même chose : les excitations d'un même champ. Cette propriété d'identité ne pouvait être que postulée, sans justification appropriée, dans le cadre de la théorie classique ou quantique.

Les particules sont au champ quantique ce que les sons peuvent être à une corde musicale. Sans voir la corde, nous percevons les sons. Ceux-ci traduisent le fait que la corde est excitée, dans un certain état vibratoire. De la même façon, sans voir le champ, nous détectons des particules qui révèlent ses divers états d'excitation. Les particules sont comme les harmoniques différents que l'on peut produire avec une même corde, selon la façon dont on l'excite. À ceci près que le champ quantique ne connaît pas de position de repos. Il présente toujours une vibration résiduelle : le vide quantique. L'apparition de particules révèle la transition de ce vide vers des états excités du champ quantique, tout comme les changements de son expriment les modifications de l'état vibratoire de la corde.

La dualité onde-corpuscule a ainsi été complètement balayée par la théorie quantique des champs : il n'y a pas des champs et des particules, il n'y a que des champs et les révélateurs de leurs états d'excitation. Les particules matérielles ne sont donc pas éternelles comme le concevaient la théorie classique et la théorie quantique. La création et l'annihilation de matière deviennent un phénomène courant et naturel dans cette nouvelle vision du monde.

Les fantômes du vide

Les particules n'étant que des excitations du vide quantique, une connivence particulière se noue entre la matière et le vide. Ce dernier est le siège d'une activité fébrile incessante, ses fluctuations quantiques. Mais l'énergie associée à celles-ci est insuffisante pour donner vie aux particules. Est-ce vraiment le cas ? Oui et non ! Cette réponse de Normand trouve son origine dans la relation d'incertitude temps-énergie. Cette dernière exprime que plus un intervalle de temps est petit, plus grande est l'incertitude concernant l'énergie d'un système quantique. La nature ne se prive pas de réaliser les phénomènes les plus inattendus en s'engouffrant dans les moindres recoins mis à sa disposition par les formalismes des théories.

Et c'est bien le cas lorsqu'elle fait surgir spontanément du vide des *paires* d'électrons-positrons qui, pourtant, sont formellement interdites par les bons usages de la conservation de l'énergie : elles contiennent en effet plus d'énergie associée à leur masse que ce que le vide pourrait normalement leur fournir sans violer la conservation d'énergie, sauf si cette énergie ne leur est que « prêtée » très brièvement ! En effet, si l'incertitude sur l'énergie qui est associée à ce bref intervalle de temps par la relation d'incertitude temps-énergie est au moins équivalente à ces masses, alors la loi de conservation de l'énergie n'est pas violée et le processus est légitime. Ce ne sont que des transgressions énergétiques passagères légitimées par la théorie quantique. En d'autres termes, *ces paires de particules ne sont autorisées à exister que le temps d'une incertitude*, celle qui leur permet d'emprunter au vide l'énergie nécessaire à leur présence, mais à la condition *sine qua non* de la lui restituer après ce laps de temps.

Tout se passe donc comme si ces paires de particules surgissaient spontanément du vide avec l'obligation quantique incontournable de devoir s'y annihiler tout aussitôt. Ce ne sont que des promesses de particules, que le vide nous fait miroiter le temps d'une incertitude, pour les annihiler aussitôt. Elles portent, pour cela, le nom de *particules virtuelles*. Contrairement aux vraies particules détectables qui représentent de vraies excitations du vide dont la durée de vie n'est pas limitée *a priori*, ces particules virtuelles ne sont associées qu'à des excitations transitoires : elles expriment en termes particulaires les incessantes fluctuations quantiques du vide.

Le vide est ainsi le siège d'une agitation étrange, d'incessantes apparitions-annihilations de paires de particules virtuelles. Le vide-absence, le vide classique donc, n'est pas conciliable avec les incertitudes quantiques. Il résulte de celles-ci l'impossibilité d'éliminer cette population irréductible d'êtres fantomatiques transitoires dans le vide. Les particules virtuelles apparaissent par paires de charges électriques opposées parce que la charge électrique, elle, ne peut être empruntée au vide. Aucune incertitude quantique ne permet en effet de violer sa stricte conservation.

La théorie quantique des champs bouleverse ainsi notre vision de la réalité. La matière, telle que nous la concevions, en physique classique d'abord, puis en physique quantique, change radicalement de statut. Non seulement elle n'est pas permanente, mais elle se réduit au rôle de simple révélateur d'une réalité fondamentale sous-jacente : les états excités du vide ! Quelle promotion pour ce concept ! De l'absence de toute chose en physique classique, voilà que le vide tient, contre toute attente, le premier rôle dans la physique contemporaine. Mais ce vide n'est pas celui dont Parménide proclamait la non-existence dans son affirmation célèbre : « L'être est, le non-être n'est pas. » Deux millénaires plus tard, ce vide-absence fait place au vide quantique. Un vide qui n'est ni absence ni substance, mais un état du champ quantique, l'état d'énergie minimale. Tous les aspects de la réalité se réduisent donc, en théorie quantique des champs, à des excitations par rapport à un état fondamental. Le vide n'est pas l'extérieur de la matière. C'est l'état de base dont la matière émerge sans couper le cordon ombilical. Il n'y a pas d'autonomie de la matière par rapport au vide : la matière contient le vide et le vide contient la matière.

Le vide créateur

Comment, dans quelles circonstances, la matière peut-elle émerger du vide ? Comment le vide peut-il être excité et transiter de son état fondamental vers un de ses états d'énergie supérieure ? La population virtuelle du vide peut-elle être métamorphosée en matière réelle ? Les particules virtuelles peuvent-elles trouver les moyens de s'actualiser en « vraies » particules ?

La réponse est sans équivoque : le vide d'un champ ne peut rien par lui-même, il ne répond qu'aux actions extérieures qui le sollicitent. Laissé à lui-même, le vide ne peut que rester désespérément vide. Il ne peut s'exciter que si « on » lui fournit l'énergie adéquate, sous quelque forme que ce soit. Rappelez-vous l'oscillateur quantique : les fluctuations transitoires de son vide ne pourront laisser place aux fluctuations persistantes d'un état excité que si une énergie extérieure lui est transmise. Une corde de violon restera muette tant qu'un coup d'archet ne lui sera pas donné ; la peau d'un tambour ne vibrera que si elle est percutée. Il en va de même pour un champ quantique dans son état vide. Il ne pourra transiter vers un de ses états excités, il ne pourra donc se doter des fluctuations persistantes qui lui sont associées, qu'en réponse à un « coup d'archet » qui lui transmettra l'énergie requise par ces fluctuations.

Ce même phénomène d'excitation du vide peut aussi légitimement se décrire en termes de particules virtuelles. Celles-ci, êtres éphémères sillonnant le vide, ne pourront s'actualiser que si une énergie leur est transmise. En effet, permettre aux particules virtuelles d'accéder à l'existence réelle, c'est les autoriser à ne pas rembourser le prêt énergétique que le vide leur a consenti pour le temps limité d'une relation d'incertitude. Passé ce délai, le prêt devient physiquement illégitime, car il violerait la stricte conservation de l'énergie dans l'univers. Cette énergie doit être remboursée par une énergie débitée d'un compte étranger au champ. Tout ce que le champ gagne ou perd en énergie ne peut être que prélevé ou cédé ailleurs. Les créations de particules par un champ quantique résultent toujours d'une transmutation d'une forme à l'autre d'énergie. C'est ainsi que l'excitation du vide par l'énergie qui lui est fournie se traduit par l'apparition de quanta réels qui portent cette énergie et réalisent l'équivalence masse-énergie annoncée par la relativité restreinte.

Comment peut-on visualiser, dans l'image des particules virtuelles, le mécanisme responsable de l'excitation d'un champ par l'énergie qui lui est fournie ? Comment s'opère la métamorphose des particules virtuelles qui peuplent le vide en particules réelles qui sont associées au champ excité ? Que leur est-il arrivé qui leur permette d'échapper à leur destin quantique d'annihilation, de se délivrer de leur virtualité pour accéder à la réalité ?

Les particules virtuelles n'émergent du vide que par couples, avec l'obligation quantique de s'y annihiler ensemble après la durée de l'incertitude. Mais que se passe-t-il si elles ne peuvent se retrouver, si une action extérieure les en empêche ? Ne pouvant prolonger leur statut d'êtres éphémères au-delà du temps quantiquement autorisé, elles n'ont d'autre choix que de franchir la frontière du réel. Comment cela peut-il se produire, comment contrecarrer les retrouvailles, quantiquement obligées, des partenaires d'un couple virtuel ?

Considérons, par exemple, le cas du champ de l'électron. Tout virtuels qu'ils soient, les partenaires électron-positron portent des charges électriques de signe contraire, ils répondent donc à l'action d'un champ électrique en accélérant dans des directions diamétralement opposées. S'ils se retrouvent ainsi suffisamment éloignés l'un de l'autre *durant le temps de l'incertitude*, donc si le champ électrique est suffisamment intense, ils seront dans l'impossibilité de se retrouver, donc de s'annihiler dans le vide, et ne pourront que devenir réels : une paire électron-positron aura alors été créée dans le vide qui sera, par cela même, excité. C'est l'énergie dépensée par le champ électrique pour produire cet effet qui est transmise au champ de l'électron et l'excite. Ce champ électrique joue, dans cet exemple, le rôle de la source énergétique extérieure où le champ de l'électron puise l'énergie requise par son excitation et la création des particules réelles qui l'accompagnent. Ce processus de création résulte en définitive d'un transfert d'énergie d'un champ à l'autre : du champ électrique vers le champ de l'électron qui s'excite.

Ce phénomène requiert des champs électriques intenses comme ceux qui sont produits dans les accélérateurs de particules, par exemple. En effet, l'énergie équivalente à la masse m_e d'un électron, $m_e c^2$ (ou un positron) est énorme à cause de la valeur du carré c^2 de la vitesse de la lumière. De même, la réalisation expérimentale de la plupart des phénomènes de créations et de destructions d'autres types de quanta réels n'est pas monnaie courante aux échelles habituelles de notre monde quotidien, elle est, en général, limitée à des phénomènes mettant en jeu de grandes quantités d'énergie. Ces dernières sont atteintes dans les accélérateurs de particules, dans les centrales nucléaires, dans les explosions atomiques, dans les rayons cosmiques qui bombardent notre atmosphère en permanence, et dans d'autres situations astrophysiques très énergétiques, comme le voisinage des trous noirs ou les tout premiers moments de l'univers.

Mais il y a une exception, il est un phénomène d'allure tellement banale et répétitive qu'il attire rarement notre attention : les créations-destructions de photons du spectre visible qui constituent pourtant un phénomène générique ! Il en est ainsi parce que leur énergie est environ dix millions de fois inférieure à celle requise par la création d'un électron.

Ainsi, chaque fois que vous allumez la lumière, vous posez un acte créateur de quanta : le filament de l'ampoule à incandescence ou le tube à néon émettent un flot de photons qui sont *créés* par les électrons dans le filament ou dans le tube. Il en est de même de tout rayonnement thermique, comme le rayonnement infrarouge émis par notre corps : nous *produis*ons ces photons en excitant le champ électromagnétique au moyen de l'énergie fournie par les phénomènes physico-chimiques qui sont à la base de notre fonctionnement vital. Inversement, nous annihilons en permanence des photons par notre regard : lorsqu'ils percutent nos rétines, ils y sont annihilés au profit de l'énergie d'activation de nos nerfs optiques.

Ce vide, potentiellement créateur de particules, représente la matière en veilleuse, en « attente » de pouvoir s'actualiser. L'univers ne serait-il alors qu'une excitation du vide, à l'échelle cosmologique ? L'univers aurait-il pu émerger d'un vide quantique originel ? La description *quantique* plutôt que *classique* du contenu matériel de l'univers, de son fluide cosmologique, nous offre-t-elle la possibilité de concevoir une origine physique de l'univers qui se substituerait à la singularité mathématique du Big Bang ?

CHAPITRE 4

LES AVENTURES COSMOLOGIQUES
DU VIDE QUANTIQUE

Les questions que nous venons d'évoquer en posent d'autres, essentielles : comment la théorie quantique des champs est-elle affectée par la courbure de l'espace-temps et, notamment, par l'expansion cosmologique ? Comment le champ quantique ressent-il cette expansion ? Comment se comporte, en particulier, son état de vide ? Ces interrogations, sur la théorie quantique des champs et sur la relativité générale, ne peuvent trouver de réponses que dans la confrontation de ces deux théories. Celle-ci a lieu dans un cadre théorique inévitablement hybride. Hybride, parce que les équations d'Einstein prennent ici une forme semi-classique : la géométrie de l'espace-temps est décrite classiquement, tandis que la source matérielle qui la détermine est traitée comme un objet quantique. Il en est ainsi du vide quantique qui va devenir l'acteur central des aventures cosmologiques semi-classiques.

Expansion de l'univers et excitation
du vide quantique

Toute forme d'énergie est source de gravitation, donc de courbure, disions-nous : il en est donc ainsi des fluctuations quantiques du vide. Toutes transitoires qu'elles soient, ces fluctuations produisent leur réponse géométrique. Toutes virtuelles que soient les particules qui les expriment, la courbure de l'espace-temps ne les ignore pas et répond à leur présence comme à celle de la matière ordinaire.

Dans ce dialogue apparaît une forme inattendue d'énergie, que la physique n'avait jamais rencontrée auparavant : l'énergie associée à l'expansion de l'univers, donc à la géométrie de l'espace-temps dynamique. Elle va modifier fondamentalement le cours des événements cosmologiques. Elle va donner au vide une possibilité de s'exprimer cosmologiquement : l'expansion cosmologique de l'espace induit l'excitation du champ quantique, et donc la création de particules !

Sans l'entrée en scène inattendue de cette source géométrique d'énergie, ce phénomène serait irréalisable parce que en contradiction flagrante avec le principe de conservation de l'énergie : le champ quantique, nous l'avons vu, ne peut être excité que si l'énergie nécessaire à cette excitation lui est injectée de l'extérieur. Mais précisément, dans le contexte cosmologique, il n'y a aucun extérieur disponible, il n'y a pas d'« ailleurs » de l'univers d'où cette énergie pourrait être importée. Seule l'énergie associée à l'expansion peut donner ce coup d'archet indispensable à l'excitation d'un vide cosmologique originel et en faire émerger la matière.

Comment cette énergie se manifeste-t-elle ? Comment comprendre que l'expansion de l'espace puisse avoir un lien avec la création de particules matérielles ? Comment la géométrie transfère-t-elle de l'énergie au vide ? Autrement dit, comment cette expansion cosmologique de l'espace permet-elle aux particules virtuelles du champ de se convertir en particules réelles ? Comment cette expansion contrecarre-t-elle l'annihilation, dans le vide, des couples de particules virtuelles ?

Ces questions trouvent leur réponse dans la nature même de l'expansion cosmologique. Au cours de celle-ci, nous l'avons vu, les composants matériels de l'univers ne sont pas animés de mouvements *par rapport* à l'espace, mais, au contraire, sont emportés *avec lui* et l'accompagnent dans son étirement. Le contenu matériel de l'univers, réel ou virtuel, est entraîné par l'espace dans sa dilatation intrinsèque.

Le sort des couples de particules virtuelles résulte de la compétition entre deux effets antagonistes : d'une part, elles cherchent irrésistiblement à se retrouver quantiquement mais, d'autre part, l'étirement de l'espace tend à les éloigner l'une de l'autre. L'issue de cette compétition dépend de l'ampleur de l'expansion. Si l'étirement de l'espace est peu marqué pendant l'intervalle du temps de l'incertitude quantique, comme c'est le cas d'une expansion lente, les particules se retrouveront et s'annihileront dans le vide. Si, au contraire, elles se retrouvent cosmologiquement éloignées pendant ce même intervalle de temps, comme dans le cas d'une expansion rapide, elles ne pourront se retrouver ni, *a fortiori*, s'annihiler. Empêchées de disparaître dans le vide, il n'y aura pour elles d'autre possibilité que de passer de la virtualité à la réalité. C'est ainsi qu'a lieu la création d'une paire de particules réelles. Quant à l'énergie portée par ces particules réelles, elle est due à celle que l'expansion de l'espace a dépensée pour séparer définitivement le couple virtuel dont elles émanent : l'énergie associée à l'espace-temps dynamique. Cette énergie rembourse définitivement le prêt énergétique que le vide n'avait consenti au couple, alors virtuel, que pour le temps limité d'une incertitude quantique.

Si l'expansion cosmologique est lente, rien de particulier ne se produira et le vide quantique subsistera dans cet état. Par contre, une expansion suffisamment rapide excitera ce vide et induira la création de particules matérielles. L'essence même de ce phénomène désigne ce que sont respectivement les expansions lente et rapide. Pour les électrons, par exemple, le temps maximal d'existence virtuelle, défini par la relation de Heisenberg, est de l'ordre de 10^{-21} seconde. Le sort d'une paire virtuelle d'électrons dépendra crucialement du taux d'expansion cosmologique au cours de ce même intervalle de temps. À titre d'exemple, l'expansion cosmologique actuelle ne doublera les distances qu'en 10 milliards d'années. Cet effet de l'expansion est totalement négligeable et ne peut avoir d'incidence sur le comportement quantique du champ. Le vide restera le vide et il n'y a donc pas de production de matière. Le vide se comporte, dans ce cas, comme si la gravitation n'existait pas. Il joue le rôle habituel qui lui est attribué en théorie quantique des champs.

Par contre, lors d'une phase primordiale essentielle de l'évolution de l'univers, l'*inflation*, que nous rencontrerons dans ce qui suit, l'expansion était telle que le doublement des distances se réalisait sur une durée de l'ordre de 10^{-35} seconde, donc *de très loin inférieure au temps d'incertitude de Heisenberg*. Il en résulte que les distances microscopiques séparant les particules des couples virtuels sont inévitablement amplifiées, pendant la durée autorisée de leur existence, par des distances typiquement cosmologiques.

Ne pouvant se retrouver pour s'annihiler, les couples de particules virtuelles ne peuvent que se métamorphoser en particules réelles : cette expansion inflatoire excite le vide et crée des paires de particules réelles. Un fait étonnant caractérise cette phase d'expansion : des grandeurs typiquement quantiques, associées aux incertitudes de Heisenberg, entrent en compétition avec des grandeurs cosmologiques classiques – les vitesses d'expansion –, jetant ainsi des ponts entre les comportements du monde aux échelles microscopique et macroscopique. Ce n'est en fait qu'un signe annonciateur de l'intimité qui va se nouer entre ces deux échelles de l'univers dans la confrontation de la cosmologie et de la théorie quantique des champs.

Voilà donc comment l'expansion cosmologique de l'espace peut exciter le vide et créer des particules matérielles en puisant l'énergie requise *dans l'expansion même de l'espace*. Mais, si ces arguments qualitatifs militent en faveur de cette possibilité attrayante, qu'en est-il de sa réalisation quantitative ? Cette question est essentielle. Nous avons exploré une possibilité en nous laissant guider par les images que le symbolisme des deux théories nous suggère. Mais ce ne sont que des images auxquelles nous faisons appel pour tenter de nous représenter intuitivement le sens des liens abstraits gérés par la théorie. Nous tentons de traduire ces aventures symboliques en histoires que notre imagerie mentale puisse apprivoiser. Mais seules les solutions des équations peuvent trancher entre récits intuitifs possibles et réalisations effectives.

Bootstrap géométrico-matériel

La question pertinente est donc : le dialogue *mathématique* entre la relativité générale, qui régit le comportement géométrique de l'espace-temps, et la théorie quantique des champs recèle-t-il une cosmogenèse qui verrait l'univers émerger d'un vide quantique originel ? Qu'en disent les équations d'Einstein semi-classiques ? Décrivent-elles ce jeu subtil entre l'expansion de l'espace et la création de la matière ?

Cette question cruciale, qui nous a poursuivis inlassablement tout au long de cet essai, et qui est d'ailleurs celle qui l'a motivé, est enfin posée de façon claire et précise. Sa réponse l'est tout autant et dépasse largement ce que nous pouvions raisonnablement espérer. Non seulement il existe une solution mathématique à ce problème, mais elle est exacte et unique.

C'est dans la réalisation de ce mécanisme cosmologique que se manifeste toute la richesse des effets de rétroaction des équations d'Einstein : selon elles, la matière créée en réponse à l'expansion spatiale – le fluide cosmologique – rétroagit et conditionne, à son tour, cette expansion. Cet effet de rétroaction ouvre la voie à une amplification simultanée de l'expansion de l'espace et du taux de production de la matière. En d'autres termes, l'ampleur de cette expansion détermine le taux de cette création matérielle, et cette expansion est elle-même conditionnée, en retour, par la matière produite, qui conditionne en retour sa propre production, et ainsi de suite.

Il s'agit là d'un processus « boule de neige ». Le vrai prodige, nous le verrons, c'est que ce processus peut s'enclencher quel que soit l'état quantique du champ au départ, même si c'est l'état de vide ! L'existence préalable de particules matérielles, c'est-à-dire d'un vide déjà excité, n'est pas requise pour amorcer la création d'autres particules de sorte que le fluide cosmologique ainsi créé représente alors la totalité du contenu matériel de l'univers. La solution mathématique rigoureuse de cette phase de production matérielle décrit un mécanisme cosmologique *autosuffisant (introduit par R. Brout, F. Englert et E. Gunzig)* où la matière, qui est entièrement produite par l'expansion, est précisément celle qui engendre cette expansion ! C'est un bootstrap géométrico-matériel.

Autrement dit, la matière créée, le fluide matériel cosmologique qui est engendré par l'expansion, en est également le moteur. Il en résulte finalement que le fluide cosmologique s'engendre lui-même par espace-temps interposé ! Le contenu matériel de l'univers s'engendre lui-même en « prenant appui » sur la courbure spatio-temporelle qu'il crée. Les équations d'Einstein semi-classiques régissent donc un mécanisme délicat d'ajustement réciproque entre la courbure de l'espace-temps et son contenu matériel. On assiste là à un phénomène coopératif, à l'échelle cosmologique, qui est simultanément responsable de la production du contenu matériel de l'univers et de son expansion.

L'énigme énergétique de cette création cosmologique est ainsi résolue de manière surprenante : il ne faut aucune énergie pour alimenter cette histoire parce que, globalement, ce phénomène est énergétiquement gratuit. C'est un *free lunch*. On rase gratis ! C'est la différenciation cosmologique en deux composantes énergétiques distinctes, l'une, géométrique, associée à l'expansion de l'espace, et l'autre, matérielle, caractérisant son contenu, qui autorise un transfert énergétique de l'une à l'autre et garantit un bilan énergétique algébriquement nul. Ce que gagne la matière en énergie est intégralement puisé dans la géométrie. C'est pourquoi cette création ne requiert l'apport d'aucune source extérieure : elle est énergétiquement gratuite car elle ne résulte que de transferts internes d'énergie.

L'expansion cosmologique de l'espace produit sur le champ quantique un effet analogue à celui que *produirait* une source d'énergie extérieure. Tout se passe comme si la géométrie de l'espace-temps représentait un réservoir d'énergie interne que l'expansion permet d'actualiser et de mettre en communication avec le champ quantique qu'elle excite. Et l'énergie alors libérée est d'autant plus importante et, en conséquence, la matière produite d'autant plus abondante que l'expansion est rapide.

La connivence du vide quantique et de la géométrie de l'espace-temps bouleverse ainsi qualitativement leurs potentialités. Le vide renferme en lui-même son propre réservoir énergétique qui lui permet de s'autoalimenter, sans recourir à un monde extérieur, d'ailleurs inexistant. Il est énergétiquement autosuffisant parce qu'il peut puiser de l'énergie en lui-même.

Voilà comment l'espace-temps *pourrait*, en se dilatant, engendrer son propre contenu, se faire naître lui-même parce qu'il possède son réservoir énergétique en lui-même ! Mais si le déroulement de ce mécanisme de création matérielle correspond bien à une solution mathématique des équations semi-classiques, cette solution a-t-elle des raisons physiques de se réaliser effectivement ? Il est fréquent, en physique, que des équations décrivant un phénomène possèdent plusieurs solutions dont, parfois, seules certaines se réalisent. Autrement dit, confronté à la gravitation classique einsteinienne, le vide quantique ne peut-il que se métamorphoser en univers matériel dynamique ? L'univers ne serait-il ainsi que l'inévitable produit du vide dans le contexte semi-classique ?

La pression négative du vide quantique

Ces questions trouvent leur réponse dans la spécificité du milieu que constitue le vide quantique. Nous savons déjà que sa densité d'énergie n'est pas nulle, mais représente le seuil inférieur imposé par son caractère quantique. Toutefois, sa propriété la plus étonnante concerne sa pression : celle-ci est négative et vaut, en valeur absolue, la densité d'énergie.

Imaginons un cylindre rempli de vide quantique. Le vide représente un état de la matière qui a atteint son niveau d'énergie minimale sous lequel il lui est quantiquement interdit de descendre. Sa densité d'énergie ne peut donc pas diminuer et reste constante même si le volume du cylindre augmente. Autrement dit, le milieu vide ne se dilue pas lorsque le volume qui lui est imparti augmente !

Il résulte inévitablement de cette propriété du vide que toute augmentation du volume du cylindre *augmente*, par cela même, son énergie interne totale. Dans ce cas, à l'inverse du cylindre rempli de gaz, c'est le « monde extérieur » qui fournit de l'énergie au piston pour que celui-ci augmente le volume du cylindre. Le piston n'est plus repoussé comme dans le premier cas mais, au contraire, aspiré. Autrement dit, il faut « retenir » le piston pour qu'il ne diminue pas spontanément le volume occupé par le vide : il subit un effet de succion, donc une *pression négative de la part du vide.*

La seconde caractéristique essentielle de cette pression négative est sa valeur égale, mais de signe contraire, à celle de la densité d'énergie. Si l'on désigne la densité d'énergie par σ et la pression par p, cette condition, qui caractérise le vide quantique, s'écrit simplement : $\sigma + p = 0$. Cette propriété est une conséquence immédiate de la conservation de l'énergie. Les variations d'énergie des diverses composantes d'un système ne peuvent résulter que de transferts entre elles, de sorte que le bilan global des pertes et des gains doit être nul. Dans le cas particulier du cylindre et du piston, il faut que toute variation de l'énergie interne du vide soit exactement compensée par l'énergie que dépense le piston afin que le bilan énergétique global de cette opération soit nul. Or, ces deux énergies sont toutes deux déterminées par les valeurs respectives de la densité d'énergie et de la pression du vide. Elles ne peuvent donc que se compenser. Le bilan énergétique se trouve ainsi déterminé par la somme de ces deux grandeurs qui ne peut être que nulle. La pression est donc bien négative et, de plus, constante, comme l'est la densité de l'énergie. Cette négativité de la pression et la compensation exacte de la densité d'énergie et de la pression du vide représentent une propriété qui joue un rôle déterminant dans certains mécanismes cosmologiques que nous décrirons plus loin.

Cette propriété de la pression, illustrée ici au moyen d'un exemple mécanique simple, traduit une caractéristique physique essentielle du vide quantique : l'invariance relativiste. Le vide doit être perçu identiquement par tous les observateurs inertiels, il leur est commun. S'il n'en était pas ainsi, si chacun de ces observateurs en avait une image distincte, le vide jouerait le rôle d'un système de référence absolu par rapport auquel ces divers observateurs se distingueraient les uns des autres. Mais ce serait contradictoire avec la relativité restreinte, qui est omniprésente en relativité générale.

Mais n'est-il pas évident que le vide soit perçu identiquement par tous ? S'il s'agissait du vide classique, le « rien », il en serait effectivement ainsi : « rien » ne peut être perçu différemment par divers observateurs en mouvement relatif : ils y verront tous la même absence de toute chose. Mais la situation est tout autre lorsqu'il s'agit du vide quantique.

Que ce vide satisfasse à une telle symétrie en dépit de son agitation quantique est, *a priori*, étonnant, et ne peut se traduire que par des contraintes sévères imposées à ses caractéristiques physiques. Imaginez un fluide dans un état d'agitation permanente. Toute vitesse individuelle d'un élément de ce fluide est inévitablement perçue différemment par des observateurs en mouvement relatif. Il en sera forcément ainsi de la totalité du fluide dont les éléments sont animés de vitesses différentes en grandeur et direction, sauf si une caractéristique très particulière lui permet d'offrir une *image globale* identique à tous les observateurs inertiels. C'est précisément ce qui se passe si la somme de sa densité d'énergie σ (positive et constante) et de sa pression p (négative et constante) est nulle.

Le vide quantique, caractérisé par cette équation d'état $\sigma + p = 0$, est un objet physique dynamique, animé d'incessantes fluctuations quantiques, sillonné par d'éphémères particules virtuelles, et qui possède une organisation exceptionnellement accordée qui régit cette agitation. Autrement dit, il y a nécessairement un certain ordre pour que cette dernière offre un spectacle identique du vide à des observateurs en mouvement les uns par rapport aux autres. Effectivement, en dépit de ses fluctuations quantiques en chaque point et à chaque instant, le vide n'est pas, comme l'intuition pourrait le suggérer, un état de désordre maximal. Ces fluctuations, si éloignées soient-elles les unes des autres dans le temps et dans l'espace, se ressentent quantiquement, elles sont *corrélées* quantiquement. Ces corrélations quantiques expriment qu'une fluctuation locale du vide concerne inévitablement le champ dans sa globalité.

« Tout se tient » dans le vide, il y a une « organisation quantique » de ses fluctuations. Les amplitudes du champ sont corrélées entre elles, même en des points causalement déconnectés, qu'aucune information matérielle ne peut donc mettre en communication. Toute la structure quantique profonde, l'identité quantique du vide, s'exprime dans ces corrélations. Ce sont elles qui font du champ un objet quantique structuré, ce sont elles qui expriment son ordre quantique. Le champ quantique est un concept global.

Qu'ont en commun tous les fluides qui, comme le vide quantique, sont caractérisés par *l'équation d'état* $\sigma + p = 0$? Quel type de comportement gravitationnel induisent-ils *via* les équations d'Einstein ? Cette question trouve sa réponse dans leur structure. Les symétries et les diverses contraintes physiques qui ont conduit Einstein à la construction du membre matériel de ses équations y font précisément jouer un rôle déterminant à la somme de la densité d'énergie et de la pression du milieu $\sigma + p$. Chacune d'elles contribue individuellement à la courbure de l'espace-temps, nous le savions, mais c'est leur somme qui prend en charge l'essentiel de cette contribution.

Réhabilitation de la constante cosmologique

L'annulation de cette somme, qui caractérise ces fluides étranges, le vide en particulier, réduit le membre matériel des équations à une expression dépouillée, au sein de laquelle ne subsiste qu'un seul terme : la pression p. Cette pression étant constante, nous l'avons vu, elle induit les mêmes effets qu'une constante cosmologique. Tout se passe comme si les diverses contributions matérielles aux équations d'Einstein conspiraient entre elles pour se réduire à la forme d'une constante cosmologique. Celle-ci n'apparaît pas ici comme un paramètre supplémentaire, adjoint à la géométrie ou à la matière dans les équations d'Einstein, mais s'identifie à la caractéristique physique même de cette matière, la pression p (ou, ce qui revient au même, à la densité d'énergie $-\sigma$).

Mais il y a plus, et c'est une propriété capitale : le signe négatif de la pression implique que la constante cosmologique qu'elle simule est répulsive.

Autrement dit, *tous* les milieux ésotériques, caractérisés par cette même condition physique $\sigma + p = 0$, s'expriment de manière identique dans les équations d'Einstein : ils se réduisent à un seul terme constant qui mime dynamiquement une constante cosmologique répulsive. Le verdict des équations d'Einstein est alors sans appel, l'expansion correspondante de l'espace est non seulement accélérée, mais elle l'est exponentiellement : c'est une *inflation*. Cette accélération, entièrement déterminée par la valeur de la pression ou de la densité d'énergie, est d'autant plus importante que la valeur de ces paramètres est grande. Plus la densité d'énergie est grande, plus importante sera l'inflation qu'elle induit.

Voilà qui explique la situation étonnante qu'avait rencontrée William de Sitter, en 1917, lors des premiers balbutiements de la cosmologie einsteinienne classique : il avait découvert, on s'en souvient, que la seule présence d'une constante cosmologique dans les équations d'Einstein, en l'absence de tout contenu matériel, engendrait une expansion, exponentiellement accélérée et purement géométrique, de l'espace classiquement vide. Cette découverte mathématique apparaissait, à l'époque, tellement incompréhensible et inacceptable d'un point de vue physique qu'elle avait contribué, nous l'avons vu, à l'abandon de la constante cosmologique. Si Einstein avait pu imaginer que cette solution *mathématique* annonçait une situation *physique*, celle qui résulte de la prise en compte des propriétés du vide quantique autour duquel allaient s'articuler les problématiques majeures de la cosmologie actuelle, l'histoire de la constante cosmologique aurait certainement suivi un tout autre parcours. La plus « grosse erreur de sa vie » aurait, bien au contraire, représenté une des plus grandes gloires de sa carrière.

Voilà donc la « constante cosmologique » réhabilitée mais, à la différence de celle qu'Einstein introduisait « à la main » comme une nouvelle constante fondamentale de la nature, elle émane ici de la théorie elle-même, reflétant dynamiquement le comportement du vide quantique. Cette constante cosmologique répulsive est l'acteur à travers lequel le vide s'exprime cosmologiquement. Produit d'un effet dynamique intrinsèque à la théorie, elle devient inéluctable et non plus tolérée et contingente comme le pensait Einstein.

Nous avons vu qu'il résultait des équations d'Einstein que l'action gravitationnelle cumulée de la densité d'énergie σ et de la pression p se traduisait par une *densité effective d'énergie* $\sigma + 3p$. C'est elle qui détermine le seuil de négativité de la pression p, $p < -\sigma/3$, sous lequel les aventures gravitationnelles et cosmologiques changent brusquement de nature. En effet, la densité effective d'énergie devient alors négative et la *gravitation qu'elle engendre répulsive*. Ce seuil de négativité est clairement dépassé par la pression négative du vide, $p = -\sigma$.

Voilà une propriété qui n'est imaginable ni dans le cadre de la cosmologie einsteinienne ni dans celui de la théorie newtonienne. Soulignons, une fois de plus, que la pression négative ouvre un nouveau chapitre en cosmologie parce qu'elle conduit, lorsqu'elle est suffisamment négative, à une gravitation répulsive, *une antigravitation*. C'est l'élément clef autour duquel s'articule l'interprétation de l'accélération de l'expansion de l'univers ainsi que de l'inflation (chapitre 5). La cosmologie semi-classique se libère ainsi de la contrainte du caractère universellement attractif de la gravitation classique. L'expansion de l'espace n'est plus soumise à l'inévitabilité d'un ralentissement progressif résultant des seuls effets gravitationnels attractifs du milieu cosmologique, elle peut être accélérée par la répulsion due à sa pression, si cette dernière est suffisamment négative.

Rarement une propriété nouvelle, qui modifie aussi radicalement une théorie, a été si bienvenue. En ouvrant la voie à des histoires cosmologiques inconcevables dans le cadre de la cosmologie einsteinienne classique, elle la délivre, nous le verrons, de ses faiblesses conceptuelles et prédictives qui semblaient incurables.

Avant toute chose, elle apporte ce qui lui faisait si cruellement défaut, la possibilité de substituer à la singularité mathématique du Big Bang une explication *physique* de la cosmogenèse. Deux propriétés s'épaulent dans cette éviction du Big Bang. La première nous a déjà été révélée par l'étonnante faculté que possède l'espace, même vide, en expansion suffisamment rapide, à produire de la matière. Nous avons d'ailleurs vu que les contraintes de la théorie semi-classique contrôlaient cette création matérielle d'une manière étonnante : elles ajustent le taux de production du milieu matériel cosmologique et celui de l'expansion de l'espace pour qu'ils se soutiennent réciproquement et enclenchent un processus autosuffisant, sans recours à quelque aide énergétique « extérieure » que ce soit.

Mais ce n'est là qu'une pièce du puzzle, qui suggère un mécanisme *possible*, sans que la mise en œuvre de cette dynamique cosmologique ne soit garantie. Pour qu'elle le soit, il faut qu'une seconde propriété déterminante soit remplie, celle qui concerne le coup d'archet primordial, qui répond donc à la question : pourquoi ce processus s'enclencherait-il au sein du vide ? Autrement dit, pourquoi la gravitation einsteinienne classique engendre-t-elle inévitablement l'expansion d'un vide quantique primordial ? Comment comprendre que l'espace vide ne puisse, dans ce cadre semi-classique, que s'étendre ? Et que, de plus, la violence de cette expansion, qui est inflatoire, force inexorablement la population virtuelle de ce vide à se muer en particules réelles ?

Le vide quantique instable

La réponse s'articule autour de la spécificité essentielle du vide quantique que nous venons de voir : il est gravitationnellement répulsif. Le vide quantique, soumis aux effets de sa propre gravitation répulsive, ne peut qu'être en expansion, à l'image du vide classique de De Sitter qui l'était sous l'effet de la constante cosmologique d'Einstein. Produite par une constante répulsive, cette expansion est accélérée exponentiellement. C'est *une inflation* qui génère la matière émergeant de ce vide. Dans cette confrontation semi-classique, le vide ne peut que se transfigurer en univers matériel. Il apparaît comme l'inévitable réponse du vide quantique à la présence universelle de la gravitation. Cet univers pourrait-il être le nôtre ?

Comment la nature aurait-elle pu exprimer plus violemment son horreur du vide qu'en lui substituant un univers ? Et elle l'exprime, de manière extrême, dans la réalisation même de la phase cosmologique autosuffisante : au cours de sa création, la matière produite comble au mieux les espaces vides qui résultent de son expansion. Lorsque le vide instable s'excite en réponse à l'expansion, il optimise le mécanisme de création en saturant l'espace au moyen des particules produites. Autrement dit, la densité de la matière produite reste constante, en dépit de l'expansion de l'espace : les régions vides qui résulteraient de cette expansion sont, en effet, instantanément comblées par les nouvelles particules créées. Or, le taux de production de ce milieu matériel cosmologique est déterminé par la valeur de sa pression, en vertu des équations qui le régissent. Pour maintenir une densité constante au cours de l'expansion, la pression ne peut être que négative, constante et égale, en valeur absolue, à cette densité. Ainsi, le milieu matériel qui résulte de la cosmologie autosuffisante et l'engendre satisfait, à l'instar du vide, à l'équation d'état $\sigma + p = 0$. Cette relation apparaît comme la condition générale de tout fluide dont la densité reste constante en dépit de son expansion.

Ces fluides sont donc soumis, pour les mêmes raisons que le vide, à une gravitation répulsive effective. Il en est ainsi, en particulier, du milieu matériel produit durant la phase coopérative de création qui engendre, pour cette raison, une expansion inflatoire de cet univers matériel en gestation. Aucune grandeur physique ni géométrique ne devient infinie au cours de cette création. Cet univers émerge sans singularité mathématique de l'instabilité cosmologique du vide quantique.

Une cosmogenèse qui échappe à la singularité mathématique du Big Bang ? Voilà de quoi laisser perplexes les lecteurs qui se souviennent que nous avons mentionné précédemment de puissants théorèmes mathématiques, apparemment irréfutables, dus à Hawking et Penrose, qui semblaient impliquer l'inévitabilité de la singularité du Big Bang associée à toute cosmogenèse d'un univers en expansion. Ces théorèmes semblaient éliminer définitivement *toute* possibilité d'éviction de cette genèse singulière. Comment la cosmogenèse autosuffisante peut-elle alors échapper à cet implacable verdict ? La réponse réside dans les prémisses de ces théorèmes qui tiennent pour acquis que le contenu matériel de l'univers est « raisonnable » et se plie aux caractéristiques, même extrêmes, de pression et de densité des fluides matériels que la physique concevait jusqu'alors. Or, ces prémisses sont balayées par la négativité de la pression qu'exhibe le fluide matériel créé durant la phase cosmologique autosuffisante. Cette négativité résulte de ses propriétés quantiques. C'est précisément en cela que la confrontation de la relativité générale et de la théorie quantique des champs bouleverse radicalement nos possibilités de concevoir la cosmogenèse.

Si la pression négative du vide et la gravitation répulsive qu'elle engendre sont responsables de l'instabilité du vide quantique, celle-ci traduit la tendance fondamentale de tout système physique abandonné à lui-même à augmenter spontanément son désordre. C'est un principe fondamental de la physique, le deuxième principe de la thermodynamique ou, plus brièvement, le second principe, le premier étant celui de la conservation de l'énergie. La grandeur physique qui exprime le degré de désordre d'un système s'appelle « entropie » : plus un système est désordonné, plus son entropie est élevée. Le second principe exprime donc que l'évolution spontanée et irréversible d'un système s'accompagne d'une entropie croissante.

Il en est ainsi du vide quantique. Celui-ci est en effet, nous l'avons vu, le siège d'un ordre régi par les liens – les corrélations quantiques – qui unissent ses fluctuations quantiques, pourtant aléatoires. Qu'advient-il de cet ordre lors de la création des particules ? Il apparaît qu'il est extrêmement fragile et qu'il ne résiste pas à l'excitation du vide qui accompagne l'expansion de l'espace. Le physicien américain Leonard Parker, principal artisan de l'étude du phénomène de la création des particules associée à cette expansion, a montré que ces particules « oublient » les liens qu'elles entretenaient lorsqu'elles étaient des particules virtuelles ou les fluctuations du vide qui leur ont donné naissance. Cette création se réalise au prix de l'anéantissement de ces liens, de la déstructuration de l'ordre qu'elles impliquent et de la croissance de l'entropie.

Il en résulte que si la création de matière est un événement énergétiquement gratuit, le « free lunch », il n'en est rien du point de vue entropique : c'est l'instabilité elle-même qui définit la vraie nature du coût de la transition du vide à l'univers matériel : ce coût est entropique. Dans sa confrontation semi-classique avec la gravitation, le vide quantique trouve là un moyen remarquable d'engendrer la croissance irréversible de son entropie. C'est elle qui définit la dimension temporelle de l'évolution, la différence entre l'« avant » et l'« après » qu'instaure l'instabilité du vide. C'est donc elle qui oriente *la flèche du temps* de cette aventure cosmologique.

L'univers matériel émergeant du vide quantique pourrait-il être le nôtre, nous demandions-nous ? Plus précisément, ce phénomène cosmologique de matérialisation du vide, exempt de toute singularité mathématique, pourrait-il décrire la phase primordiale de notre histoire cosmologique ? Une instabilité physique du vide quantique se substituerait-elle alors à la singularité mathématique de « notre » Big Bang ?

Quelques traits
de notre histoire cosmologique

Seule la connaissance du déroulement de notre histoire cosmologique, de la succession des aventures de notre univers qui l'ont conduit de ses tout premiers frémissements jusqu'à sa forme actuelle, pourra éventuellement apporter une réponse à ces questions. Que savons-nous donc de cette histoire ?

L'expansion de l'espace, qui nous est maintenant familière, ne suffit certainement pas à créer à elle seule une véritable histoire, une succession d'événements qui auraient conduit de l'univers primordial à celui dans lequel nous baignons aujourd'hui. Cette expansion géométrique ne concerne que la dynamique de l'espace entraînant la matière qu'il contient, elle ne pourrait expliquer, à elle seule, l'histoire de l'univers matériel. Pourquoi et comment le milieu cosmologique originel issu de la cosmogenèse se serait métamorphosé en matière qui emplit notre univers aujourd'hui ?

Il manque clairement un élément physique essentiel, intimement associé à l'expansion, qui serait responsable de l'évolution physique de l'univers et aurait guidé ses pas depuis ses phases primordiales jusqu'au paysage cosmologique qu'il nous offre actuellement. Le physicien George Gamow et ses deux étudiants, Ralph Alpher et Robert Herman, ont découvert, à la fin des années 1940, ce paramètre ignoré qui gouverne l'évolution : la température du contenu cosmologique. C'est parce que l'univers était adéquatement chaud que des étapes essentielles de l'évolution cosmique ont pu se produire. Ils ont ainsi mis au jour la caractéristique essentielle de l'histoire de l'univers : l'histoire cosmologique est une histoire thermique. Au cours de celle-ci, l'univers subit un refroidissement progressif qui accompagne son expansion. Cette prédiction théorique représente l'une des plus importantes révélations que l'étude de l'univers nous ait apportées.

Mais si l'univers se refroidit en s'étendant, il a bien fallu qu'il soit d'autant plus chaud que l'on remonte vers son passé. Gamow postule que le contenu de l'univers était excessivement chaud et dense, une « boule de feu », lors des « premiers instants » de son existence. Ce contenu matériel se comporte comme un gaz chaud emprisonné dans un cylindre de volume minuscule qui se refroidit et se dilue progressivement lorsque le volume du cylindre augmente : la décroissance de la température du milieu cosmologique accompagne l'expansion de l'univers selon la même relation thermodynamique simple qui caractérise le refroidissement du gaz dans son cylindre.

L'expansion gravitationnelle, par le refroidissement progressif de type thermodynamique que les physiciens lui ont joint, crée la scène d'une histoire où se succèdent des seuils critiques de température, associés aux divers événements qui ont structuré l'univers de sa naissance jusqu'à ce jour. Lorsqu'on cite, dans la littérature spécialisée, la théorie du Big Bang, ou, plus simplement, le modèle standard, et qu'on souligne ses succès incontestables, c'est à cette histoire qu'on se réfère. De plus, l'événement « Big Bang » désigne, par extension et abus de langage, cette « boule de feu » qui représente l'acte de naissance physique de notre univers. En d'autres termes, si *l'histoire mathématique* que raconte le modèle standard jaillit d'une singularité mathématique, le *récit physique*, lui, ne prend son essor que quelques instants après. Il s'agit d'un début physique non singulier, la phase chaude et dense primordiale que proposait Gamow. On y fait donc l'impasse sur la question de la genèse pour ne se préoccuper que des événements cosmologiques immédiatement ultérieurs.

Les physiciens feront évoluer la définition précise de la « phase chaude et dense primordiale » que proposait Gamow, et reculer progressivement ce début de l'histoire physique de l'univers vers des temps de plus en plus proches de la singularité initiale, en accord avec les progrès de leurs connaissances des constituants élémentaires de la matière et de leurs interactions, à des énergies et des températures de plus en plus élevées. Ce savoir, qui détermine la possibilité de définir des conditions initiales toujours plus reculées dans le temps, a extraordinairement évolué depuis l'époque de Gamow.

Mais deux seuils de nature fort distincte limitent néanmoins notre connaissance des énergies et des températures élevées. Le premier est d'ordre technologique. Il correspond aux températures et énergies maximales qu'on peut atteindre dans les plus grands accélérateurs de particules. Si celui du CERN a déjà permis d'observer et d'analyser le comportement de la matière à des énergies de l'ordre de 900 Gev, sa nouvelle mouture qui entrera en service au printemps 2008 atteindra l'énergie de 14 Tev ou 14 000 Gev. Ce seuil pourrait être dépassé dans le futur en fonction d'éventuelles innovations technologiques.

Le second seuil, en revanche, correspond à une limitation de nos connaissances que nous imposent les théories physiques connues aujourd'hui : c'est l'ère de Planck qui ne peut être approchée que par la gravitation quantique toujours inconnue actuellement. Elle correspond à des temps inférieurs à 10^{-43} s et des températures supérieures à 10^{32} °K. Ce seuil théorique, contrairement au premier seuil expérimental, est inamovible tant que l'énigme de la gravité quantique ne sera pas levée.

Les lois connues du comportement de la matière aux très hautes températures à l'époque de Gamow lui permirent de déterminer très précisément la manière dont s'était déroulée la *nucléosynthèse*, c'est-à-dire le mécanisme qui permit aux noyaux atomiques des éléments les plus légers, l'hydrogène, l'hélium, le deutérium et le lithium, d'être synthétisés à partir de l'hydrogène. Ses calculs lui permirent de prédire les abondances relatives de ces éléments : hydrogène 75 %, hélium 23 % et environ 2 % de deutérium et de lithium (en pourcentages de la masse totale). Et ses prédictions sont en accord si remarquable avec les observations expérimentales qu'elles donnèrent au modèle standard ses lettres de noblesse et l'érigèrent en théorie physique triomphante.

Gamow savait, grâce aux lois de la physique nucléaire, que ce processus exigeait une température de l'ordre du milliard de degrés. Ces résultats prirent encore plus d'ampleur lorsque plusieurs chercheurs (William Fowler, Fred Hoyle, Robert Wagoner...) montrèrent, près de vingt ans plus tard, en 1967, que ces éléments légers n'avaient pu être synthétisés *que* durant les instants primordiaux de l'univers et non, comme les éléments chimiques plus lourds (l'oxygène, le carbone...), au cœur des étoiles qui n'allaient naître que bien plus tard. Ce résultat ne fit qu'accentuer la confiance des physiciens dans la justesse de l'aventure thermique standard de l'univers en expansion.

L'étude détaillée de la phase chaude qu'ils avaient introduite, ainsi que l'évaluation du refroidissement progressif de l'univers associé à son expansion ultérieure, conduisit Gamow et ses deux étudiants à une prédiction étonnante : l'existence d'un rayonnement électromagnétique fossile qui devrait inonder l'univers de manière homogène, et dont ils prédirent la température à 5 °K ! La confirmation expérimentale éclatante de cette prédiction eut lieu quelque dix-huit ans plus tard, lorsque fut mis en évidence le rayonnement électromagnétique fossile de 2,7 °K qui baigne uniformément l'univers. Cela ne laissa plus guère de doute sur l'exactitude du modèle cosmologique standard, du moins en ce qui concerne l'évolution de l'univers après la nucléosynthèse.

Mais si la découverte de ce rayonnement confirma l'hypothèse de la nature thermique de l'histoire de l'univers et devint ainsi l'argument irréfutable en faveur du modèle standard, elle souligna et exacerba, par ailleurs, plusieurs pathologies et énigmes inhérentes à ce modèle.

La plus insolite d'entre elles est incontestablement liée au *problème de la causalité* : certaines régions de notre univers visible sont si éloignées les unes des autres qu'il ne peut *apparemment* pas exister entre elles de relation de cause à effet, à supposer même que l'information se soit propagée entre elles à la vitesse de la lumière pendant toute la vie de notre univers actuel. C'est le cas, par exemple, de deux régions que nous observons dans deux directions diamétralement opposées, situées chacune aux confins de notre univers visible ; elles ont eu tout juste le temps de nous faire parvenir leurs rayons lumineux respectifs, et donc n'ont pas eu celui d'échanger de message entre elles. Et si ces régions n'ont jamais pu interagir entre elles, si elles s'ignorent complètement, comment se fait-il qu'elles nous apparaissent aussi semblables ? Le rayonnement cosmologique y possède la même température, avec une précision de l'ordre de un pour 10^5, alors qu'aucun mécanisme d'égalisation de la température n'aurait eu le temps d'opérer depuis que l'univers existe. L'incohérence interne de cette situation est flagrante : ce sont les propriétés d'isotropie et d'homogénéité du rayonnement cosmologique, observées *expérimentalement*, qui représentent le meilleur garant du principe cosmologique, et c'est précisément lui qui induit les solutions cosmologiques conduisant au modèle standard... incapable de les justifier physiquement.

Nous verrons que ce problème est encore plus profond et plus subtil qu'il n'y paraît et que *c'est* le rythme de l'expansion, dicté par le modèle standard, qui en est responsable. Plus nous remontons loin dans le passé de l'évolution standard de l'univers, plus ce problème de la causalité est aigu. C'est en particulier le cas de l'image la plus lointaine de l'univers qu'il nous est possible de détecter, et ce avec une extraordinaire précision, grâce à l'observation de l'isotropie de la température du rayonnement cosmologique : notre univers en gestation, au moment même où il engendra ce rayonnement, lorsqu'il n'était âgé que de 380 000 ans, était 1 000 fois plus petit, 1 000 fois plus chaud et beaucoup plus simple qu'aujourd'hui. L'univers était alors étonnamment homogène : la densité de son contenu matériel, ainsi que sa température, était extrêmement uniforme en dépit de son morcellement en une multitude de régions qui n'avaient apparemment pas eu le temps d'harmoniser leurs conditions. La raison profonde de cette situation est due à l'inévitable ralentissement progressif de l'expansion qui résulte du caractère attractif de la gravitation. L'explication en est donnée dans le chapitre 5.

Cette situation étonnante ne représente pas une contradiction interne du modèle standard. Ce dernier implique, en effet, que la propriété d'homogénéité « résiste » à l'expansion prédite par ce modèle : si l'univers est homogène à un instant donné de l'expansion, il le restera à tout jamais. Rien n'empêche donc, *a priori*, de postuler que l'homogénéité fait partie des conditions cosmologiques initiales du modèle standard. L'homogénéité résulterait d'un ajustement extraordinairement précis des conditions physiques qui émergent de la singularité mathématique du Big Bang ou d'un moment cosmologique ultérieur, comme le temps de Planck, par exemple, dont l'importance apparaîtra plus tard. Mais l'explication de ce problème ne serait plus à la portée des prédictions physiques du modèle lui-même.

Deux autres énigmes majeures du modèle standard viennent s'ajouter à cette pathologie de la causalité et aux interrogations qu'elle suscite. Il y a tout d'abord celle de *la densité du milieu cosmologique*, qui est également celle de *la géométrie spatiale* qu'elle induit. C'est à nouveau sur le rayonnement cosmologique que se joue sa détermination : *la géométrie* spatiale, à l'échelle cosmologique, est plane (chapitre 5). Tout comme dans le cas du problème de la causalité, le modèle standard est impuissant à justifier physiquement l'origine de cette géométrie spatiale très particulière. Mais, pas plus que l'énigme de la causalité, ce problème n'est en contradiction conceptuelle avec le modèle standard. Cette géométrie et la densité qui lui est associée, la *densité critique*, ne sont pas affectées par l'expansion, par conséquent elles peuvent être incluses dans les conditions initiales.

À ces problèmes vient encore s'ajouter l'énigme de l'origine des fluctuations primordiales de la densité du milieu matériel, responsables du paysage galactique de notre univers actuel. Pourquoi, quand et comment sont apparus les infimes écarts à l'homogénéité de la matière dans l'univers primordial, dont l'évolution, au cours de l'expansion, a conduit aux galaxies, amas de galaxies et superamas de galaxies de l'univers actuel ? Ces interrogations sont hors de portée du modèle standard, qui ne peut que postuler leurs réponses dans ses conditions initiales.

Tous ces problèmes cosmologiques, qui ne peuvent trouver de solution qu'au sein de conditions initiales, qui sont possibles mais invraisemblables, ne mettent pas le modèle standard en péril conceptuel, en revanche ils en limitent drastiquement la pertinence.

L'inflation, remède miracle de la cosmologie

Si les choses en étaient restées là, et en dépit des incontestables succès que son histoire thermique permet d'obtenir, le modèle standard serait néanmoins demeuré conceptuellement bancal et de portée limitée. Mais un remède inattendu a été découvert à la fin des années 1970. Il s'agit d'un mécanisme cosmologique qui résout simultanément *toutes* les pathologies et les énigmes du modèle standard : une gigantesque expansion accélérée exponentielle, *une inflation* donc, qui interrompt le rythme modéré et décéléré de l'expansion standard pendant 10^{-32} seconde, et ce, environ 10^{-35} seconde après son émergence de la singularité du Big Bang. Nous verrons que cette inflation transfigure fondamentalement, en dépit de sa brièveté, l'histoire cosmologique standard.

Comment l'inflation trouve-t-elle sa place dans le modèle standard, qui représente une réalisation *purement classique* des équations d'Einstein ? Contrairement à la dynamique inflatoire autosuffisante du scénario semi-classique telle que nous l'avons décrite, l'épisode inflatoire ne peut apparaître spontanément au sein de l'histoire cosmologique standard elle-même. Il faut l'y forcer. Et pour ce faire, les physiciens ont dû enrichir le cadre classique des équations d'Einstein, en y greffant des considérations spécifiques, relatives à la nature du milieu matériel cosmologique. Les physiciens ont, en quelque sorte, importé « à la main », dans les équations d'Einstein, des éléments issus d'une autre théorie, qui impliquent, par leurs effets sur l'expansion, l'existence d'une phase inflatoire qui s'enclenche après le Big Bang.

Quel que soit le cadre théorique au sein duquel se réalise l'inflation, spontanément comme dans le scénario autosuffisant, ou forcée par des contraintes imposées au milieu matériel cosmologique, c'est, dans tous les cas, un même ingrédient insolite qui garantit cette expansion exponentielle : le maintien d'une densité d'énergie totale constante (ou quasi constante) tout au long du déroulement de cette phase. Les divers modèles cosmologiques, si variés soient-ils, ne diffèrent précisément, à cet égard, que par les moyens élaborés pour qu'il en soit ainsi. Toute contrainte théorique, spontanée ou forcée, qui empêche la densité totale d'énergie du fluide de se diluer en dépit de son expansion conduit à l'inflation. Dans le cas de la cosmologie autosuffisante, c'est la création spontanée de matière qui garantit cette condition, aucune autre contrainte extérieure n'est requise.

Nous verrons que l'expansion qui enfle l'univers par un facteur gigantesque de 10^{50} pendant 10^{-32} seconde gomme littéralement tous les faits cosmologiques qui la précèdent. En effet, la fulgurante expansion qui se déclenche à l'instant 10^{-35} seconde enfle l'univers si démesurément, en si peu de temps, qu'il se dilue dans un état de quasi-vide : sa densité et sa température chutent vers des valeurs extrêmement basses. On verra que c'est la constance (ou quasi-constance) d'une densité d'énergie potentielle, l'énergie dominante durant cette période, qui est responsable de cette inflation. Cette énergie potentielle caractérise une situation d'équilibre instable du milieu cosmologique au cours de l'inflation, à l'image de l'énergie potentielle gravitationnelle d'un crayon en équilibre instable sur sa pointe. Mais tout système physique cherche toujours à minimiser spontanément son énergie potentielle : le crayon finira par tomber et minimisera ainsi son énergie potentielle gravitationnelle ; de même, le milieu cosmologique finit par « chuter » vers une configuration d'équilibre stable lorsque son énergie potentielle, constante et élevée, qui était responsable de l'état d'expansion exponentielle, transite vers une valeur plus basse, en donnant par cela même un coup d'arrêt à l'inflation.

Mais l'imparable conservation de l'énergie totale garantit que cette différence d'énergie potentielle, qui accompagne la sortie de cet épisode inflatoire, ou le « *graceful exit* », comme disent les Anglo-Saxons, doit se retrouver quelque part ; elle est injectée dans le milieu cosmologique quasi désert et glacé qui résulte de l'inflation, cette formidable bouffée d'énergie le réchauffant et le métamorphosant en « boule de feu » initiale du modèle standard. Autrement dit, l'inflation fait évoluer l'état cosmologique de l'univers, indépendamment de ses conditions initiales préinflatoires, vers un état cosmologique identifié au vrai point de départ physique du modèle standard. L'épisode inflatoire construit ainsi *physiquement* les conditions initiales si particulières, requises par le modèle standard, pour qu'il échappe de justesse à ses problèmes et énigmes. En d'autres termes, les conditions initiales du modèle standard changent de statut avec l'inflation : elles émergent naturellement de la théorie elle-même, plutôt qu'être artificiellement imposées « à la main ».

Si le modèle standard s'en trouve conceptuellement réhabilité, qu'en est-il du statut de sa singularité initiale du

Big Bang, dès lors qu'il ne prend véritablement son essor que 10^{-32} seconde après cette déflagration mathématique ? Le Big Bang est-il éradiqué au même titre que les autres défaillances du modèle ? Il n'en est rien. Si les conditions physiques qui prévalaient avant l'aventure inflatoire ont été complètement gommées et que l'histoire physique de notre univers ne jaillit qu'à la fin de l'inflation, le Big Bang singulier, lui, est toujours présent mais « masqué » et « oublié ». L'inflation l'a exorcisé. Si l'inflation incarne le véritable acte fondateur de l'histoire physique décrite par le modèle standard, la singularité du Big Bang en représente toujours l'inévitable détonateur mathématique.

Certes, il est extrêmement satisfaisant, eu égard à sa puissance prédictive, que l'inflation conduise naturellement et spontanément aux bonnes conditions initiales du modèle standard, mais elle dissimule les mystères des événements préinflatoires, essentiellement ceux qui se sont déroulés entre l'origine et le temps de Planck. D'où l'inévitable question : que s'est-il passé avant l'inflation ou, en d'autres termes, l'histoire physique qui émerge de l'inflation ne pourrait-elle se débarrasser définitivement de ses prémisses mathématiques singulières ?

Sont-elles réellement inamovibles ? Plutôt qu'être seulement *masquée*, la singularité du Big Bang ne pourrait-elle pas être purement et simplement *éradiquée* ? Souvenons-nous, à ce propos, de sa raison d'être : le Big Bang résulte du caractère purement classique du modèle standard, qui entraîne son impossibilité à créer la matière dont il décrit l'expansion. Celle-ci, présente depuis l'origine, est inévitablement confinée dans un volume d'extension nulle à l'instant zéro. Elle est alors décrite par des grandeurs physiques qui sont toutes infinies : c'est le Big Bang. Et c'est cette même matière qui, étirée et diluée ensuite dramatiquement par l'inflation, conduit en 10^{-32} seconde à un univers froid et désert. On passe ainsi de l'infini à quasi zéro, d'une promesse singulière d'univers au presque vide, en 10^{-32} seconde. C'est alors au sein de ce vide que se réalise la vraie naissance physique de l'univers, grâce à l'énorme réchauffement du milieu, qui ponctue la fin de l'inflation.

La cosmologie autosuffisante

L'univers ne pourrait-il surgir d'emblée du vide ?

C'est précisément ce que se propose de réaliser le scénario autosuffisant, dans le cadre semi-classique des équations d'Einstein : il court-circuite toute la phase préinflatoire du modèle standard et fait surgir l'univers du vide quantique dans un état spontanément inflatoire.

Dans ce scénario, l'univers matériel qui émerge du vide quantique pourrait donc bien être le nôtre. Exempt de toute singularité mathématique, il décrirait la phase primordiale de *notre histoire cosmologique*. Pourquoi ces conditionnels ? Parce que la cosmologie autosuffisante ne pourrait réellement prétendre au statut de phase primordiale de notre histoire cosmologique que si plusieurs conditions essentielles étaient remplies.

Qu'en est-il tout d'abord de la « boule de feu primordiale » qui allume l'histoire thermique de l'univers ? Dans le modèle standard à Big Bang, l'existence de cet état cosmologique extrêmement dense et chaud du milieu matériel fait partie des hypothèses « mises à la main » dans les conditions initiales du modèle. Dans le scénario autosuffisant au contraire, ces mêmes conditions *résultent* de la nature même du processus coopératif qui donne naissance à la matière et à l'expansion.

C'est le mécanisme de la création des paires de particules virtuelles par le vide quantique primordial qui est responsable du réchauffement de ce milieu matériel. L'énergie transmise par l'expansion de l'espace aux particules virtuelles leur permet non seulement de se réaliser, mais également de le faire dans un état d'agitation thermique spécifique, qui se traduit par la température de ce milieu matériel. C'est la violence de l'expansion inflatoire qui chauffe le milieu matériel à cette température excessivement élevée, caractéristique des événements les plus reculés de notre histoire cosmologique. Elle se situe entre les températures de Planck T = 10^{32} °K et de grande unification, T_{GUT} = 10^{28} °K (chapitre 5).

C'est également ce mécanisme de production autosuffisante qui garantit la densité énorme du milieu matériel créé. En effet, tous les points de l'espace se valent et aucun espace vide n'échappe à l'apparition des particules produites. Ces vides sont comblés « au mieux » par une distribution de matière que les Anglo-Saxons nomment « *close-packing* », « coude à coude », pourrait-on dire. Il en résulte une densité non seulement constante, condition qui entretient l'inflation, mais dont la valeur est gigantesque : elle est de l'ordre de la densité de Planck, bien qu'inférieure à elle, soit 10^{94} grammes par mètre cube, ce qui représente la plus grande densité compatible avec la physique classique ou semi-classique. C'est d'ailleurs précisément cette même valeur, la densité de Planck, qui, dans le contexte du modèle standard, caractérise la densité de l'univers, celle de la « boule de feu », un temps de Planck après le Big Bang singulier. Au-delà de cette valeur, l'intensité de la gravitation devient si élevée que seule la gravitation quantique, toujours inconnue, pourrait prendre le relais. Les fluctuations quantiques des champs matériels provoquent alors des fluctuations de l'espace-temps lui-même, qui rendent les descriptions classiques et semi-classiques totalement inappropriées.

Si la « boule de feu primordiale » est spontanément créée par le scénario autosuffisant, il reste une question beaucoup plus délicate : pourquoi et comment ce régime de production et d'expansion inflatoire a-t-il pu prendre fin ? Il faut, en effet, que la durée du régime inflatoire, qui propulse l'univers matériel hors du vide, soit limitée et s'estompe pour laisser place, dans un premier temps, au régime décéléré de l'expansion du modèle standard. Ce n'est qu'à ce prix que seront sauvegardés l'histoire cosmologique thermique standard et ses succès.

Pourquoi et comment se produit la sortie de l'inflation, ce *graceful exit* ? Quel est l'« accident » qui pourrait entraver la rétroaction qui régit le mécanisme coopératif de l'expansion de l'espace et de la création de la matière ?

L'inflation primordiale

La réponse à cette interrogation réside dans les propriétés du milieu matériel créé au cours de ce scénario cosmologique : il est instable, sa durée de vie est très limitée et c'est sa désintégration qui marque le *graceful exit*, la transition de l'inflation vers le régime d'expansion décélérée du modèle standard.

Que serait un milieu matériel doué de ces propriétés ? Qu'il soit constitué d'une population de trous noirs microscopiques figure en bonne place parmi les *hypothèses* privilégiées. Rappelons qu'un trou noir résulte d'une masse tellement comprimée dans une région de l'espace que l'intensité de la gravitation qu'elle engendre en fait une « oubliette cosmique », qui absorbe tout ce qui tombe sous la *frontière du trou noir* et ne permet à rien, ni matière ni rayonnement, de jamais s'en échapper. L'étendue du trou noir, définie par le rayon de cette frontière, est proportionnelle à sa masse.

Deux raisons favorisent cette hypothèse. Une première tient aux conditions d'apparition de tels objets physiques. En effet, dès le début des années 1970, Stephen W. Hawking et Bernard J. Carr ont montré que l'effondrement gravitationnel stellaire n'était pas le seul mécanisme qui puisse conduire à un trou noir. Le second étudia un mécanisme de formation de trous noirs « primordiaux » au sein de l'univers naissant, lorsque sa densité était précisément de l'ordre de celle de Planck. Il montra que les inévitables fluctuations de ce milieu matériel pouvaient conduire à la formation de minitrous noirs. Ces fluctuations se traduisaient par des variations locales de la densité du plasma chaud et dense qui emplissait l'univers. Certaines de ces fluctuations, les plus énergétiques, pouvaient conduire à un excès suffisamment grand de leur densité par rapport à la moyenne pour qu'elles s'effondrent gravitationnellement sur elles-mêmes et créent un minitrou noir. Leur masse vaut au moins la masse de Planck et leur rayon la distance de Planck (10^{-35} mètre).

Il n'est donc pas surprenant que le milieu matériel produit par la dynamique cosmologique autosuffisante puisse être une population de minitrous noirs « primordiaux » qui résultent du mécanisme de Hawking et Carr : la densité de ce milieu est en effet de l'ordre de la densité de Planck et les fluctuations quantiques y jouent un rôle central.

Ce sont les conditions mathématiques du processus coopératif de production matérielle et d'expansion de l'espace qui conduisent à la seconde raison en faveur de notre hypothèse. Il apparaît en effet que l'équilibre délicat du jeu interactif *semi-classique* entre la géométrie et la matière créée ne peut se réaliser que si la masse des entités matérielles excède un *seuil minimal* fixé de façon précise par la théorie[7] : il est voisin d'une cinquantaine de fois la valeur de la masse de Planck, soit environ 10^{-4} gramme. C'est cette masse, énorme par rapport à celle des particules élémentaires usuelles (10^{20} fois la masse du proton), qui suggère d'identifier les constituants matériels créés à des minitrous noirs.

En définitive, la masse des minitrous noirs primordiaux joue le rôle de paramètre libre ajustable, puisque seule la valeur minimale en est fixée. Nous la choisirons pour déterminer explicitement les grandeurs qui caractérisent le déroulement de la dynamique cosmologique autosuffisante.

Mais pourquoi ce milieu de trous noirs serait-il instable ? Les éléments de réponse remontent à 1974 lorsque Hawking

---

7. Mentionnons néanmoins que d'autres lectures des conditions mathématiques qui accompagnent la réalisation du mécanisme inflatoire primordial et, par voie de conséquence, de la nature du milieu matériel qui en émerge sont possibles. Mais la propriété essentielle de son instabilité reste inchangée.

parvint à la conclusion que les trous noirs ne sont pas si noirs qu'on le pensait : dans le contexte semi-classique, un trou noir émet un rayonnement thermique !

La nature profonde de ce phénomène ainsi que ses implications sont encore aujourd'hui, plus de trente ans après sa découverte, un sujet de vifs débats entre physiciens. Il résulte de l'excitation des champs quantiques aux abords du trou noir. Elle se traduit par la matérialisation de paires de particules virtuelles associées aux fluctuations de ces champs : selon leur proximité de la frontière, il est possible que l'un des membres d'une paire échappe au trou noir, alors que l'autre la traverse et disparaît inexorablement. Ces deux particules virtuelles ne pouvant plus se retrouver et s'annihiler deviennent réelles. L'une reste piégée dans le trou noir, l'autre lui échappe. L'énergie requise par ce processus est fournie par le trou noir. Du point de vue d'un observateur extérieur au trou noir, tout se passe *comme si* ce dernier avait émis une particule et réduit sa masse d'autant. L'analyse de ce processus montre que les énergies des particules émises s'organisent selon la loi du rayonnement thermique de corps noir. Chaque trou noir est caractérisé par une température inversement proportionnelle à sa masse. Cette découverte de Hawking représente une avancée conceptuelle essentielle, parce qu'elle révèle un point de raccord inattendu entre la théorie quantique, la relativité générale et la thermodynamique.

L'émission du rayonnement thermique par un trou noir implique qu'il *s'évapore*, que sa masse diminue progressivement et qu'il est caractérisé par un temps fini d'existence. Son temps d'évaporation est proportionnel au cube de sa masse initiale. Ce phénomène est-il pratiquement important ? C'est selon sa masse. Un trou noir dont la masse vaut celle du Soleil possède une température d'environ un millionième de degré Kelvin. Cette température, infiniment plus basse que celle du rayonnement cosmologique, et le phénomène d'évaporation qu'elle caractérise sont donc complètement négligeables dans l'univers actuel.

Plus la masse du trou noir est petite, plus sa température est élevée, et plus riche et plus énergétique sera la composition du rayonnement qu'il émet. Un trou noir dont la masse vaut 10^{12} kilogrammes, environ la masse d'une montagne ou 10^{-18} masses solaires, possède un rayon de 10^{-15} mètre, une température de 10^{11} °K et un temps d'évaporation de 10^{10} années, environ l'âge de notre univers. Quant à la composition de son rayonnement, dans ce dernier cas, la température est suffisamment élevée pour qu'il contienne des particules de masse nulle, comme des photons, et des particules massives, comme des électrons et des positrons.

Les trous noirs sont fortement instables parce que leur évaporation est un phénomène « boule de neige » : lorsqu'un trou noir perd de sa masse, sa température augmente, ce qui le conduit à émettre des particules de plus en plus énergétiques et à s'évaporer de plus en plus rapidement. Lorsque sa masse atteint 10^6 kilos, son temps d'existence avoisine la seconde. Le temps d'évaporation d'un trou noir dont la masse est minimale, la masse de Planck, vaut le temps de Planck.

Le temps de vie des trous noirs qui émergent du vide au cours de l'inflation autosuffisante primordiale est extrêmement éphémère : leur temps d'évaporation vaut environ 10^5 temps de Planck ou 10^{-38} seconde. Pendant ce bref laps de temps, ils émettent un rayonnement thermique qui est, à ces températures, de l'ordre de la température de Planck, soit 10^{32} °K, et contient toutes les espèces concevables de constituants élémentaires. Ce sont précisément ces produits de leur évaporation qui proscrivent la poursuite de l'expansion inflatoire et la production de matière qui lui est associée. En effet, la pression de ce rayonnement thermique est une pression thermodynamique usuelle, donc positive, qui inhibe la négativité de la pression antérieure, dont l'effet répulsif était responsable de l'expansion inflatoire. Il en est ainsi, par exemple, de l'énorme pression de radiation des photons, extraordinairement énergétiques à ces températures. Ce serait donc le phénomène de l'évaporation des minitrous noirs qui serait responsable du *graceful exit* de l'inflation primordiale.

Cet arrêt de l'ère inflatoire accélérée marque ainsi la transition vers le rythme décéléré usuel de l'expansion tel que le décrit le modèle standard. Quant au milieu cosmologique qui résulte de l'évaporation de ces minitrous noirs primordiaux, il contient toutes les variétés de particules et de rayonnements associés à sa température, qui est, rappelons-le, voisine de celle de Planck.

Voilà comment le cadre semi-classique de la cosmologie relativiste permettrait à l'histoire de notre univers d'échapper à l'inévitabilité *mathématique* de la genèse singulière, le Big Bang, et d'émerger *physiquement* de l'instabilité d'un vide quantique primordial. De plus, la nature de cette émergence explique *naturellement*, contrairement au modèle standard du Big Bang, les propriétés essentielles de l'univers qui conduisent à son histoire thermique : son expansion et l'état dense et chaud de son milieu matériel primordial.

Aventure cosmologique du vide

Mais si le Big Bang disparaît dans cette confrontation de la relativité générale et de la théorie quantique des champs, le problème de la cosmogenèse ne se trouve pas résolu pour autant. En effet, cette nouvelle possibilité théorique semble indiquer que, loin de répondre à l'interrogation fondamentale sur l'origine de l'univers, ce scénario ne ferait que déplacer le problème. La question de l'origine de ce vide quantique préexistant paraît se substituer à celle de l'origine de l'univers. Ce vide primordial existait-il depuis toujours ou est-il lui-même le produit d'un état antérieur ?

Le mystère de la cosmogenèse semble donc rester intact, sauf si l'état dont émerge l'univers est engendré par l'univers lui-même ! Sauf si le vide primordial et l'univers qu'il produit s'engendrent mutuellement dans un vaste bootstrap géométrico-matériel à l'échelle cosmologique. Autrement dit, la question est la suivante : les conditions initiales qui produisent l'univers pourraient-elles s'identifier aux conditions finales qui résultent de son évolution ? L'expansion de l'univers le conduirait-elle inexorablement vers le vide qui lui a donné naissance ? Nous allons voir que la réponse positive à cette question érige ce scénario cosmologique semi-classique en une vaste épopée d'auto-engendrement de l'univers. De plus, c'est le vide quantique lui-même qui anime et dirige cette aventure cosmologique circulaire tout au long de son cycle.

Si cet acteur « vide » semble s'être retiré du jeu dès la fin de l'épisode inflatoire qu'il animait, c'est pourtant bien lui qui va progressivement ressurgir et reprendre la direction des opérations cosmologiques. Tout d'abord, où s'est-il dissimulé après avoir lancé l'expansion du fluide cosmologique qu'il a créée ? Plus précisément, où est passée son énergie ? Nous croisons à nouveau ici le problème de la *catastrophe du vide* : la valeur de l'énergie du vide calculée par la théorie quantique des champs est démesurément, au moins 10^{120} fois, plus grande que toute valeur cosmologiquement acceptable. Nous verrons que cette dernière peut être déduite précisément de considérations observationnelles.

C'est au sein du mécanisme coopératif de l'expansion inflatoire de l'espace et de la production de la matière que nous allons retrouver et suivre à la trace l'énergie du vide. Rappelez-vous que le vide y est excité par l'expansion de l'espace qu'il engendre. Cette énergie d'excitation est précisément celle qui se retrouve dans le fluide matériel créé au cours de cette expansion. C'est le cœur du scénario autosuffisant. Cette énergie est celle qui est associée aux niveaux excités du vide. La densité d'énergie totale, qui induit le rythme de l'expansion de l'espace, résulte de l'addition de deux contributions : l'énergie du vide dans son état fondamental et celle du fluide cosmologique, qui est l'énergie d'excitation de ce vide.

L'évolution de cette énergie dépend crucialement de la phase cosmologique considérée. Au cours de la phase inflatoire de création, la densité d'énergie totale reste constante, comme on l'a vu. Après la sortie de l'inflation, les deux contributions énergétiques répondent à l'expansion de manière radicalement différente. La première, la densité d'énergie du vide quantique, reste constante en dépit de l'expansion, tout comme durant la phase inflatoire qui la précède. Nous avons rencontré cette propriété importante à maintes reprises. Par contre, la seconde densité d'énergie, celle du milieu matériel, se dilue progressivement, comme celle de tout fluide ordinaire logé dans un volume qui s'étend.

Quelles sont les influences respectives de ces deux composantes de la densité de l'énergie totale ? La première joue, nous l'avons vu, un rôle identique à celui d'une constante cosmologique répulsive. La seconde, au contraire, tend à décélérer l'expansion comme le fait tout milieu matériel ordinaire. Il y a compétition entre ces deux effets antagonistes et c'est de son issue que dépendra la nature de l'expansion. Quelle est la densité d'énergie dominante ? Voilà qui dépend de la période considérée, car cette compétition évolue avec le temps et son impact sur la dynamique de l'univers évolue dès lors au cours de l'expansion.

Au cours de la première phase de l'histoire cosmologique, cette compétition est largement dominée par la densité d'énergie de la matière. Pour le comprendre, pensons à l'oscillateur harmonique quantique et son spectre d'énergie $(n + 1/2)h\nu$. Ses états excités successifs sont associés aux valeurs $n = 1, 2, 3...$ Les énergies d'excitation correspondantes *hν, 2hν, 3hν...* sont toutes supérieures à l'énergie $1/2h\nu$ du niveau fondamental, le vide de l'oscillateur. Or, le champ quantique peut s'interpréter comme une collection (infinie) d'oscillateurs quantiques. Il en résulte que la densité de l'énergie d'excitation du champ, qui n'est rien d'autre que la densité d'énergie de la matière produite par l'expansion, est supérieure à la densité d'énergie du vide lui-même.

Ainsi, la densité d'énergie de la matière « surplombe », pour ainsi dire, la densité d'énergie du vide et réduit donc le rythme de l'expansion, ce qui provoque la décélération de cette première phase de l'évolution standard qui succède au régime inflatoire primordial.

L'accélération de l'expansion de l'univers

Quant à l'effet répulsif produit par la densité d'énergie du vide, il est alors négligeable. Mais le rapport de forces entre ces deux types de densité d'énergie évolue au cours de l'expansion : celle du vide, insensible à toute dilution, reste constante, alors que celle de la matière qui se dilue décroît progressivement. Ces deux composantes de la densité d'énergie totale doivent inévitablement se croiser. C'est après cet événement que l'énergie du vide, qui a définitivement pris le dessus, impose l'accélération du rythme de l'expansion.

Cette conséquence *inévitable* de ce modèle cosmologique aurait suffi, avant 1998, à l'invalider. Depuis la découverte, en 1927, par Hubble, de l'expansion de l'univers, il était consensuel que cette expansion ne pouvait qu'être constamment décélérée par l'effet attractif de la gravitation. Mais l'année 1998 est celle du coup de théâtre : la découverte expérimentale de l'accélération de l'expansion de l'univers, une découverte cosmologique majeure. Les physiciens explorent aujourd'hui de nombreuses pistes qui pourraient conduire à l'explication de cette propriété. Parmi elles, l'existence d'une énergie du vide qui jouerait le rôle d'une constante cosmologique répulsive est privilégiée. Ce sont les observations expérimentales cumulées du taux d'accélération de l'expansion et de la valeur précise de la densité d'énergie de l'univers (ou, ce qui revient au même, du type de géométrie de l'espace) qui permettent de déterminer la valeur de cette constante cosmologique et le moment cosmologique de l'enclenchement de l'accélération. Les dernières observations semblent confirmer que ce passage au régime accéléré se serait produit il y a environ cinq à six milliards d'années.

Comment se traduit cette évolution en termes de pression du milieu cosmologique ? La transition de l'inflation primordiale vers l'expansion standard décélérée est tout d'abord marquée par une disparition de la pression négative initiale au profit de la pression positive qui accompagne le modèle standard. Nous avons vu que c'est ce changement de signe de la pression qui marque la sortie de l'inflation. La dilution du milieu matériel et l'importance grandissante de l'énergie constante du vide concourent ensuite à la diminution progressive de la pression, qui redevient négative. Cette négativité s'accroît et devient responsable de l'accélération croissante de l'expansion.

Que se passe-t-il après ce croisement des valeurs des deux composantes de la densité de l'énergie et du début de l'accélération qu'il implique ? Modérée au début, cette accélération ne peut que s'accentuer avec l'écart qui se creuse entre l'importance relative des deux types d'énergie. Mais l'influence de plus en plus marquée de l'énergie du vide par rapport à celle de la matière ne peut que déboucher sur un processus « boule de neige » : l'accélération de l'expansion de l'espace précipite le rythme de dilution de la matière, ce qui accentue l'influence de l'énergie du vide, laquelle accroît, en retour, l'accélération de l'expansion qui conduit vers un univers au sein duquel la matière devient désespérément raréfiée.

L'accélération de l'expansion ressent de moins en moins la présence du milieu matériel, et cette expansion ne diffère plus qu'imperceptiblement de l'expansion exponentielle régie par la seule énergie du vide ; c'est une inflation analogue à celle qui a donné naissance à l'univers, elle ne peut donc que reproduire les mêmes effets : faire resurgir un univers. L'univers agonisant se rejuvénilise au sein de ce paysage cosmologique quasi vide, froid et inhospitalier.

La logique de cette aventure cosmologique s'articule autour d'une propriété essentielle : l'excitation du champ quantique par l'expansion de l'espace. Nous avons montré que celle-ci résulte d'une compétition entre le temps de vie des couples de particules virtuelles, associées aux fluctuations quantiques du champ, et la vitesse de l'expansion de l'espace qui les emporte et les sépare. Cette compétition implique l'existence d'un seuil du rythme d'expansion, au-delà duquel les particules virtuelles se matérialisent en particules réelles, engendrant l'excitation du champ. Si ce seuil est largement franchi par l'expansion exponentielle de l'espace vide, il l'est déjà également pour des rythmes d'expansion accélérée plus modérés. C'est pourquoi la création de matière, dans le paysage cosmologique de plus en plus désertifié qui accompagne l'accélération croissante de l'expansion, prend son essor dès que ce seuil d'excitation du champ est franchi : l'univers réémerge de ses débris, dans une joute autosuffisante entre l'expansion de l'espace quasi vide et la production matérielle qui lui fait écho et la soutient tout à la fois. C'est la renaissance d'une aventure cosmologique, similaire à celle qui l'a précédée, qui le mènera de cette nouvelle inflation primordiale à la répétition de l'histoire régie par une expansion standard, décélérée d'abord, puis progressivement accélérée vers une mort thermique, dont il ne réchappera de justesse qu'en se rejuvénilisant à nouveau. C'est un processus cyclique éternel.

L'univers résulte d'un univers identique qui ne doit son existence qu'à lui-même. Il découle de ce bootstrap cosmologique que notre univers existe depuis 13,7 milliards d'années, mais aussi depuis toujours et pour toujours.

L'univers : un inlassable recommencement

Dans cette optique, l'histoire cosmologique serait l'aventure infinie d'un univers qui se réplique sans cesse : il se rejuvénilise périodiquement en prenant appui sur ses propres débris. Notre univers actuel ne serait qu'un maillon particulier de cette chaîne infinie.

L'univers s'explique alors sans recours à un quelconque état antérieur autre que lui-même. Il aurait en effet émergé de l'univers qu'il engendre. Il se suffirait entièrement à sa propre création, si bien que cette histoire cosmologique apparaît comme un vaste bootstrap géométrico-matériel. Élucider la cosmogenèse dans ce *cadre semi-classique*, c'est déchiffrer cette épopée cosmologique dépourvue de singularité qui mène de l'univers à lui-même.

Notons que l'état de l'univers mourant est très instable, la moindre fluctuation est susceptible de créer *localement* les conditions favorables à l'émergence d'un nouvel univers. La rejuvénilisation pourrait donc se produire à des moments et en des lieux différents de l'univers plutôt qu'être un processus qui l'implique globalement. Chaque lieu où se réalisent ces conditions produit alors un univers-bulle en expansion inflatoire qui signe le début d'une histoire cosmologique identique à celle de l'univers qui lui a donné naissance. Des myriades d'univers clones jaillissent, chacun d'eux produisant à son tour de nouveaux univers.

Arborescence d'univers-bulles

La succession d'univers s'organiserait en une arborescence infinie d'univers-bulles, une structure similaire à celle qui caractérise l'inflation éternelle (chapitre 5). L'univers global ou méga-univers, dont nous ne serions qu'un maillon, ne se limiterait pas alors à la « simple » succession linéaire infinie d'univers qui se répliquent d'une génération à la suivante. Le méga-univers aurait une structure globale plus complexe : il apparaîtrait comme un patchwork fractal de bulles d'univers ayant atteint des degrés divers de maturité et potentiellement capables d'engendrer de nouvelles bulles d'univers. Certains de ces univers seraient dans leur phase d'inflation autosuffisante primordiale, d'autres auraient atteint leur régime de croisière standard, d'autres encore atteindraient leur seuil de rejuvénilisation. *Notre* univers ne serait alors qu'un de ces univers-bulles qui participent à cette arborescence et contiendrait lui-même des univers-bulles ayant accédé à des degrés d'évolution variés. Tous ces univers seraient causalement déconnectés par l'effet de leurs inflations primordiales, leurs histoires individuelles n'interféreraient donc pas et leur présence n'affecterait pas l'évolution de notre propre univers-bulle.

Si ce méga-univers présente de fortes similitudes avec la structure arborescente associée à l'inflation éternelle, il s'en différencie par plusieurs aspects essentiels. Il se ramifie sans fin *vers le futur* comme *vers le passé* et il ne conduit à aucune singularité, ni dans le futur ni dans le passé.

CHAPITRE 5

UNE HISTOIRE DE L'UNIVERS

Le cône de lumière

La comparaison explicite des points de vue des observateurs inertiels de la relativité restreinte requiert un repérage géométrique des divers événements spatio-temporels. Pour ce faire, on associe à chaque observateur inertiel un système de quatre axes qui lui permettent d'attribuer des coordonnées spatiales et temporelles à tout événement : on adjoint aux trois axes habituels, qui repèrent les localisations spatiales dans l'espace euclidien à trois dimensions, un quatrième axe, l'axe des temps, sur lequel on reporte les moments des événements perçus par l'observateur. Chaque événement sera caractérisé de la sorte par ses quatre coordonnées dans cet espace-temps quadridimensionnel. Pour simplifier, limitons-nous tout d'abord à deux dimensions d'espace, repérées par les deux axes perpendiculaires orientés, les abscisses x et ordonnées y usuelles du plan. La dimension temporelle sera représentée, elle, par un axe t perpendiculaire à ce plan, orienté de bas en haut. C'est un espace-temps à trois dimensions.

Le point de rencontre de ces trois axes perpendiculaires est l'événement O, qui définit l'origine (x = 0, y = 0, t = 0) des espaces et des temps perçus par l'observateur associé à ce repère. Le futur est vers le haut, le passé vers le bas. Les trois coordonnées (x, y, t) d'un point quelconque définissent un événement par sa position dans le plan ainsi que par son temps par rapport à l'origine. Comment sont représentées, dans ce repère, les trajectoires inertielles des corps matériels et des rayons lumineux, les *trajectoires d'espace-temps* ou *lignes d'univers* qui croisent l'origine 0 ?

Un corps en repos relativement à l'observateur conserve une position fixe par rapport à lui et n'évolue donc que dans le temps : sa trajectoire sera une ligne droite qui se confond avec l'axe des temps. Si le corps est en mouvement, avec une vitesse *v* par rapport à cet observateur, il évolue simultanément dans l'espace et dans le temps, sa ligne d'univers sera une droite inclinée par rapport à l'axe des temps. Cet angle d'inclinaison sera d'autant plus grand que la vitesse sera grande. Mais c'est ici qu'apparaît une différence cruciale avec la physique classique : la vitesse *v* étant limitée par celle de la lumière, l'inclinaison des trajectoires d'espace-temps des corps matériels ne peut excéder un angle limite associé aux trajectoires d'espace-temps des rayons lumineux. Cet angle caractérise l'ouverture d'un cône, *le cône de lumière* à deux dimensions, dont le sommet est l'événement origine O. La surface à deux dimensions de ce cône est construite par l'ensemble des rayons lumineux qui croisent O et son axe de symétrie est l'axe des temps. La surface de ce cône représente l'« histoire d'espace-temps » d'un front d'onde lumineux circulaire dans le plan, qui converge sur l'événement O et diverge à partir de lui. Elle définit l'ensemble des événements dont le signal lumineux atteindra l'événement origine O, ou qu'atteindra un signal émis par celui-ci : c'est *le cône de lumière de l'événement* O. Toutes les trajectoires des corps matériels qui croisent O sont ainsi localisées à l'intérieur du volume d'espace-temps limité par ce cône.

La transposition de cette image à l'espace-temps à quatre dimensions est évidente : les cônes de lumière sont les surfaces spatiales tridimensionnelles qui représentent les « histoires » de fronts d'ondes sphériques qui se propagent dans l'espace à trois dimensions.

Le caractère absolu de la vitesse de la lumière érige ces cônes de lumière en surfaces absolues par rapport aux observateurs inertiels de la relativité restreinte : tous ces observateurs s'accordent sur le même cône de lumière. Il reste donc identique à lui-même lorsque les observateurs comparent leurs points de vue en effectuant des transformations de Lorentz.

Les plans de simultanéité qui caractérisaient la physique galiléenne sont ici remplacés par d'autres surfaces absolues, les cônes de lumière de chaque événement. La notion classique absolue de « au même instant » est remplacée, en relativité restreinte, par la notion absolue de « être à l'intérieur du cône », « être à l'extérieur du cône » ou « être sur sa surface ». Les événements qui se situent à l'extérieur de la surface du cône d'un événement n'appartiennent ni à son passé ni à son futur, et ne peuvent en être que causalement déconnectés : ils se situent dans l'« ailleurs » de cet événement. L'ordre chronologique entre un événement et tout autre qui se produit dans son « ailleurs » n'est pas défini. Certains observateurs jugeront que l'un s'est produit avant l'autre, certains porteront le jugement inverse. Ce n'est que pour l'un d'entre eux qu'ils se seront produits en même temps.

Principe d'équivalence

Le principe d'équivalence prédit avec une économie de moyens remarquable qu'une onde électromagnétique chute dans le champ de la pesanteur. La trajectoire d'un rayon lumineux y est infléchie comme celle de tout corps matériel. De plus, sa fréquence est modifiée lors de cette chute.

Une expérience de pensée menée dans l'ascenseur d'Einstein nous révèle ces propriétés avec une simplicité déconcertante. Imaginons l'ascenseur en chute libre dans le champ gravitationnel terrestre. La gravitation y a été de ce fait abolie. C'est le monde de la relativité restreinte.

Un rayon lumineux émis *dans* cet ascenseur perpendiculairement à son mouvement de chute se propage donc en ligne droite *par rapport à la cabine*. Comment ce même rayon se propage-t-il *par rapport à la Terre* ? Il « accompagne » l'ascenseur dans sa chute accélérée et décrit de ce fait une trajectoire parabolique par rapport à la Terre. C'est cette trajectoire incurvée du rayon lumineux que percevra un observateur terrestre immobile.

Cet effet est purement cinématique, il résulte du seul mouvement accéléré de la cabine vers la Terre. Ce raisonnement serait dépourvu d'intérêt en l'absence du principe d'équivalence. Mais celui-ci nous apprend que la trajectoire parabolique perçue par l'observateur terrestre révèle le comportement du rayon lumineux dans le champ gravitationnel de la Terre : il chute à l'instar de tous les corps matériels.

Le principe d'équivalence conduit à la même conclusion dans la considération inverse, celle de l'ascenseur situé dans une hypothétique région de l'univers, éloignée de tous les astres et de leurs effets gravitationnels. Cette fois, c'est Einstein qui accélère la cabine et y crée un champ de gravitation dans la direction opposée à cette accélération. Une considération similaire à celle du cas précédent conduit à la conclusion qu'un rayon lumineux se propageant en ligne droite dans cette région dépourvue de gravitation sera incurvé *par le champ de gravitation créé dans l'ascenseur*.

Une application simple du principe d'équivalence nous apprend également que la fréquence d'une onde électromagnétique est altérée par son passage dans un champ de gravitation. L'ascenseur accéléré en donne une image simple. L'orientation du champ gravitationnel que crée cette accélération dans la cabine définit univoquement le haut et le bas de celle-ci. Un rayon lumineux émis par sa paroi supérieure apparaîtra décalé vers le violet, sa fréquence sera plus élevée, à un observateur localisé dans le bas de la cabine. Inversement, un rayon lumineux émis du bas vers le haut de la cabine, dans la direction opposée au champ gravitationnel créé par l'accélération, apparaîtra décalé vers le rouge, sa fréquence sera plus basse, à un observateur situé sur la paroi supérieure.

Cette fois, c'est une application simple de l'effet Doppler (variation de la fréquence d'un signal ondulatoire dû au mouvement de l'observateur) qui conduit à ce résultat. Ces effets résultent, tout comme dans le cas précédent, de considérations purement cinématiques. À nouveau, ils n'apporteraient aucune information physique nouvelle si n'était le principe d'équivalence. Celui-ci nous révèle en effet ce qu'il advient de la fréquence d'une onde lumineuse qui « chute » dans un champ de gravitation : sa fréquence augmente.

Cet effet s'interprète également en termes de nature corpusculaire de la lumière. La chute d'un objet matériel dans un champ gravitationnel s'accompagne d'un accroissement de sa vitesse, donc de son énergie cinétique au détriment de son énergie potentielle gravitationnelle. Son énergie totale est en effet conservée. Mais qu'en est-il de la lumière dont la vitesse, elle, ne peut varier dans le vide ? C'est sa fréquence qui détermine l'énergie $h\nu$ des photons. Les variations de cette fréquence marqueront les changements de l'énergie du rayon lumineux dans les champs de gravitation.

La fréquence du photon émis vers la Terre par un atome situé dans le voisinage de celle-ci avec une fréquence bien déterminée augmente au cours de sa chute : un observateur terrestre le recevra avec un décalage vers le violet. Inversement, les photons émis par la Terre gagnent de l'énergie potentielle gravitationnelle et voient leur fréquence diminuer d'autant : ils sont décalés vers le rouge.

De même, les photons émis par une étoile, le Soleil par exemple, gagnent de l'énergie potentielle gravitationnelle et voient leur fréquence diminuer d'autant. C'est avec ce décalage gravitationnel vers le rouge que nous recevons ces rayons sur Terre. Sa masse étant bien inférieure à celle de ces astres émetteurs, sa propre gravitation n'interfère que de manière négligeable.

Les atomes sont des horloges naturelles d'une précision sans pareil. Ces variations des fréquences qu'ils émettent témoignent d'un écoulement du temps propre distinct en des lieux caractérisés par une gravitation d'intensité différente. En effet, le nombre de cycles de l'onde reste identique entre son émission et sa réception. La seconde est intrinsèquement d'autant plus courte que la gravitation est intense. Le temps propre auquel pouvaient se référer *tous* les observateurs inertiels de la relativité restreinte n'est plus, en relativité générale, qu'une notion locale. La simultanéité n'est même plus relative, elle perd tout sens. Les rythmes d'évolution d'entités physiques identiques sont intrinsèquement (mesurés dans leur temps propre local) distincts en des points d'espace-temps que caractérisent des propriétés gravitationnelles, donc de courbure, distinctes.

Des jumeaux vivant l'un sur Terre, l'autre sur Jupiter vieilliront *réellement* de façon différente l'un par rapport à l'autre, sans qu'aucune différence biologique puisse être localement décelable ! Cette relativité des temps propres trouve un cas limite pour l'observateur éventuel assistant à la chute d'un corps dans un trou noir depuis une distance assez grande pour que la courbure de la région spatio-temporelle où il se trouve puisse être considérée comme nulle (en termes newtoniens, à une distance assez grande pour que les effets gravitationnels du trou noir soient négligeables). C'est le cas d'un observateur terrestre assistant à la chute dramatique d'astronautes dans un trou noir lointain.

Les secondes de cet observateur terrestre sont infiniment longues par rapport à celles de l'astronaute tombant vers la surface du trou noir, c'est-à-dire gagnant une région où la courbure de l'espace-temps devient extrêmement grande.

Le temps d'approche de la surface du trou noir perçu par l'observateur terrestre s'allonge infiniment, au point qu'il n'observera jamais le franchissement de cette surface, alors que pour celui qui tombe, la même chute qui l'entraînera vers l'intérieur du trou noir prend un temps fini, de plus très court. Le même franchissement associé à un temps propre infiniment long pour l'observateur terrestre ne présente rien de particulier pour l'autre. Les temps propres relatifs de l'observateur terrestre et de l'astronaute imposent ici les vertiges du zéro et de l'infini[8].

De nombreuses expériences mettant en évidence l'incidence de la gravitation sur l'écoulement du temps propre furent réalisées sur Terre et dans son voisinage au cours de ces dernières décennies. La première expérience fut réalisée par Pound et Rebka à l'université de Harvard en 1960. Ils mirent en évidence la variation de la fréquence de photons chutant dans une tour d'environ 25 mètres de haut. La variation du temps propre dans le champ gravitationnel terrestre fut mesurée directement, à partir de 1971, en comparant les rythmes d'horloges atomiques identiques, l'une à terre, l'autre placée à bord d'un avion. D'autres expériences, de plus en plus précises, sont menées depuis lors en utilisant des fusées. Notons que la prise en compte de cet effet fut essentielle dans la mise au point du système de repérage GPS.

Les variations gravitationnelles du temps propre se traduisent par la courbure du temps : elles induisent en effet des composantes de la courbure quadridimensionnelle mettant en jeu la dimension temporelle.

Dimensions de Planck et trous noirs

La découverte du quantum d'action h par Planck lui permit de construire un système d'unités absolues, dites *unités naturelles*, au moyen des trois constantes fondamentales de la

---

8. Edgard Gunzig et Isabelle Stengers, « Mort et résurrection de l'horloge universelle », *in L'Art et le Temps, regards sur la quatrième dimension*, Paris, Albin Michel, 1985.

nature qui caractérisent la théorie quantique, la relativité générale et la relativité restreinte respectivement, soit h, G (la constante gravitationnelle qui apparaît aussi bien dans la formule de Newton que dans les équations d'Einstein) et la vitesse de la lumière c. Ce sont des unités qui reflètent donc des propriétés universelles et intrinsèques de la nature.

Mais pourquoi le temps de Planck joue-t-il le rôle de frontière en deçà de laquelle les lois connues de la physique ne s'appliquent plus ? Il ne s'agit pas ici d'un point technique d'importance secondaire, mais bien d'une question fondamentale, intimement liée aux grands problèmes irrésolus de la physique actuelle. Le plus fondamental concerne la compatibilité entre la relativité générale et la théorie quantique des champs.

Ces deux théories fonctionnent, en effet, de façon exemplaire, respectivement dans les domaines macroscopique et microscopique, et y remportent des succès impressionnants. Elles prédisent théoriquement des faits expérimentaux avec une précision stupéfiante. Elles semblent donc se partager de manière équitable et complémentaire l'interprétation du monde, l'une à l'échelle du cosmos, l'autre à l'échelle des constituants microscopiques de la matière. Mais si elles recouvrent ainsi des domaines tellement disjoints qu'elles semblent ne devoir jamais se rencontrer ni collaborer dans des descriptions communes de la réalité, ce n'est pas que chacune de ces théories *soit conceptuellement* confinée, et limitée par principe, à ces échelles macroscopique et microscopique respectivement. Elles sont toutes deux théoriquement pertinentes à toutes les échelles, de la plus petite entité subatomique à l'univers dans sa globalité. Chacune semble donc pouvoir s'exprimer légitimement à toutes les échelles. Notre monde quotidien est quantique, et la relativité générale n'ignore pas les atomes.

Mais elles n'exhibent explicitement leurs véritables spécificités que dans les situations où leurs prédictions s'écartent significativement de la physique classique. Et ces situations semblent être *a priori* totalement distinctes. Mais le sont-elles vraiment toujours ? La réponse est négative : il existe des régions, nous allons le voir, au sein desquelles tous les aspects de la physique classique sont disqualifiés, de sorte que les comportements physiques ne peuvent être décrits que par la relativité générale et la théorie quantique des champs simultanément. Il en résulte, entre autres, que seule une version quantique de la gravitation, la gravitation quantique, y a droit de cité. C'est là que surgit le problème, et non des moindres : en dépit d'efforts constants et d'un déploiement d'ingéniosité sans pareil durant les dernières décennies, une telle théorie n'a toujours pas vu le jour. Cette situation est d'ailleurs à l'origine de la plus grande crise que vit la physique aujourd'hui.

Et pourtant, les concepts qui sous-tendent ces deux piliers de la physique contemporaine ne sont aucunement incompatibles : rien dans les principes de base de la théorie quantique ne contredit ceux de la relativité générale ni *vice versa*. S'il n'en avait pas été ainsi, si les bases conceptuelles de ces deux théories avaient été en conflit, les physiciens auraient su, dès le début, que leur union était irréalisable et que la gravitation quantique ne pouvait pas exister. Mais c'est précisément parce qu'il n'en est rien, parce que rien ne s'oppose conceptuellement à leur fusion, qu'il est légitime de chercher à les unir dans une gravitation quantique. Pourquoi rencontrent-ils alors tant de difficultés ? Pourquoi la gravitation ne se laisse-t-elle pas interpréter du point de vue quantique comme le champ électromagnétique, par exemple ? Ce dernier est défini dans l'espace-temps passif de la relativité restreinte, qui n'interfère pas avec la procédure de quantification du champ. Les photons, tout comme le champ électromagnétique classique, se propagent dans ce même cadre spatio-temporel fixé une fois pour toutes.

En relativité générale, au contraire, le champ gravitationnel n'est pas défini dans un espace-temps fixé, c'est l'espace-temps lui-même. Cette propriété unique de la gravitation einsteinienne est la source de nombre des difficultés, tant techniques que conceptuelles, qui jalonnent la voie conduisant à une théorie de la gravitation quantique. En effet, *quantifier la gravitation, c'est quantifier la géométrie de l'espace-temps lui-même* ! Comprendre la gravitation quantique, c'est comprendre la structure quantique de l'espace-temps. C'est en cela que réside la spécificité de cette quantification, elle exige la compréhension détaillée de la structure microscopique de l'espace-temps. Ce dernier problème se trouve dans la ligne de mire des plus grands chercheurs d'aujourd'hui. Tous les phénomènes, gravitationnels ou non, ont partie liée avec l'espace-temps et la compréhension de sa structure microscopique aura donc inévitablement des retombées sur l'ensemble de la physique.

Les régions au sein desquelles la relativité générale et la théorie quantique des champs doivent coopérer et traiter les mêmes phénomènes, celles où seule la gravitation quantique a le droit de s'exprimer, sont précisément caractérisées, comme nous allons le voir, par les dimensions de Planck. C'est ainsi qu'apparaît le lien indissociable entre les dimensions de Planck et la gravitation quantique.

Ces dimensions définissent des régions dans lesquelles les prédictions de la théorie quantique *et* de la relativité générale s'écartent toutes deux significativement de la physique classique. Mais qu'entend-on exactement par un « écart significatif » entre la relativité générale et la théorie classique newtonienne ? Si la relativité générale est conceptuellement distincte de la théorie classique newtonienne, ses prédictions quantitatives apparaissent dans la majorité des cas qui nous sont familiers, celui de notre système solaire par exemple, comme de petites modifications, ou « perturbations », comme disent les physiciens, par rapport aux prédictions newtoniennes. La théorie de Newton peut alors encore servir quantitativement de cadre de référence par rapport auquel se mesurent les écarts dus à la faible courbure relativiste de l'espace-temps. Mais il y a des situations où les prédictions de la relativité générale prennent toute leur ampleur en s'écartant significativement des prédictions classiques fondées sur la loi newtonienne en $1/r^2$.

C'est alors que les prédictions qualitatives de la relativité générale n'apparaissent plus du tout comme de « petites perturbations » des résultats classiques, mais conduisent, au contraire, à une conception entièrement nouvelle des comportements physiques. L'interprétation géométrique est ici particulièrement parlante : lorsque la courbure de l'espace-temps est très petite, elle ne diffère que très peu de la courbure nulle de l'espace-temps plat. C'est pourquoi les physiques qui se déroulent dans ces deux espaces ne diffèrent que peu l'une de l'autre. Mais, ne nous méprenons pas, si petites soient-elles, ce sont ces différences entre les deux théories qui expliquent, entre autres, avec une précision impressionnante, le mouvement du périhélie de Mercure ou la déviation des rayons lumineux par le Soleil.

Existe-t-il un critère, et dans l'affirmative quel est-il, qui caractériserait ce qu'on entend par « courbure importante » et « courbure faible » ? Plus précisément, considérons une masse M, celle d'un astre ou d'une particule élémentaire : est-il possible de préciser, par une prescription générale, une distance associée à cette masse, qui délimite la frontière entre les deux régimes gravitationnels « presque newtonien classique » ou, à l'opposé, « fortement relativiste » ? Quelle est la condition pour que la gravitation soit intense au voisinage de cette masse M ? Et jusqu'à quelle distance, au point d'y produire des effets physiques totalement étrangers à la gravitation newtonienne ?

C'est le physicien Karl Schwarzchild qui apporta la réponse à ce problème. C'était l'époque excitante où venait d'émerger la relativité générale. Les toutes fraîches équations d'Einstein représentaient un menu de choix pour les physiciens et les mathématiciens qui possédaient là un outil leur permettant d'explorer les liens nouvellement apparus entre l'espace-temps et la matière. Comment se creuse exactement le drap sur lequel est posée une seule sphère unique de masse M ? Voilà, en termes imagés, une des toutes premières questions qui venaient à l'esprit. C'est précisément la question que se posa Schwarzchild : comment se courbe l'espace-temps, vide de toute autre matière, sous l'effet d'une sphère de masse M unique ? Il dut résoudre les équations d'Einstein propres à cette situation. Il est hors de propos de décrire cette solution de Schwarzchild, retenons simplement que c'est elle qui permit de calculer exactement le mouvement du périhélie de Mercure et la déviation des rayons lumineux par le Soleil. Rappelons-nous que ce sont ces résultats, en parfaite adéquation avec les valeurs expérimentales, qui ennoblirent définitivement la toute jeune théorie de la relativité générale. La solution de Schwarzchild devint la solution générique pour une foule de problèmes, dont les trous noirs, ainsi que le sens des grandeurs de Planck qui font précisément l'objet de ces pages.

Insistons uniquement sur le fait que cette solution ne décrit que l'espace-temps vide extérieur à la masse sphérique. En termes d'image du drap, cette solution décrit la courbure du drap au-delà de la masse qui y est posée, mais pas à l'intérieur de celle-ci. Et c'est bien cette description de la courbure autour d'une masse isolée M qui nous apporte la réponse à la question que nous nous posions : la structure géométrique de cet espace-temps, explicitée par Schwarzchild, met clairement en évidence une distance caractéristique au centre de cette masse qu'on peut interpréter légitimement comme étant la frontière recherchée entre les deux types de régimes gravitationnels, faible et intense. Et, c'est essentiel, nous le verrons, cette distance critique est proportionnelle à la masse M mais ne dépend pas de son rayon. Elle vaut explicitement *(2G/c²)M*, G étant la constante gravitationnelle et c, la vitesse de la lumière. Cette distance porte le nom de *rayon de Schwarzchild*. Le problème posé semble ainsi résolu, mais il ne l'est pas du tout au sens où nous l'entendions. Il s'avère en effet que ce rayon de Schwarzchild est bien plus petit que celui de la sphère de masse M, que cette dernière soit une particule élémentaire ou un objet stellaire ordinaire, comme ceux de notre système solaire. Citons quelques exemples qui illustrent clairement cette situation :

– le Soleil : son rayon de Schwarzchild vaut 3 km, pour un rayon de l'astre de 700 000 km ;

– la Terre : son rayon de Schwarzchild vaut 1 cm (*sic !*), pour un rayon terrestre de 6 000 km ;

– le proton : son rayon de Schwarzchild vaut 10^{-52} cm (donc bien inférieur à la longueur de Planck, 10^{-33} cm !) pour un rayon de 10^{-13} cm.

Ces exemples nous montrent tous que la région délimitée par le rayon de Schwarzchild est profondément enfouie à l'intérieur de ces corps. C'est pourquoi leurs effets gravitationnels sont relativement faibles, même au voisinage de leur surface, ou, ce qui revient au même, la courbure de l'espace-temps qu'ils induisent reste « modeste ». Leur monde extérieur ne peut en effet « sentir » la présence de cette frontière critique de Schwarzchild.

Ainsi, un corps qui frôle la surface du Soleil passe à une distance qui vaut environ 10^5 fois le rayon de Schwarzchild de celui-ci. Un électron qui passe à proximité d'un proton se trouve à une distance de 10^{39} fois son rayon de Schwarzchild ! Et qu'en est-il de nous qui orbitons avec la Terre autour du Soleil ? La distance moyenne Terre-Soleil vaut environ $1,5 . 10^8$ km (150 millions de km). Cette distance vaut donc $1,5 . 10^8/3 = 0,5 . 10^8$ fois le rayon de Schwarzchild du Soleil. Voilà pourquoi la courbure est si faible dans tous ces cas, voire négligeable dans celui du proton.

Patience ! nous approchons du dénouement de ces considérations qui vont nous conduire à une propriété importante de la théorie. Nous avons déjà souligné que l'expression du rayon de Schwarzchild d'une masse M ne dépend que de cette seule masse et non de son rayon. Il en résulte que si cette même masse est progressivement comprimée, cet effet n'aura aucune incidence sur la valeur de son rayon de Schwarzchild : le rayon de la masse diminuera progressivement alors que son rayon de Schwarzchild restera inchangé. La surface extérieure de la masse se rapprochera ainsi progressivement, lors de cette compression, de celle délimitée par ce rayon. C'est la situation qui caractérise, par exemple, les étoiles à neutrons qui résultent de l'effondrement de certains types d'étoiles lors de leur agonie. Ces astres sont entièrement constitués de neutrons empilés les uns sur les autres, donnant ainsi lieu à une matière extraordinairement compactée : une étoile à neutrons dont la masse est égale à celle de notre Soleil possède un rayon de 10 km ! Son rayon de Schwarzchild est de 3 km, identique à celui du Soleil puisqu'ils ont la même masse. S'il est donc toujours dissimulé sous la surface de l'astre, il s'en rapproche néanmoins appréciablement. En conséquence, la courbure sera très importante dans son voisinage, bien plus accentuée que dans les exemples précédents, et elle y dominera la physique qui s'y déroule.

Pour tous les objets fort distincts énumérés ci-dessus, le Soleil, la Terre, le proton ou l'étoile à neutrons, le rayon critique se trouve lové en leur intérieur, très profondément dans les trois premiers cas et plus proche de sa surface dans le dernier exemple. Une question vient inévitablement à l'esprit : est-ce une propriété universelle, tous les corps de la nature partagent-ils cette propriété ? Que deviendrait la situation gravitationnelle dans le voisinage d'une masse M, microscopique ou macroscopique, si elle était comprimée au point d'être entièrement ramassée *sous* son rayon de Schwarzchild ?

Ce dernier deviendrait alors extérieur à cette masse, ce qui modifierait fondamentalement les propriétés gravitationnelles, donc la configuration de l'espace-temps, dans son voisinage immédiat. La courbure de l'espace-temps, déjà importante pour l'étoile à neutrons, s'accentuera encore au fur et à mesure de la compression de la masse jusqu'à littéralement engendrer un trou dans l'espace-temps lorsqu'elle passe par le rayon critique, sous lequel elle se réfugie et disparaît définitivement aux regards extérieurs : *c'est un trou noir* !

En effet, le voisinage de cette région serait alors le siège d'une gravitation intense, si intense que rien, ni matière ni rayonnement électromagnétique ne pourrait s'en échapper. Et voilà ce qu'est un trou noir : un objet plus petit que son propre rayon de Schwarzchild.

Ne dépendant que de la masse d'un objet, cette propriété vaut pour tous ceux de l'univers et concerne donc tout autant le monde astronomique que le monde microscopique. Si un constituant élémentaire de la matière était confiné sous son rayon de Schwarzchild, ce serait un *trou noir microscopique*. Ceux-ci ont pu jouer un rôle dans la fournaise de l'univers naissant et il est vraisemblable qu'ils fassent des apparitions fortuites dans les grands accélérateurs de particules.

Nous nous étions promis de comprendre le sens profond des dimensions de Planck et nous venons de parcourir une partie du chemin, celui qui ne met en jeu que la gravitation. Mais ces dimensions mettent précisément la relativité générale en rapport avec la théorie quantique. Où intervient-elle ?

La théorie quantique se caractérise également, à l'instar de la relativité générale, par une longueur caractéristique appelée *longueur d'onde de Compton*. Tout comme le rayon de Schwarzchild, cette longueur quantique caractéristique ne dépend que de la masse M de l'objet et non de sa taille. Contrairement au rayon critique gravitationnel, la longueur quantique est inversement proportionnelle à la masse M et vaut explicitement *(h/c)1/M* où h est la constante de Planck caractéristique du monde quantique, et c la vitesse de la lumière. Cette longueur quantique donne, en gros, une mesure de la région, associée à la masse M, au sein de laquelle les effets quantiques prennent toute leur ampleur et dominent complètement la description classique qui doit, alors, être abandonnée. C'est cette longueur qui fixe ce qu'on pourrait appeler le « rayon d'action quantique » de la particule. Lorsqu'on s'en approche à des distances de cet ordre, la description classique n'est plus pertinente. Les particules élémentaires elles-mêmes sont toujours plus petites ou égales à leur longueur d'onde de Compton. Voici quelques exemples de cette longueur quantique critique associée à divers objets, tant macroscopiques que microscopiques :

– Soleil : 10^{-71} cm ;
– étoile à neutrons : 10^{-71} cm ;

– Terre : 10^{-66} cm ;

– proton : 10^{-13} cm, valeur qui exprime aussi son diamètre.

Remarquons que les longueurs associées aux objets célestes sont largement inférieures aux dimensions de ceux-ci, c'est pourquoi leur voisinage ne requiert pas de traitement quantique, contrairement au cas du proton. Elles sont égales pour le Soleil et l'étoile à neutrons parce que leurs masses sont égales.

Nous y sommes, nous avons tous les ingrédients, les dimensions de Planck ne demandent qu'à apparaître. Considérons la *longueur de Planck*, par exemple : nous pouvons la définir comme le rayon d'une région dans laquelle *aucune* loi physique *classique* ne peut s'appliquer. Or, nous venons d'apprendre deux choses : d'abord, qu'il existe une dimension gravitationnelle critique, le rayon de Schwarzchild délimitant une région où seule la relativité générale est apte à décrire les effets gravitationnels ; ensuite, qu'il existe une longueur quantique critique, la longueur d'onde de Compton, définissant la frontière en deçà de laquelle seule la physique quantique est pertinente. Il en résulte que si une région est délimitée par ces *deux frontières simultanément*, la relativité générale n'y sera applicable que si elle revêt des habits quantiques : c'est le domaine de la gravitation quantique, donc de l'inconnu à ce jour.

La longueur critique commune à ces deux régions porte le nom de *longueur de Planck*. Voilà pourquoi celle-ci représente, à ce jour, la distance en deçà de laquelle la physique d'aujourd'hui ne peut valablement se prononcer. Sa détermination explicite résulte simplement de sa définition : c'est la distance qui égalise les rayons critiques gravitationnel et quantique. C'est donc la seule en deçà de laquelle la relativité générale et la théorie quantique se trouvent dans l'obligation de traiter ensemble les mêmes phénomènes physiques.

Sa valeur résulte donc de l'égalité :

rayon de Schwarzchild = longueur d'onde de Compton

Elle vaut $L_{pl} = (h/2\pi)G/c^3 = 10^{-33}$ cm. Nous négligeons les facteurs numériques d'ordre 1, sans importance pour notre propos. Toutes les autres grandeurs de Planck se déduisent alors naturellement de celle-ci : le temps de Planck, t_p vaut 10^{-43} seconde ; la température de Planck T_p vaut 10^{32} °K ; l'énergie de Planck E_p vaut environ 10^{19} masses du proton au repos, soit 10^{19} Gev ; la densité de Planck vaut 10^{118} Gev/cm^3, ce qui correspond à 10^{94} g/cm^3 (*sic* !) ; la masse de Planck $m_p = E_p/c^2$ a une valeur « raisonnable » dans notre monde courant, à savoir 10^{-5} gramme. Cette valeur « macroscopique » de la masse de Planck résulte de l'énormité de la vitesse de la lumière c au carré, c^2, qui apparaît au dénominateur dans l'expression de m_p.

Les dimensions de Planck sont donc définies en termes des constantes *c*, *h* et *G*, représentatives de la relativité restreinte, de la théorie quantique et de la relativité générale respectivement. On pouvait s'y attendre intuitivement : ce n'est que lorsque ces deux dernières théories doivent s'appliquer *simultanément* que les constantes caractéristiques qui leur sont attachées se manifestent ensemble. En effet, la seule relativité générale ignore la théorie quantique, idéalisant ainsi la réalité par négligence de la constante *h*. La théorie quantique fait de même avec la relativité générale, elle idéalise sa description de la réalité en négligeant la constante *G*. En l'absence de toute idéalisation, lorsque aucun aspect de la réalité n'est plus négligé, il faut nécessairement que les représentants de ces deux théories, *h* et *G*, soient tous deux présents. Quant à la relativité restreinte, son omniprésence en relativité générale et en théorie quantique des champs s'exprime par la présence de la vitesse de la lumière *c*. De plus, la seule longueur (à une constante sans dimensions près) qui puisse être construite au moyen de ces trois constantes est précisément celle de Planck. Il en est également ainsi de toutes les autres grandeurs de Planck.

Quant aux valeurs numériques des dimensions de Planck, elles s'écartent démesurément de toutes les dimensions que nous rencontrons habituellement, que ce soit celles de notre monde quotidien ou celles du monde atomique et subatomique. À titre d'exemple, les diamètres d'un atome et d'un proton valent environ 10^{-8} cm et 10^{-13} cm respectivement. Il y a ainsi autant de fois la longueur de Planck dans le diamètre d'un proton que de celui-ci dans une distance de 100 km ! Il y a 10^{26} fois plus de temps de Planck dans une seconde que de secondes qui ont ponctué l'âge de notre univers ! Quant à la densité de Planck, nous pouvons la mettre en regard de celle de l'eau et de la densité nucléaire, par exemple, qui valent respectivement 1 g/cm^3 et 10^{14} g/cm^3. La densité de Planck est ainsi 10^{80} fois plus élevée que la densité nucléaire et 10^{94} fois plus que l'eau ! Cette valeur est tellement démesurée qu'elle semble être totalement déconnectée de tout ce qui pourrait faire partie du monde physique. Et pourtant, ce sont précisément ces densités qui ont caractérisé les tout premiers instants de l'univers au cours de l'époque subplanckienne.

Remarquons que la longueur de Planck représente la distance que parcourt un rayon lumineux pendant le temps de Planck. Les temps inférieurs au temps de Planck correspondent, par cette même relation, à des distances inférieures à celle de Planck. C'est pourquoi seule la gravitation quantique s'applique au cours de ces intervalles de temps. C'est la réponse à la question que nous posions plus haut concernant l'existence d'un temps minimal en deçà duquel ne peuvent être définies les conditions initiales de l'histoire de l'univers en termes de physique connue.

En effet, le temps de Planck représente ce temps minimal en deçà duquel rien de physiquement tangible ne peut être pensé concernant la fournaise de l'univers primitif, faute de compréhension de la gravitation quantique. Autrement dit, le premier *instant* qui ponctue l'histoire cosmologique, celui à partir duquel le physicien entre en jeu et peut légitimement exprimer des valeurs physiques, de température et de densité par exemple, le « temps zéro » physique du modèle standard, est celui qui correspond au temps de Planck.

Que pouvons-nous dire de l'univers en ce temps de Planck ? Quelles sont les conditions initiales les plus reculées de notre histoire cosmologique, accessibles à la physique connue aujourd'hui ? Elles s'identifient précisément à l'ensemble des caractéristiques planckiennes de longueur, de température et de densité d'énergie, dont on vient de voir les valeurs numériques. Du point de vue cosmologique, la longueur de Planck représente le rayon de notre univers visible à cet instant.

L'univers visible, considéré à partir d'un point arbitraire de l'espace à un moment donné de l'histoire cosmologique, est la sphère dont ce point est le centre, et le rayon est la distance parcourue par un signal lumineux pendant le temps d'existence de l'univers à ce moment-là. La vitesse de la lumière ne pouvant être surpassée, cet univers visible englobe donc tout le volume d'univers accessible « visuellement » à partir du point considéré. C'est bien ainsi que la longueur et le temps de Planck ont d'ailleurs été définis l'un par rapport à l'autre.

L'univers visible au temps de Planck a donc un rayon de 10^{-33} cm (nous négligeons ici les facteurs numériques d'ordre un, sans importance à ce propos), c'est-à-dire 10^{20} fois plus petit qu'un proton ! *Ne confondons pas cet univers visible avec la dimension de l'univers* : l'univers peut être infini à *tout moment* de son existence, ce que la théorie et l'expérience semblent confirmer aujourd'hui avec une confiance grandissante, nous le verrons. Notre univers visible représente alors une bulle dans l'univers, dont le rayon augmente à la vitesse de la lumière. Chaque lieu de l'espace infini est ainsi confiné dans *sa* bulle visible limitée par son *horizon* de visibilité. Notre univers visible actuel n'est alors rien d'autre que « notre » univers d'alors, dilaté durant les 13,7 milliards d'années qui se sont écoulées depuis le temps de Planck jusqu'à ce jour. C'est dans ce sens qu'il faut comprendre cette affirmation : « Le rayon de *notre* univers visible était alors de 10^{-33} cm. » Qu'on ne se méprenne pas : « notre » se réfère physiquement à n'importe quel point de l'univers homogène et isotrope, au sein duquel tous les points se valent, et chaque volume est représentatif de la totalité.

Dans le cadre du modèle standard, nous sommes totalement *déconnectés causalement* de l'extérieur de notre bulle, nous n'en connaissons *a priori* même pas l'existence. En effet, la vitesse de la lumière étant insurpassable, aucune information de quelque nature que ce soit ne peut nous parvenir de l'extérieur de notre univers visible. La frontière de ce dernier augmente naturellement avec le temps et englobe ainsi progressivement des parties de plus en plus vastes d'univers qui nous étaient dissimulées auparavant. Nous verrons que nous rencontrons là les signes avant-coureurs d'une des contradictions majeures de ce modèle, qui sera précisément résolue par la théorie de l'inflation.

Quant à la température de notre univers au temps zéro de notre histoire, celle qui représente ainsi la température initiale de notre histoire thermique, elle vaut naturellement la température de Planck, soit 10^{32} °K. Ce sont à nouveau les puissances de 10 qui nous masquent l'énormité de cette température, l'invraisemblable incandescence du milieu cosmologique en ce temps-là. Pensez ! la température qui règne à l'intérieur des étoiles et qui résulte des réactions nucléaires qui s'y déroulent vaut environ 10^6 °K, soit un million de °K. La température de Planck est ainsi 10^{26} fois, soit cent milliards de milliards de millions de fois plus élevée que celle qui règne à l'intérieur des étoiles !

De l'ère de Planck
au rayonnement cosmologique

Les conditions initiales du modèle cosmologique standard, la température et la densité de la « boule de feu primordiale », étant identifiées à celles de l'ère de Planck, comment les physiciens imaginèrent-ils alors son évolution ultérieure ? Comment retracèrent-ils les aventures de la matière lors du refroidissement progressif qui accompagne l'expansion ?

C'est la combinaison des équations de la relativité générale et de la théorie des interactions fondamentales des composants élémentaires de la matière qui fournit la réponse à cette question. La connaissance du microcosme connut des avancées spectaculaires au cours des années 1970, lorsque les physiciens réalisèrent que le monde des particules élémentaires et de leurs interactions était fondamentalement bien plus simple, plus *unifié* et plus *symétrique* qu'il n'y paraissait au premier abord.

Quatre interactions fondamentales sont responsables du fonctionnement du monde à toutes les échelles : *l'interaction gravitationnelle, l'interaction électromagnétique* ainsi que les deux *interactions nucléaires forte et faible.* Nous avons rencontré les deux premières tout au long de ce récit. Elles ont une caractéristique commune, celle d'être à longue portée. Leur rayon d'action, théoriquement infini, leur permet de faire sentir effectivement leur influence sur de très grandes distances. Les deux interactions nucléaires, au contraire, sont de très courte portée, leur rayon d'action ne dépassant pas les dimensions du noyau atomique.

C'est l'interaction forte qui assure la cohésion des protons et des neutrons à l'intérieur du noyau atomique. C'est en effet une interaction attractive qui agglutine les protons et les neutrons en dépit de la répulsion électrique entre les protons chargés positivement. Sans la présence de l'interaction forte, dont l'intensité est bien plus grande que celle de la répulsion électrique, cette dernière provoquerait la désintégration immédiate du noyau. Mais cette compétition entre ces deux types d'interactions ne se déroule qu'à des dimensions n'excédant pas celles des noyaux.

Quant à l'interaction faible, elle aussi de très courte portée, elle est responsable de certaines désintégrations radioactives, les désintégrations bêta. Ces désintégrations sont provoquées par des transmutations de neutrons en protons et *vice versa.* L'acteur qui joue un rôle central au sein des processus régis par l'interaction faible est le neutrino. Ce dernier n'interagit qu'extrêmement faiblement avec la matière, il est, de ce fait, pratiquement invisible expérimentalement. Il est capable de traverser la Terre de part en part sans laisser de traces. L'intensité de l'interaction faible, inférieure à celle de l'interaction forte, semble lui attribuer un rôle peu important. Et pourtant, c'est elle qui régit les réactions qui se déroulent au cœur des étoiles.

L'interaction gravitationnelle se distingue par son extraordinaire faiblesse par rapport à toutes les autres. Ainsi, par exemple, deux particules chargées électriquement se ressentent avec une intensité qui est 10^{39} fois plus intense que l'interaction gravitationnelle entre ces mêmes particules ! Alors que les intensités des trois autres interactions ne diffèrent entre elles que par des facteurs de l'ordre de 10^2 ou de 10^5, la gravitation, elle, fait ainsi largement bande à part.

Jusqu'au début des années 1970, les physiciens étaient ainsi confrontés à une situation complexe, ils devaient en effet comprendre le fonctionnement d'une matière soumise à quatre types d'interactions de nature fort distincte et décrites par des formalismes différents. Tout se passait donc comme si les interactions qui collaboraient à la construction de l'édifice matériel obéissaient à des règles de conduite s'ignorant les unes les autres. Ce n'était ni simple ni beau.

Et si cette complexité n'était qu'une apparence due aux conditions physiques particulières du monde dans lequel nous vivons aujourd'hui ? Et si le monde des particules élémentaires et de leurs interactions était fondamentalement bien plus simple, plus unifié et plus symétrique que l'image qu'il en donne au premier abord ? La nature ou notre formalisme nous mystifieraient-ils et brouilleraient-ils les cartes, en nous donnant l'illusion que ces interactions sont fondamentalement différentes, alors qu'elles ne seraient que diverses facettes d'une seule et même interaction unifiée ? Telle est la question que se posèrent quelques physiciens, dont Steven Weinberg et Abdus Salam, vers la moitié des années 1960.

Mais comment comprendre que ces interactions pourraient n'être que diverses facettes d'une seule et même *interaction unifiée*, en dépit de l'évidence de leur disparité, et que leurs propriétés pourraient être décrites, dans certaines circonstances physiques, par un formalisme commun ?

Une telle aventure unificatrice n'était pas étrangère à la physique : l'électromagnétisme de Maxwell illustre bien en effet cette démarche, elle qui représente une magnifique théorie physique unifiée. En effet, si les phénomènes électriques et magnétiques semblèrent longtemps représenter deux types distincts de phénomènes, Maxwell montra par ses équations qu'il n'en était rien : les interactions électriques et magnétiques ne sont que deux aspects d'un seul et même phénomène physique, le champ électromagnétique. En effet, selon l'état de mouvement de l'observateur qui le scrute, un même phénomène sera perçu comme purement électrique, purement magnétique ou une combinaison des deux.

Un observateur immobile par rapport à une charge électrique, par exemple, percevra le champ purement électrique qui en émane. Mais cet observateur en mouvement par rapport à cette même charge percevra dans ce cas une superposition d'effets électriques et magnétiques, donc un champ électromagnétique. En effet, seul le mouvement relatif de la charge et de l'observateur est significatif. Par conséquent, du point de vue de l'observateur, c'est la charge qui est en mouvement et qui, de ce fait, produit un champ électromagnétique. Ainsi, une même interaction peut apparaître sous des formes distinctes selon le point de vue.

Et s'il en était ainsi de toutes les interactions ? Se pourrait-il que, en dépit des apparences, ces interactions ne soient que divers aspects, ou différentes composantes, d'un seul et même phénomène, qui se manifesterait différemment en fonction de certaines circonstances physiques ?

C'est dans cet esprit que se situa la recherche qu'Einstein allait ensuite poursuivre inlassablement, mais sans succès, jusqu'à la fin de ses jours : aller un pas plus loin que Maxwell en amalgamant l'électromagnétisme et la gravitation au sein d'une seule *théorie unifiée*. Einstein croyait déceler dans ces deux théories des similitudes suffisantes pour lui donner l'espoir de les voir émerger d'un seul et même formalisme. Mais tous ses efforts, inlassablement poursuivis jusqu'à son dernier souffle, restèrent vains.

L'histoire allait montrer, deux décennies après sa mort, que ce rêve pouvait se réaliser, mais avec d'autres acteurs : ce n'est pas la gravitation, mais bien l'interaction faible qui s'avéra être le compagnon privilégié de l'électromagnétisme. En effet, c'est paradoxalement entre deux interactions d'aspect radicalement distinct, l'une de portée infinie et l'autre limitée aux dimensions nucléaires, que les physiciens des années 1960 et 1970 découvrirent une parenté profonde. Elle leur permit de les englober dans un schéma théorique commun, la *théorie électrofaible*. Quant au rêve d'Einstein et à la gravitation, c'est ironiquement cette dernière qui est encore aujourd'hui la plus rétive à s'unifier aux trois autres interactions.

Si la relativité du mouvement joue un rôle central dans la compréhension de l'unification maxwellienne de l'électromagnétisme, quelle est la propriété physique qui jouerait un rôle analogue dans l'unification de phénomènes aussi disparates que les interactions forte, faible et électromagnétique des constituants de la matière ? C'est la *température* ou, de manière équivalente, l'*énergie* du milieu ! Plus précisément, c'est au passage de certains seuils spécifiques de la température que se produisent de profondes réorganisations des propriétés physiques du milieu matériel qui transfigurent son comportement.

Pourquoi en est-il ainsi et que vient faire la température dans ce problème ? Pourquoi les règles du jeu qui régissent le comportement intime de la matière seraient-elles profondément affectées par sa température ? Pourquoi le monde apparaîtrait-il si différent selon la température qui le caractérise ? Pourquoi une interaction se manifesterait-elle comme unique ou, au contraire, sous l'aspect de forces distinctes selon l'énergie du milieu matériel ?

Un exemple simple qui nous permettra de visualiser le rôle de la température nous est fourni par le phénomène de la congélation de l'eau et de la cristallisation qui l'accompagne. Supposons que l'eau soit contenue dans un récipient sphérique dont les parois transparentes permettent de l'observer. Faisons tourner ce récipient autour de son centre : l'eau qu'il contient se présentera toujours de façon identique, elle ne trahira en rien cette rotation. L'eau possède, comme on pouvait si attendre intuitivement, la symétrie sphérique. Aucune direction privilégiée dans l'espace ne lui est donc associée.

Cette propriété se traduit par un ensemble de caractéristiques physiques de cet environnement. Ainsi, par exemple, la vitesse de la lumière qui se propage dans l'eau sera la même dans toutes les directions. Cet exemple ne doit surtout pas troubler ! Lorsqu'on parle de la constance de la vitesse de la lumière par rapport aux divers observateurs et de la limite qu'elle représente, c'est de sa propagation dans le vide qu'il s'agit. Sa vitesse de propagation dans un milieu matériel dépend, au contraire, de celui-ci (tout comme la vitesse des ondes acoustiques, par exemple).

Refroidissons maintenant cette eau jusqu'à son point de congélation, zéro degré centigrade dans les conditions physiques habituelles. Lorsque ce liquide atteint cette température de congélation, appelée *température critique*, des cristaux de glace se forment et, ce faisant, ils sélectionnent des directions privilégiées dans l'espace associées à leurs arêtes. Ce passage de la phase liquide à la phase solide de l'eau est appelé *transition de phase*.

Pour simplifier notre propos, centrons notre attention sur un des cristaux qui se sont formés lors de la cristallisation. Ses arêtes, donc l'apparition des directions privilégiées dans l'espace, signalent une réorganisation macroscopique structurelle du milieu, accompagnée d'une disparition explicite de la symétrie initiale de rotation. En effet, contrairement au cas de l'eau liquide, l'orientation des arêtes du cristal de glace trahira, cette fois, les rotations qu'on lui fera subir.

Lors d'une rotation, nous pouvons distinguer les diverses positions du récipient selon la direction que dessinent les arêtes du glaçon. En d'autres termes, les diverses orientations de l'eau dans le récipient qu'on fait tourner se distinguent à présent les unes des autres, elles ne sont donc plus équivalentes et la symétrie de rotation s'est ainsi envolée. Le cristal de glace possède un degré de symétrie moindre que l'eau dont il est issu. Les molécules de H_2O s'organisent en réseau cristallin en se plaçant sur des sites bien déterminés et en sélectionnant trois directions privilégiées.

Les phénomènes physiques qui se déroulent dans ce milieu cristallin organisé ressentent alors la présence de ces directions et peuvent se dérouler différemment selon chacune d'elles. Ainsi, les ondes électromagnétiques, donc la lumière, acquièrent une vitesse de propagation différente selon chacune de ces directions. La vitesse unique de la lumière dans la phase liquide de l'eau s'est scindée en trois vitesses distinctes sous la température critique, dans sa phase congelée. Voilà l'exemple d'un phénomène physique qui, morcelé dans la phase asymétrique (le cristal), s'unifie dans la phase symétrique (l'eau).

Et alors, pensera-t-on peut-être, pourquoi être surpris d'assister à des modifications de comportements physiques au sein du récipient ? Il va de soi qu'un glaçon et l'eau dont il est issu ne sont pas identiques, en dépit de leurs molécules communes H_2O. C'est vrai, mais c'est raisonner là en tant qu'observateur extérieur qui possède le recul nécessaire à l'observation et à l'interprétation des causes et des effets de cette petite histoire d'eau qui n'a aucune raison d'impressionner. Or tout l'intérêt et toute la portée de cet exemple résident dans ce qu'il peut nous apprendre lorsque nous le vivons de l'*intérieur* du récipient, qui serait notre univers.

Imaginez donc que votre vie se déroule dans les profondeurs de ce monde cristallin qui représenterait tout votre univers. Vous n'avez aucune latitude de le contempler de l'extérieur, et il n'y a donc aucune source de chaleur extérieure qui puisse en modifier la température. Serez-vous assez ingénieux pour déduire de vos observations que les propriétés et les lois physiques que vous observez dans votre univers cristallin ne résultent que de sa température ?

Vous découvrez, entre autres, qu'il possède des directions privilégiées et n'est donc pas isotrope. Vous étudiez les lois de la propagation de la lumière et découvrez qu'elle se propage selon trois vitesses distinctes dans cet univers anisotrope. Mais en tant que physicien théoricien, vous poussez plus avant vos recherches et cherchez à comprendre la nature microscopique de votre univers. Vous découvrez que sa matière est faite de molécules de H_2O qui sont fixées sur les sites d'un réseau cristallin. Vous comprenez alors l'origine des directions privilégiées qui caractérisent votre univers. La connaissance de l'électromagnétisme et l'étude fine des forces de liaison qui agissent entre les molécules de H_2O vous conduisent à la conclusion que votre univers possède une température qui est nécessairement inférieure à la température critique de congélation de l'eau, dont vous déterminez même explicitement la valeur. Bref, vous comprenez que la « matière cosmologique » de votre univers cristallin n'est rien d'autre que la phase solide de l'eau.

Vous en déduisez que si votre univers était, *ou avait été*, plus chaud que la température critique que vous avez déterminée, il serait dans une autre phase et ses propriétés de symétrie comme ses lois physiques seraient différentes : ses directions privilégiées disparaîtraient, il posséderait la symétrie de rotation et les trois vitesses de la lumière se fondraient en une seule. Vous comprendriez alors que c'est la disparition explicite de cette symétrie harmonieuse des rotations, remplacée sous la température critique de congélation par celles du cristal, qui a dissocié la vitesse unique de la lumière en trois valeurs distinctes.

Mais il vous resterait un dernier point important à éclaircir : pourquoi votre univers se réorganise-t-il lorsque la température chute sous certains seuils critiques ? Pourquoi l'eau liquide se congèle-t-elle ? La réponse réside dans l'existence d'une compétition entre deux formes d'énergies : la première est *l'énergie cinétique* associée à *l'agitation thermique* des molécules, et la seconde est *l'énergie potentielle* associée aux *forces de liaison* qui sont des forces attractives, de nature moléculaire, agissant entre les molécules de H_2O. Or c'est une règle générale dans la nature que l'énergie potentielle d'un système cherche toujours à réaliser sa valeur la plus petite possible.

Prenons l'exemple d'un barrage. La masse d'eau qu'il maintient à la hauteur requise possède une énorme énergie potentielle (hydrostatique) qui ne peut être exploitée tant que le barrage est en place. Mais que ses vannes s'ouvrent ou qu'un accident y provoque des brèches, et l'eau se libérera instantanément de sa contrainte et chutera vers le niveau le plus bas qu'elle puisse atteindre. Elle minimisera ainsi son énergie potentielle en la transformant éventuellement en travail fourni au monde extérieur, le mouvement de turbines électriques, par exemple.

Dans le cas de la cristallisation de l'eau, la tendance spontanée de l'énergie potentielle de liaison entre les molécules est de minimiser sa valeur, état qu'elle réalise en répartissant les molécules sur les sites d'un réseau cristallin. Si l'eau chutant du haut du barrage transforme son surplus d'énergie potentielle en énergie utilisable, qu'advient-il du surplus d'énergie potentielle lors de la transition de la phase liquide à la phase solide de l'eau, qui est précisément réalisée pour minimiser cette énergie ? La loi de la conservation de l'énergie nous garantit, en effet, qu'elle doit se retrouver quelque part : elle se dégage sous forme de chaleur, dite *chaleur latente*. Il y a un réchauffement ambiant dans le voisinage de l'eau qui se congèle !

À l'instar du barrage qui empêche l'eau de tomber, une agitation thermique, donc une température trop élevée empêchera les molécules de se loger sur les sites qui les attendent : c'est la phase symétrique liquide. Dans cette phase, l'énergie cinétique des molécules l'emporte sur leur énergie potentielle de liaison. Leur agitation thermique les empêche de se localiser sur les sites qui minimiseraient cette énergie potentielle.

Mais soudain, lorsque cette température, et l'agitation thermique qui l'accompagne, chute et atteint une certaine valeur critique, celle de la congélation de l'eau en l'occurrence, l'énergie potentielle devient dominante, l'emporte sur l'énergie cinétique et réalise son minimum en logeant les molécules sur leurs sites. C'est ainsi que naît le cristal.

Mais la symétrie parfaite initiale, celle de rotation, a-t-elle disparu à tout jamais de ce monde cristallin ? Que se passerait-il si des physiciens habitant ce monde cristallin décidaient d'en chauffer une minuscule région au point que sa température dépasse la température critique ? L'agitation thermique y reprendrait alors le dessus, provoquant la liquéfaction de cette région. La phase symétrique y serait alors localement restaurée, ainsi que les propriétés physiques qui lui sont associées. En particulier, les trois vitesses de propagation de la lumière s'y réunifieraient en une seule valeur unique. Nos physiciens auraient ainsi réactualisé une symétrie fondamentale qui était seulement occultée par la présence des directions privilégiées du réseau cristallin.

Autrement dit, on assiste dans ce monde cristallin à une disparition de la symétrie unificatrice alors qu'il la love secrètement, tout en la conservant fondamentalement intacte. La symétrie initiale n'est donc pas oubliée, c'est une mémoire indélébile des propriétés fondamentales de la substance H_2O au sein du cristal de glace, et les « souvenirs liquides » ainsi que la vitesse unique de propagation lumineuse sont susceptibles de se manifester de nouveau lorsque des conditions physiques adéquates le permettent.

Les habitants du cristal apprendront alors que la symétrie de leur univers cristallin et l'existence de plusieurs vitesses distinctes de la lumière ne représentent qu'un accident dû à des circonstances physiques particulières : la température de leur univers plus basse qu'un seuil critique.

Faisons le point : que nous apprend cet exemple de l'univers cristallin ? Tout d'abord, que ses symétries se transforment lorsque la température passe par un seuil critique en engendrant une transition de phase. Cette dernière modifie à son tour les comportements physiques que nous observons. Il y a donc un lien profond entre la symétrie et les propriétés physiques. Ainsi, dans cette image, la vitesse *unifiée* de propagation d'une onde électromagnétique, la lumière par exemple, dans la phase liquide au-dessus de la température critique de congélation, se scinde en trois vitesses distinctes sous cette température. En résumé, une même grandeur physique fondamentale, ici la vitesse de propagation d'une onde électromagnétique, qui nous apparaîtrait multiple dans notre univers cristallin froid, s'unifierait en une seule valeur au-dessus d'une température seuil.

La chaîne causale des événements décrits ci-dessus met clairement en évidence le rôle de la température : c'est lorsqu'elle passe par certaines valeurs critiques que se produisent des changements de symétrie associés à des transitions de phase. Les comportements physiques se modifient lorsqu'on transite d'une phase à l'autre. Dans le cas de l'eau, par exemple, lorsque la température est supérieure à celle de congélation, l'agitation thermique des molécules ne permet pas que s'établisse l'ordre qui caractérise la distribution des molécules sur des lieux bien déterminés du réseau cristallin.

L'histoire du refroidissement de l'eau serait banale si elle ne représentait un exemple générique d'une *histoire thermique* qui illustre le lien profond entre la température d'un milieu matériel, les symétries qui lui sont attachées et les retombées de ces dernières sur le déroulement des phénomènes physiques. Ce qui se passe dans l'univers cristallin suggère, en effet, la possibilité d'un processus analogue dans le nôtre qui concernerait les symétries associées aux interactions fondamentales. Toutefois, contrairement aux aventures de l'eau, les directions privilégiées qui marqueront la disparition explicite des symétries dans le monde des interactions fondamentales ne se manifesteront pas dans notre espace ordinaire, mais bien dans les espaces mathématiques abstraits des formalismes de ces interactions. Le principe est le même dans les deux cas, mais ce qui est accessible à l'intuition directe dans le premier demande un effort d'abstraction dans le second.

Le pari des physiciens fut donc de conjecturer que le refroidissement de l'univers accompagnant son histoire thermique fut ponctué lui aussi par des températures critiques. C'est au passage de celles-ci que les interactions, d'abord réunies en une interaction unifiée, se morcelèrent et se différencièrent par les intensités et les portées que nous connaissons aujourd'hui. Notre perception de la différenciation des interactions fondamentales ne serait qu'accidentellement liée au moment particulier actuel de notre histoire cosmologique et à la température suffisamment basse qui le caractérise.

Pari tenu ! À la fin des années 1960, les trois physiciens Steven Weinberg, Abdus Salam et Sheldon Glashow montrèrent l'existence d'un seuil thermique, la température critique de 10^{15} °K, qui marque une profonde réorganisation des deux interactions électromagnétique et faible, qui s'amalgament en une interaction unique, de portée infinie : l'interaction électrofaible.

Que vaut, à la température de cette transition de phase électrofaible, l'énergie cinétique des particules ? Le plus simple et le plus parlant est de l'exprimer en termes de masse au repos d'une particule, en l'occurrence le proton. C'est grâce à la relation $E = mc^2$ que la masse et l'énergie s'expriment mutuellement l'une en termes de l'autre. Grâce à l'énormité de la valeur de c^2, on peut exprimer des valeurs d'énergie impressionnantes en termes de masses de valeur très modestes, celles des particules élémentaires usuelles. C'est généralement au proton, dont la masse vaut $(1,6)10^{-24}$ g, que l'on fait référence. Sa masse vaut un milliard d'électronvolts ou un GeV. L'électronvolt (eV) est l'énergie acquise par un électron accéléré par une différence de potentiel électrique d'un volt : 1 eV = $(1,6)$ 10^{-19} joules ou encore 1 eV/c^2 = $(1,8)$ 10^{-36} kg. Les unités traditionnelles et conventionnelles d'énergie se voient ainsi remplacées par des unités universelles bien plus parlantes. Ainsi, l'énergie caractéristique de la transition électrofaible est d'environ 100 masses du proton ou 100 GeV.

Les théoriciens n'en restèrent pas là et mirent ensuite en évidence une seconde température critique, 10^{28} °K, associée à une nouvelle transition de phase qui marque l'unification de l'interaction électrofaible avec l'interaction forte : c'est l'ère dite de la *grande unification* (GUT pour *Grand Unified Theory*) qui unifie ainsi les trois interactions électromagnétique, faible et forte. Cette température correspondant à une énergie qui vaut 10^{15} masses du proton ! Il n'y a alors plus qu'un facteur 10^4 entre cette température et celle de Planck (10^{32} °K).

La chronologie des événements qui se produisent à partir de l'origine physique du modèle standard, le temps de Planck, est déterminée par le taux d'expansion de l'espace, qui résulte lui-même des équations d'Einstein. C'est en effet cette expansion qui régit le taux de refroidissement du milieu cosmologique, à l'image du refroidissement d'un gaz chaud emprisonné dans un cylindre dont le volume augmente. En bref, les équations d'Einstein nous disent comment se dilate l'espace avec le temps, et la physique classique nous apprend comment son contenu se refroidit. Voilà comment sont datés, à partir du temps de Planck, les instants critiques où se produisent les divers événements qui ponctuent l'histoire thermique standard de l'univers : la transition de phase de la grande unification se serait produite lorsque l'univers n'était âgé que de 10^{-35} s et celle de la transition électrofaible aurait eu lieu « bien plus tard », à l'âge de 10^{-11} seconde.

Les puissances de 10 ont tendance à nous masquer l'invraisemblable saut quantitatif qui sépare les seuils critiques électrofaibles et celui de grande unification : il y a en effet un saut impressionnant de température, d'un facteur 10^{13} entre les deux seuils critiques ! Ce saut est en fait celui qui sépare les plus grandes énergies atteignables actuellement dans les grands accélérateurs terrestres de particules et celles qui caractérisent la toute petite enfance de l'univers, lorsque son âge était de l'ordre de 10^{-35} seconde.

Parmi toutes ces unifications successives, seule la première, l'électrofaible, possède un support expérimental solidement établi. Pour y parvenir, les physiciens ont mimé l'opération de réchauffement local d'une minuscule région de l'univers cristallin. Comment effectuer une telle opération dans notre univers ? En créant expérimentalement des conditions adéquates d'énergie et de température dans de petites régions de l'espace. Et cela, au moyen des grands accélérateurs de particules qui parvinrent précisément à atteindre, dès les années 1980, l'énergie énorme que représente le seuil critique de l'interaction électrofaible. Quel événement inouï que la mise en évidence expérimentale de l'état de la matière sujet à l'interaction électrofaible ! Elle valut d'ailleurs le prix Nobel à Carlo Rubbia et à Simon Van der Meer en 1984. Elle confirmait le bien-fondé des démarches théoriques qui avaient parié sur l'existence de ce processus d'unification, au moins en ce qui concerne la première manche, l'unification des interactions faible et électromagnétique.

Cette confirmation expérimentale permit ainsi aux physiciens d'être très optimistes quant à l'existence d'une grande unification qui verrait l'interaction forte rejoindre l'électrofaible. Hélas, le chemin énergétique à parcourir, passer de 10^{15} °K à 10^{28} °K, est tellement gigantesque qu'il dépasse de loin tout ce qui pourrait se réaliser concrètement aujourd'hui : il faudrait un accélérateur de particules dont les dimensions seraient cosmologiques ! Toute preuve expérimentale de l'existence de cette ère de grande unification est-elle définitivement hors de notre portée ?

Il n'en est rien, les physiciens, qui ne sont jamais en mal d'imagination, espèrent découvrir certaines propriétés physiques, vestiges de cette période, au sein de notre univers actuel. Ils espèrent percevoir des résurgences locales de la grande symétrie unifiée, à l'image des réapparitions locales de la phase liquide et de sa symétrie fondamentale de rotation au sein du cristal de glace. Sans entrer dans aucun détail, citons, par exemple, l'éventuelle désintégration du proton. Si le proton n'était ainsi plus absolument stable, l'atome de carbone ne le serait pas plus, et les diamants ne seraient plus éternels... La matière visible de l'univers, essentiellement composée d'atomes d'hydrogène dont le noyau est un proton, serait dès lors vouée à une inéluctable disparition. Ce sort funeste ne serait néanmoins pas d'une actualité criante. La durée moyenne de vie du proton prévue par la théorie de grande unification est en effet gigantesque, au moins 10^{32} années ou dix mille milliards de milliards de fois l'âge de l'univers. À première vue, il semblerait qu'une probabilité de désintégration aussi menue soit expérimentalement invérifiable. Il n'en est rien. En effet, une tonne de matière contient environ 10^{33} protons et l'on devrait en conséquence observer environ une désintégration de proton par mois. En pratique, les expérimentateurs enfouissent profondément sous terre, à l'abri des rayons cosmiques perturbateurs, quelques tonnes de matière, en général de l'eau, qu'ils observent ensuite dans l'attente d'un événement caractéristique qui porterait la signature de la désintégration d'un proton. Mais aucun événement n'a été observé à ce jour. Les physiciens s'en « sortent » en pronostiquant une durée de vie du proton plus longue et des ajustements de la forme initiale de la théorie. L'issue de cette joute théorético-expérimentale reste incertaine.

En tout état de cause, si l'existence de notre univers actuel ne semble pas être mise en danger par l'instabilité du proton, celle-ci serait par contre intimement liée à l'explication d'une énigme cosmologique essentielle : pourquoi notre univers n'est-il fait que de matière ou, en d'autres mots, où est passée l'antimatière ?

La théorie quantique des champs nous a en effet appris qu'à chaque particule est associée une antiparticule. Toutes ces antiparticules peuvent être produites par paires avec leurs particules correspondantes dans les accélérateurs de particules. On y réalise des collisions de protons à des énergies qui excèdent l'énergie associée à la masse de la paire matérielle produite. Les antiparticules sont également détectées dans les rayons cosmiques où elles sont créées par des mécanismes similaires.

Les atomes d'antimatière ont une structure identique à celle des atomes de matière mais sont formés de constituants antiparticulaires : un atome d'antihydrogène, par exemple, possède un noyau qui est un antiproton (proton de charge négative) autour duquel orbite un positron (électron de charge positive). Il en est de même pour tous les atomes matériels qui ont leur contrepartie antiatome.

Lorsqu'un couple formé d'une particule et d'une antiparticule se rencontre, il s'annihile pour former deux photons qui portent leur énergie. Inversement, des photons suffisamment énergétiques (porteurs d'une énergie qui vaut au moins deux fois l'équivalent énergétique de la masse cumulée de la particule et l'antiparticule) peuvent s'annihiler en donnant naissance à un tel couple.

Tous ces processus auraient été monnaie courante au sein de la phase chaude et dense de l'univers primordial. Si l'univers avait été doté à sa naissance d'un nombre égal de particules et d'antiparticules, elles se seraient inévitablement toutes rencontrées par paires et annihilées en photons. Mais lors de ces tout premiers instants d'existence, la température du milieu cosmologique était suffisamment élevée pour que l'énergie des photons issus de ces annihilations les conduise à réaliser le processus inverse, à s'annihiler et à recréer des paires de particules-antiparticules. Ces paires matérielles et les photons s'annihilaient et s'engendraient ainsi continuellement. L'expansion entraînant une chute progressive de la température, un seuil fut rapidement atteint au-delà duquel l'énergie des photons devint trop petite pour engendrer à nouveau des couples de particules-antiparticules. L'issue de cette situation est claire : au terme d'un temps très bref d'existence, toutes les particules et antiparticules matérielles de toute nature auraient disparu et l'univers n'aurait plus contenu que des photons. Notre univers actuel aurait été purement photonique, et ni l'auteur ni les lecteurs éventuels de ce livre n'auraient pu communiquer sous leur forme matérielle.

Pourquoi n'en est-il pas ainsi ? Pourquoi l'univers est-il uniquement fait de briques matiérielles ? Les physiciens ont compris que ce fait cosmologique ne pouvait trouver son origine que dans une dissymétrie primordiale entre matière et antimatière, plus précisément dans un excès de particules par rapport aux antiparticules lors des tout premiers instants d'existence de l'univers.

L'idée sous-jacente est simple : en présence d'un tel excès de particules, toutes les antiparticules trouvent des particules avec lesquelles elles s'annihilent en photons. Mais les particules étant en surnombre, ces particules excédentaires n'ont plus d'antiparticules avec lesquelles elles pourraient s'apparier et échappent donc *in extremis* à l'annihilation. Le milieu cosmologique qui résulte de ces joutes est dès lors constitué de photons, ceux qui résultent des annihilations, et de particules matérielles.

Pourquoi cet excès et quelle est son importance ? C'est précisément ici qu'entrent en jeu la théorie de la grande unification et l'instabilité du proton qu'elle prédit. Celle-ci, associée à d'autres propriétés de cette unification, ouvre la voie à un mécanisme de dissimulation spontanée de la symétrie entre les particules et les antiparticules. Autrement dit, les particules et les antiparticules qui existaient en nombre égal dès les premiers balbutiements de l'univers jusqu'à l'ère de la grande unification, qui se produit autour de 10^{-35} seconde, sont alors impliquées dans un mécanisme qui modifie *spontanément* leurs nombres respectifs. Cette dissimulation de la symétrie semble quantitativement insignifiante : pour un milliard d'antiparticules qui résultent de ce mécanisme, il y aurait un milliard et une particules ! Quel est alors le bilan de leurs rencontres et annihilations ? *Toutes* les antiparticules s'annihilent avec le milliard de particules qu'elles rencontrent en donnant naissance à deux milliards de photons cohabitant avec la *seule* particule qui subsiste, faute d'avoir pu rencontrer un partenaire antiparticule. Le milieu cosmologique qui émerge de l'ère de la grande symétrie unifiée ne contient *que de la matière et des photons* dans des proportions bien déterminées : il y a deux milliards de photons par particule matérielle. C'est à ces photons que le rayonnement cosmologique doit son existence et ce sont ces protons survivants qui constituent la matière visible de l'univers.

Ce rapport du nombre de photons par particule matérielle (essentiellement des protons), *l'entropie spécifique de l'univers*, est un paramètre cosmologique d'autant plus essentiel qu'il reste *constant* tout au long de l'expansion ultérieure. C'est donc lui qui caractérise le rapport actuel du nombre de photons du rayonnement cosmologique par proton, présents dans chaque volume de l'espace. Or, cette densité de photons par unité de volume détermine la température de ce rayonnement. La densité du nombre de protons, quant à elle, détermine la densité de la matière visible dans l'univers. La température actuelle de 2,7 °K et la densité actuelle de la matière visible de l'ordre de 10^{-31} g/cm^3 conduisent précisément à une valeur de l'ordre de 10^9 photons par proton. Il est remarquable que ce paramètre cosmologique fondamental qui gère le lien entre la température du rayonnement cosmologique (le nombre de photons) et la densité de la matière visible (le nombre de protons) puisse trouver son origine dans les processus physiques qui se déroulèrent durant l'ère de grande unification des trois interactions fondamentales.

Comment ne pas insister sur le fait que l'univers matériel ne doit son existence qu'à ce « petit » accident de la grande symétrie unifiée et que nous ne sommes en définitive que les laissés-pour-compte d'une « minuscule » dissimulation spontanée de symétrie qui se serait produite lorsque l'âge de notre univers n'était que de 10^{-35} secondes.

Qu'arrive-t-il à la gravitation au cours de la montée progressive en température et en énergie ? Son intensité, si extraordinairement petite par rapport à toutes les autres, ne réagit pratiquement pas jusqu'à ce que la température dépasse le seuil de la grande unification. C'est alors, lorsque la température se rapproche de celle de Planck, que son intensité se met brusquement à s'élever, ouvrant ainsi une possibilité de jonction avec celle de l'interaction unifiée. Cet événement *marquerait* l'unification des quatre interactions fondamentales au sein de *l'ère de Planck*. La température de Planck représenterait alors le seuil critique sous lequel la gravitation se découple de la grande interaction unifiée des trois autres interactions fondamentales. C'est donc précisément au moment de cette autonomisation de la gravitation que prend naissance la description de notre histoire cosmologique par le modèle standard. Les physiciens sont loin de s'accorder sur la réalisation de cette unification complète qui engloberait la gravitation, voire sur son existence, mais elle nous conduirait aux confins du temps et de la température de Planck.

C'est précisément alors que la physique ne peut plus s'exprimer qu'en donnant simultanément la parole à la théorie quantique et à la relativité générale. Nous tâtonnons donc là dans un monde dont nous savons peu de choses, du moins tant que le mystère de la gravité quantique ne sera pas résolu, s'il l'est un jour. Il y a néanmoins des pistes sérieuses parmi lesquelles la *théorie des cordes* et *la gravitation quantique à boucles* sont les plus prometteuses. Ces aspects sont très controversés, même parmi les auteurs les plus brillants et les plus féconds dans ce domaine. Le lecteur pourra prendre la mesure de la complexité et des doutes qui planent sur ces concepts dans l'excellent livre de Lee Smolin[9].

Voilà ! vous détenez à présent la clef des tenants et des aboutissants d'un des mécanismes les plus subtils des interactions fondamentales de la matière : la « dissimulation » de leur unité profonde. A-t-il un impact sur notre histoire cosmologique ? Pourquoi vivons-nous aujourd'hui dans un « monde cristallisé », dans lequel quatre interactions distinctes régissent le comportement des divers constituants élémentaires de la matière ? C'est l'expansion de l'univers qui est la grande responsable de cette situation, plus précisément la chute progressive de température qu'elle entraîne. Rien de tel n'aurait pu voir le jour dans un univers statique, comme celui que concevait Einstein dans son premier modèle cosmologique.

La grande unification ne pouvant, en effet, régner qu'au-dessus de la température critique de 10^{28} °K, la chute de la température du milieu cosmologique sous ce seuil s'accompagne de sa désunification en ses trois composantes. Elles s'autonomisent les unes après les autres en deux étapes successives : tout d'abord, l'interaction unifiée unique se subdivise en l'interaction forte, qui devient ainsi autonome, et l'interaction *électrofaible*, qui unit encore l'interaction faible et l'électromagnétisme. C'est « bien plus tard », lorsque l'univers eut vécu 10^{-11} s et que l'expansion fit chuter la température à 10^{15} °K, que l'interaction électrofaible se scinda, elle-même, en deux interactions autonomes, l'électromagnétique et la faible.

---

9. Lee Smolin, *Rien ne va plus en physique, op. cit.*

C'est donc à partir de ce moment-là que le monde des interactions devint celui qui est le nôtre aujourd'hui. Le fluide cosmologique est alors un plasma chaud formé des futurs constituants des protons et des neutrons, les quarks, ainsi que les gluons qui sont les messagers de leurs interactions, tous encore libres alors : c'est le plasma primordial de quarks et de gluons. Les physiciens pensaient que ce mélange se comportait comme un *gaz* chaud de particules chargées. Mais des recherches récentes, menées au moyen d'accélérateurs qui simulent les spécificités de ce milieu par des collisions d'ions lourds, conduisent à une conclusion tout à fait inattendue et contraire à l'image théorique naïve qu'on s'en faisait, celle d'un *gaz parfait* dont les constituants n'interagissent que faiblement : ce plasma cosmologique se comporte comme un *liquide superfluide*, c'est-à-dire dépourvu de viscosité ! Son comportement est analogue à celui de l'hélium superfluide, par exemple, qui acquiert cet état lorsque sa température descend sous 2,2 °K. De nombreuses recherches théoriques et expérimentales tentent aujourd'hui d'élucider l'énigme posée par cet état inattendu de la matière.

Cet état survécut jusqu'à ce que l'univers se soit étendu 1 000 fois plus environ, et passe par une nouvelle température critique essentielle, 10^{12} °K, atteinte après 10 microsecondes (10^{-5} seconde), qui est celle de l'emprisonnement à vie des quarks et des gluons au sein de nouvelles entités qui vont profondément marquer l'histoire cosmologique : les protons et les neutrons. Ceux-ci représentent de microscopiques prisons en lesquelles se morcelle le plasma de quarks et de gluons. Les quarks, préalablement libres, s'y trouvent enchaînés « à vie » par les gluons qui ne leur permettront plus de s'en échapper. C'est ainsi qu'apparaissent les premiers noyaux atomiques, ceux de l'élément chimique le plus léger, l'hydrogène.

Après une nouvelle expansion par un facteur 1 000, c'est un nouveau seuil thermique que franchit l'univers à l'âge vénérable d'environ 100 secondes, sa température devenant modestement égale à 10^9 °K : la *nucléosynthèse* ou formation des noyaux des éléments chimiques les plus légers après l'hydrogène : l'hélium, le deutérium et le lithium. Ce sont précisément les événements qui marquèrent le point de départ de l'histoire esquissée par Gamow en 1948. C'est l'analyse de ces deux derniers seuils qui permit de déterminer avec une précision remarquable l'abondance relative des atomes d'hydrogène, de deutérium et d'hélium dans l'univers. En particulier, ce sont pratiquement tous les noyaux d'hélium, soit 23 % de toute la matière visible de l'univers, qui furent alors créés.

Imaginons ! il n'aura fallu qu'un peu plus de 100 secondes d'existence de l'univers pour que sa population cosmologique passe de l'état de la grande unification au plasma incandescent de quarks et de gluons libres, et enfin aux noyaux des éléments atomiques les plus légers. Une partie importante de l'histoire thermique venait ainsi d'être parcourue. Mais il restait une étape cruciale, celle de la création des atomes neutres. Ce ne sont plus des secondes qu'il faudra attendre pour cela, mais des centaines de milliers d'années ! À quoi ressemblait le milieu cosmique durant toute cette période ? C'est à nouveau un plasma, mais très différent de celui que l'univers avait connu lorsque les quarks et les gluons étaient encore libres. Il est formé, cette fois, des protons, des neutrons, des noyaux légers mais aussi des électrons et des photons qui existaient aux côtés des quarks et des gluons depuis que les trois interactions forte, faible et électromagnétique s'étaient autonomisées. La tendance naturelle des électrons portant des charges électriques négatives serait de rejoindre les protons positifs pour former des atomes neutres, mais ils ne le peuvent.

En effet, la température, donc l'agitation thermique qu'elle exprime, et en particulier l'énergie cinétique des électrons, est bien trop grande pour que ce phénomène puisse se produire. Les photons y jouent d'ailleurs un rôle majeur car ils interagissent sans arrêt avec les électrons qu'ils rencontrent. Ces photons ne pouvaient, contrairement à ce qui se passe aujourd'hui, se déplacer très loin sans rencontrer de particules, essentiellement des électrons, étant absorbés et réémis ou diffusés lors de ces rencontres. Il n'y avait donc pas alors de rayons lumineux rectilignes, capables de transporter des informations à grande distance puisqu'ils étaient continuellement déviés de leurs trajectoires droites. Leur libre parcours moyen était très petit.

S'il en avait été ainsi jusqu'à aujourd'hui, toute notre observation de l'univers fondée sur la réception de rayonnements électromagnétiques qui parcourent librement d'énormes distances cosmologiques en provenance de sources lointaines serait inexistante. Aucune information « visible » véhiculée par des photons de ce plasma ne pouvait en émerger. C'est pourquoi on dit que l'univers était alors *opaque* au rayonnement électromagnétique.

Une autre propriété importante concernant cette période porte sur les énergies de tous ses protagonistes : les particules et les photons. Leurs interactions incessantes impliquaient un échange continuel d'énergie entre eux, donc sa répartition uniforme. Les particules et les photons possédaient tous la même énergie moyenne d'agitation. Autrement dit, ce milieu était à l'équilibre thermique, un état au sein duquel la température était uniforme. En effet, toute déviation locale de la température par rapport à cette moyenne était immédiatement effacée par les échanges d'énergie.

Cet équilibre thermique entre la matière et le rayonnement implique une propriété essentielle de ce dernier, une signature fidèle de ce type de situation physique : le spectre du rayonnement est identique à celui qui règne dans un haut-fourneau, le rayonnement dit « de corps noir ». Autrement dit, nous l'avons vu, un rayonnement tel que l'intensité attachée à chaque longueur d'onde est déterminé uniquement par la température, selon une répartition décrite par la courbe de Planck.

Rappelons que cette dernière possède la forme caractéristique d'une courbe en cloche, dont la forme générale et la position du maximum ne dépendent que de la température du milieu. Ce résultat n'est pas surprenant puisque, dans le cas du haut-fourneau comme dans celui de l'univers d'alors, les prémisses qui déterminent la nature du rayonnement sont identiques : l'équipartition de l'énergie entre la matière et le rayonnement. Dans le cas du haut-fourneau, la matière est représentée par les atomes de ses parois, alors que dans celui de l'univers, il s'agit essentiellement des électrons du plasma cosmologique. Mais que ce soient les parois du haut-fourneau ou les électrons du plasma, seul l'équilibre thermique avec le rayonnement détermine la distribution particulière de Planck.

Il se passa ensuite ce qui devait naturellement se passer : la température qui continuait à décroître avec l'expansion, entraînant à sa suite une décroissance progressive de l'énergie moyenne d'agitation thermique, finit par atteindre un seuil critique de 3 000 °K, lorsque l'univers atteignit l'âge de 380 000 ans.

Les protons purent alors accaparer des électrons, trop agités précédemment, en créant ainsi les premiers atomes neutres, ceux de l'hydrogène, et en libérant les photons de leurs incessantes rencontres avec ces électrons.

Cet événement marqua un pas essentiel dans notre histoire, puisqu'il fit apparaître les premiers atomes neutres que nous connaissons aujourd'hui. Cela se produisit lorsque l'univers n'était plus que 1 000 fois plus petit qu'aujourd'hui. Comment connaît-on cette température cruciale dans l'évolution ? Tout simplement parce qu'on connaît grâce à notre physique et à notre chimie terrestres l'énergie d'ionisation de l'hydrogène (– 13,6 eV), c'est-à-dire l'énergie minimale, donc la température associée, qui doit être mise en jeu pour arracher l'électron lié au proton dans l'atome d'hydrogène. C'est évidemment sous cette même énergie que le processus inverse se réalise, à savoir la capture de l'électron par le proton pour former un atome neutre.

Les photons, enfin libérés de ces heurts continuels avec la matière, purent dès lors parcourir librement les grands espaces cosmologiques. Ils se découplèrent de la matière et devinrent les témoins privilégiés de l'état de l'univers à ce moment-là. En effet, en se débarrassant de l'intimité qui les liait à la matière dont ils partageaient les caractéristiques, durant toute la période antérieure, ils accédèrent à une indépendance qui leur permit de transporter à tout jamais l'image figée et progressivement refroidie par l'expansion de l'univers d'alors. On dit que l'univers devint *transparent*.

Ce rayonnement libéré, distribué selon la loi du corps noir, avait au moment de son émission une température de 3 000 °K : le rayonnement cosmologique était né, un flash cosmologique, témoin de cet épisode. Il représente le premier cliché de l'univers à peine sorti de la maternité. C'est ce rayonnement, progressivement refroidi par l'expansion de l'univers jusqu'à ce jour, et dont Gamow avait pressenti l'existence, qui fut mis en évidence expérimentalement en 1965 par deux ingénieurs de la compagnie Bell Telephone, Arno Penzias et Robert Wilson. Ils furent couronnés par le prix Nobel de physique en 1978 pour cette découverte qui, par son importance, complétait celle de l'expansion de l'univers par Hubble en 1929. Si cette dernière nous avait révélé que l'univers est dynamique et possède une histoire, c'est l'existence du rayonnement cosmologique qui représente la pièce à conviction la plus fiable en faveur de la nature thermique de cette histoire. Ce rayonnement nous permet d'observer *aujourd'hui* notre propre passé cosmologique, avec une précision stupéfiante, nous le verrons.

C'est en juillet 1965 que la revue américaine *Astrophysical Journal* annonça cette découverte expérimentale majeure : l'existence d'un rayonnement électromagnétique isotrope, qui présente donc la même intensité en provenance de toutes les directions du ciel. Ainsi, l'univers est uniformément empli d'un rayonnement électromagnétique, le « rayonnement cosmologique fossile ». La détermination de sa température montra que Gamow ne s'était pas trompé de beaucoup : cette température vaut 2,7 °K. Ses longueurs d'onde les plus intenses sont de l'ordre du millimètre, semblables ainsi aux ondes utilisées dans les fours à micro-ondes.

L'histoire de cette découverte du rayonnement cosmologique est rocambolesque et partiellement due au hasard. Initialement Penzias et Wilson étaient en effet peu concernés par la cosmologie, ils se consacraient à l'amélioration de la sensibilité de certains types d'antennes directionnelles. Ils se trouvèrent alors confrontés à un problème technique qui parasitait la bonne marche de leurs travaux, un bruit de fond dû à un rayonnement électromagnétique de longueur d'onde de 7 cm.

Quelle était la source perturbatrice, proche ou lointaine, qui les encombrait en leur envoyant ces ondes électromagnétiques centimétriques ? Ils ne se doutaient absolument pas que c'était en fait l'univers qui leur parlait et, plutôt que l'écouter, ils cherchèrent par tous les moyens à se débarrasser de ce signal indésirable. Vous ne vous doutez d'ailleurs pas plus qu'eux que c'est ce même bruit de l'univers qui est responsable de près de 1 % des parasites « neigeux » qui brouillent vos écrans de télévision, lorsque ceux-ci ne sont pas accordés sur une station émettrice.

Nos deux expérimentateurs varièrent le pointage de leur antenne dans diverses directions du ciel, sans pouvoir modifier ce bruit de fond qui n'était donc pas lié à une source astrophysique particulière. Ils exclurent aussi diverses origines de type humain, des signaux diffus en provenance d'agglomérations. Leur grand mérite tient certainement à leur obstination et à leur perfectionnisme. Ils passèrent tout au crible : au printemps, un couple de pigeons avait niché dans l'abri offert par l'antenne. Leurs déjections n'auraient-elles pas eu de mystérieuses propriétés électromagnétiques ? Ils chassèrent les pigeons, nettoyèrent soigneusement l'antenne, mais le bruit persistait. Jusqu'au jour où ils en parlèrent, dans une conversation à bâtons rompus, avec un physicien théoricien d'un groupe de l'université de Princeton. Ils ne pouvaient pas mieux tomber. Des membres de ce groupe focalisaient précisément leurs recherches sur la détection expérimentale du rayonnement fossile qui devait résulter de l'histoire thermique de l'univers. C'est alors qu'ils construisaient les antennes qui étaient censées détecter ce rayonnement qu'ils se firent « doubler » par Penzias et Wilson. De leur rencontre fortuite avec ces derniers naquit la certitude que le rayonnement tant convoité avait effectivement été mis en évidence.

Et ce rayonnement fossile qui nous parvient isotropiquement de toutes les directions de l'espace est une photographie fidèle de l'univers, alors âgé de 380 000 ans, lorsque les photons, qui purent enfin se dégager du plasma qui les emprisonnait, entamèrent leur voyage de messagers du passé, dans l'espace et le temps, jusqu'à nous. C'est donc non seulement l'image la plus ancienne de l'univers que nous possédions grâce à des observations électromagnétiques, au moyen de détecteurs radioastronomiques, mais c'est aussi la plus reculée qui nous soit à tout jamais accessible théoriquement au moyen de ce type d'observations. La limite théorique d'observabilité électromagnétique est, en effet, limitée par la frontière qui sépare l'univers transparent de l'univers opaque qui l'a précédé.

L'espoir d'une observation expérimentale des phases plus reculées de l'univers est-il dès lors réduit à néant ? Heureusement non ! Il existe en effet d'autres messagers qui pourraient non seulement provenir d'événements antérieurs au découplage, mais également de seuils critiques bien plus anciens qui le précèdent : ce sont les *ondes gravitationnelles*. Ces dernières, prédites par la relativité générale sous forme de déformations de l'espace qui se propagent de manière ondulatoire, devraient être prochainement mises en évidence par de tout nouveaux détecteurs. Ces ondes devraient être non seulement copieusement produites lors des tout premiers instants d'existence de l'univers, mais également tout au long de l'histoire opaque de l'univers. Elles constitueront donc, si rien ne vient entraver leur détection, les témoins de choix de la période invisible à la détection électromagnétique.

Sous quelle forme percevons-nous aujourd'hui l'univers tel qu'il était au moment de sa transition opaque-transparent, lorsqu'il émit le rayonnement de corps noir à 3 000 °K ? Nous savons par la vitesse limite de la lumière qu'observer loin dans le passé, c'est inévitablement observer loin dans l'espace. L'observation d'un phénomène se produisant à un moment donné dans tout l'univers, celui du découplage, est donc associée à celle d'une région dans l'espace, dont tous les points nous sont également distants : c'est donc une sphère qui porte le nom de *surface de dernière diffusion*. Observer cette sphère, c'est observer l'univers lorsqu'il était 1 000 fois plus petit qu'aujourd'hui et qu'il n'était âgé que de 380 000 ans. Cette sphère représente la véritable boule de cristal des physiciens qui y lisent littéralement l'état de l'univers *alors*.

En effet, nous ne voyons jamais les choses telles qu'elles sont au moment où nous les percevons, mais telles qu'elles furent lorsqu'elles envoyèrent les rayons lumineux qui nous apportent leur image. Nous voyons la Lune telle qu'elle était deux secondes plus tôt, nous voyons le bout de notre nez lorsqu'il était plus jeune de... Calculez ! Sur le plan astronomique, nous observons souvent des objets qui n'existent plus. Mais le prix à payer pour assister à des événements qui se sont déroulés dans un lointain passé de l'univers est que ces événements se soient produits dans des régions éloignées de la nôtre, d'autant plus lointaines que ce passé est ancien. Mais pouvons-nous dans ce cas déduire de ces observations ce qui se déroulait « ici » dans « notre » lointain passé ? La réponse positive à cette question résulte de l'homogénéité de l'univers qui implique que toutes ses parties se valent et que le passé des régions lointaines est donc également le nôtre. Et c'est précisément la surface de dernière diffusion qui est le révélateur le plus fiable de cette propriété d'homogénéité.

L'observation de la surface de dernière diffusion nous apporte des informations d'une richesse dont nous avons découvert progressivement toute l'étendue au cours de ces dernières années. Nous allons en effet voir que c'est également elle qui enrichit notre connaissance d'un passé plus reculé de l'univers, inaccessible à l'observation directe, qui détermine des ingrédients importants de son évolution ultérieure et qui fixe des paramètres cosmologiques essentiels de l'univers actuel.

C'est l'observation de la sphère de dernière diffusion qui représente également le point d'articulation des divers problèmes et maladies du modèle standard et qui nous a conduits sur le chemin de l'inflation.

Rayonnement cosmologique
et inflation

Depuis la découverte chanceuse de Penzias et Wilson, l'observation du rayonnement cosmologique prit de l'ampleur au cours des années suivantes. L'enjeu en était fondamental : ce rayonnement était-il *vraiment* le fossile du rayonnement thermique émis lors du découplage et refroidi par l'expansion de l'espace ? Autrement dit, son spectre était-il identique à celui d'un haut-fourneau refroidi dont la température passe de 3 000 °K vers quelques °K à peine ? La courbe représentative de ce spectre était-elle bien la « courbe en cloche » de Planck ?

Si les physiciens pressentaient qu'il en était bien ainsi, la certitude ne pouvait émerger que de l'observation et de la détermination expérimentale d'un très grand nombre de points de cette courbe, donc de l'intensité associée à de très nombreuses longueurs d'onde du rayonnement cosmologique. Mais les astrophysiciens n'arrivaient à obtenir, au terme de manipulations ingénieuses et complexes, qu'un nombre très restreint de données, le principal obstacle à une vision complète de ce rayonnement étant dû à l'atmosphère terrestre qui en écrante une partie importante.

Ainsi, par exemple, les physiciens de Princeton ne détectèrent, dans l'année qui suivit la découverte de Penzias et Wilson, que deux longueurs d'onde de ce rayonnement : cela ne représente que deux points d'une courbe qui en demanderait des dizaines pour que son identité puisse être certifiée avec quelque vraisemblance. Comme se plaisait à ironiser le célèbre physicien Wolfgang Pauli : « La connaissance de quatre points permet à un physicien habile d'ajuster un éléphant et, avec cinq points, il peut même lui faire bouger la trompe. »

Il fallut attendre vingt-cinq années pour que l'incertitude soit enfin levée, et au-delà de tous les espoirs. En novembre 1989, la Nasa lançait le satellite COBE (Cosmic Background Explorer), construit spécifiquement pour l'observation fine du rayonnement cosmologique hors de l'atmosphère terrestre. Le résultat ne se fit pas attendre. Il ne fallut que *huit minutes* à COBE pour mesurer le spectre du rayonnement avec une précision qui surpassait tout ce qui avait été obtenu durant les vingt-cinq ans qui avaient précédé : l'instrument FIRAS (Far Infrared Absolute Spectrometer), embarqué sur le satellite COBE pour voir dans l'infrarouge, dévoila d'un coup *la courbe complète du spectre du rayonnement cosmologique*. La sensibilité de COBE surpassait de loin les limites habituelles, elle lui permettait de mesurer les températures à quelques millièmes de degré près.

Imaginez l'émotion de l'équipe de John Mather-George Smoot (couronnés par le prix Nobel de physique, en 2006), à la vue du cliché du rayonnement recueilli par COBE : une courbe de Planck *parfaite*, dans toute sa splendeur. La courbe expérimentale relevée par COBE ne déviait de la courbe de Planck théorique que de moins de un dix millième. Cet accord est incroyable : aucun des points de la courbe observée ne se situait hors des inévitables marges d'erreur expérimentales ! Lorsque John Mather présenta les résultats préliminaires à l'American Astronomical Society en janvier 1990, l'auditoire lui réserva une *standing ovation*, événement rarissime lors d'une réunion scientifique.

Nul rayonnement thermique réalisé en laboratoire ne s'est autant approché de l'idéal théorique que représente la courbe de Planck. L'univers apparaît ainsi comme le corps noir le plus parfait de la nature. Il est rare que l'on puisse mesurer, en astrophysique, une quantité avec trois chiffres significatifs. C'est le cas pour la température du rayonnement cosmologique, qui est égale à 2,725 °K ± 0,002 °K ! Le maximum de l'énergie est rayonné à une longueur d'onde légèrement inférieure à 2 mm, le domaine des micro-ondes.

En définitive, c'est l'existence de ce rayonnement qui nous apporte la preuve la plus éclatante de la nature thermique de l'histoire cosmologique, et qui confirme ainsi le bien-fondé du modèle standard de l'évolution de l'univers. De plus, de tous les rayonnements électromagnétiques qui nous inondent sans cesse en provenance des multiples sources galactiques et extragalactiques, il est le seul à nous parvenir *identiquement de toutes les directions du ciel*. Cette propriété nous révèle une caractéristique fondamentale de notre univers juvénile, lorsqu'il n'était âgé que de 380 000 ans à peine, et de sa surface de dernière diffusion qui est la source de ce rayonnement : sa remarquable *homogénéité*. L'isotropie du rayonnement recueilli aujourd'hui, refroidi par l'expansion de l'espace depuis son émission, témoigne de l'uniformité de la température du rayonnement chaud qui lui donna naissance ainsi que de la répartition homogène de la matière dans l'univers d'alors.

Ce qui réjouissait avant tout les physiciens, ce n'était pas tant la perfection de ce tableau mais, bien au contraire, les écarts infimes à celle-ci que COBE leur avait révélés. Ce sont eux qui représentent « le chaînon manquant de la cosmologie », comme le déclarait John Mather. Nous verrons que ce sont précisément ces « imperfections » qui sont responsables de la structure à grande échelle de notre univers actuel.

Libérés de leur interaction intime avec la matière au sein de l'univers opaque, les photons émis par sa sphère de dernière diffusion ont enfin pu se propager librement dans l'univers devenu transparent, véhiculant jusqu'à nous un cliché fidèle de notre univers alors âgé de 380 000 ans. Cette image, issue des confins de notre univers visible, est celle de l'objet le plus lointain et le plus ancien que nous possédions : la sphère de dernière diffusion. Cette distance correspond à plus de 13 milliards d'années-lumière. C'est en captant les photons de ce rayonnement que COBE les fit interagir pour la première fois avec la matière et leur permit ainsi de nous transmettre la précieuse information qu'ils transportaient depuis plus de 13 milliards d'années. Et cette information concerne tout à la fois la structure du rayonnement au moment de son émission et celle de la répartition de la matière à cette époque marquée par la formation des premiers atomes neutres.

L'existence du rayonnement cosmologique nous conduit à une image de notre univers juvénile qui révèle une simplicité remarquable : ses distances spatiales étaient, nous l'avons vu, 1 000 fois plus petites qu'aujourd'hui, la répartition de la matière y était homogène, sa densité était un milliard de fois plus élevée qu'aujourd'hui et sa température, remarquablement uniforme, était 1 000 fois supérieure à celle du rayonnement cosmologique que nous détectons aujourd'hui.

L'homogénéité de l'univers était déjà reconnue et érigée en principe de symétrie, le principe cosmologique, depuis les premiers balbutiements de la cosmologie einsteinienne. C'est d'ailleurs cette exigence de symétrie qui avait conduit aux solutions simples et explicites des équations d'Einstein, qui sont à la base du modèle cosmologique standard. Cette propriété résultait de l'observation du ciel qui dévoile, à grande échelle, une répartition uniforme des galaxies, des amas de galaxies ainsi que d'autres objets stellaires comme les quasars. Autrement dit, c'est essentiellement le même paysage qui s'offre à notre regard, quelle que soit la direction du ciel que nous scrutons.

Avec la découverte du rayonnement cosmologique, de propriété approximative, l'*homogénéité* devient une caractéristique fondamentale et structurelle de l'univers, tout au long de son évolution, depuis une période extrêmement reculée de son existence jusqu'à ce jour. Mais lorsque les physiciens cherchèrent à rendre compte, dans le cadre du modèle standard, de cette propriété d'uniformité de l'univers, ils furent confrontés à une situation étonnante et apparemment inextricable.

Quoi de plus naturel pourtant que cette homogénéisation de l'univers qui semblait devoir se conformer à la tendance générale qu'ont tous les systèmes physiques à s'uniformiser. Elle résulte d'ailleurs d'une loi générale de la thermodynamique. Mais l'uniformisation d'un système n'est pas un processus instantané : il se déroule de proche en proche et requiert donc une communication entre ses diverses parties, *ce qui demande du temps*. Versez du lait froid dans une tasse de café chaud : la température du café au lait obtenu atteindra, *au bout d'un certain temps*, une température tiède intermédiaire, uniformisée dans toute la tasse. Si vous laissez ensuite cette tasse posée sur la table, la température du café au lait qu'elle contient se refroidira progressivement jusqu'à égaler celle de son environnement.

Imaginez encore un autre cas de figure : vous branchez un radiateur dans une chambre désagréablement froide. Celle-ci n'atteindra la température espérée, *uniformément dans toute la chambre*, qu'au terme d'un temps d'autant plus long que la chambre est vaste. Les molécules d'air des parties chaudes sont plus agitées que celles des parties froides, et c'est leur mise en contact qui les conduit à égaliser, de proche en proche, cette agitation thermique. L'homogénéisation résulte donc d'une communication entre ses diverses parties. Comme toute propagation d'un effet physique, cette communication ne peut se propager à une vitesse plus grande que celle de la lumière. Un temps minimal est requis pour que la température de la chambre s'uniformise. Si vous effectuez des relevés de température en divers lieux de la chambre avant l'écoulement de ce temps, vous trouverez des températures différentes. Autrement dit, le côté froid de la chambre n'a fondamentalement aucun moyen physique de « connaître » la température au voisinage du radiateur, avant que ce temps minimal ne s'écoule et que l'information ait le temps de parcourir la chambre de part en part. C'est pourquoi ce temps est d'autant plus grand que la chambre est grande. Quelle serait votre surprise si la température de la chambre s'était uniformisée avant que le temps minimal, requis par la propagation de l'information, se soit écoulé ! La vitesse de propagation de l'information thermique n'aurait pu, alors, être que super-luminale. *Aucune explication physique* n'aurait pu expliquer cet événement.

C'est exactement l'uniformisation inexplicablement rapide de la température que les physiciens rencontrèrent à l'échelle de l'univers : la portion de l'univers âgé de 380 000 ans, la surface de dernière diffusion qui fut la source du rayonnement cosmologique que nous détectons aujourd'hui, est tellement vaste qu'elle contient des lieux qui n'ont pu se communiquer des informations pendant les 380 000 années écoulées depuis l'origine, même si celles-ci s'étaient propagées à la vitesse de la lumière. Ces lieux, qui étaient causalement déconnectés, s'ignoraient donc complètement pendant tout ce temps et n'auraient eu aucun moyen d'harmoniser leurs conditions physiques. Et pourtant, leurs températures y sont précisément ajustées, comme s'ils avaient pu se donner le mot sans avoir eu le temps de correspondre !

Que sont ces lieux causalement déconnectés ? Considérons le rayonnement cosmologique qui nous provient de deux directions du ciel diamétralement opposées par rapport à nous. Quelle est la distance qui sépare *aujourd'hui* les deux sources de ce rayonnement situées aux confins de notre univers visible ? Ces rayonnements ayant voyagé jusqu'à nous à la vitesse de la lumière, depuis leur émission, il y a 13 milliards d'années environ (13,7 milliards années – 380 000 ans), ces deux sources sont éloignées l'une de l'autre, *aujourd'hui*, de 26 milliards d'années-lumière environ. Mais l'univers étant en expansion, ces deux sources étaient plus rapprochées au moment de l'émission du rayonnement. L'expansion ayant étiré toutes les dimensions par un facteur 1 000 au cours de cette période, la distance qui séparait ces deux sources, diamétralement opposées *sur la surface de dernière diffusion*, était 1 000 fois plus petite et valait donc 26 millions d'années-lumière.

Mais, et c'est bien là le problème, cette distance est bien plus grande que celle que la lumière aurait pu parcourir durant les 380 000 années qui se sont écoulées depuis l'origine jusqu'à l'émission du rayonnement par la surface de dernière diffusion. Cette distance, qui ne vaut en effet que 380 000 années-lumière, définit *la grandeur de l'horizon à cette époque*. Rappelons que l'horizon d'un point, à un instant donné de la vie de l'univers, représente la distance maximale que peut parcourir un rayon lumineux émis par ce point depuis l'origine de l'univers. L'horizon est donc bien plus petit sur la surface de dernière diffusion que la distance qui sépare les deux sources de rayonnement. Autrement dit, chacune d'elles est située au-delà de l'horizon de l'autre, raison pour laquelle elles sont causalement hors de portée l'une de l'autre.

La raison physique fondamentale à l'origine de ce fait est la décélération progressive de l'expansion cosmologique qu'exprime la dynamique du modèle standard. Le ralentissement de l'expansion qui lui est associée implique, en effet, que l'espace s'étendait d'autant plus rapidement dans le passé que ce dernier est lointain. Nous avons vu, par exemple, que lorsque l'univers était mille fois plus petit, il était aussi bien plus de mille fois plus jeune, ce qui laissait d'autant moins de temps à la propagation des informations entre les points. Lorsqu'on remonte le cours de l'histoire cosmologique à rebrousse-temps vers le passé, la décroissance de l'horizon est beaucoup plus rapide que celle des distances entre les points de l'espace. Les régions causalement étrangères les unes aux autres sont donc de plus en plus nombreuses.

Cette pathologie est profondément enracinée dans la structure même du modèle standard et se manifeste dès les premiers balbutiements de l'histoire cosmologique qu'il décrit. Il s'avère en effet que la dimension qu'aurait dû posséder notre univers au temps de Planck, pour que son expansion standard le conduise jusqu'à notre univers visible actuel, était d'environ un millième de millimètre. Voyons pourquoi. Le rayon visible de notre univers actuel vaut le produit de son âge, 13,7 milliards d'années, soit $4 \cdot 10^{17}$ secondes, par la vitesse de la lumière, $3 \cdot 10^{10}$ cm/s, soit environ 10^{28} centimètres. Que vaut la dimension de la région de l'univers, lors de la *sortie* de l'ère de Planck au temps 10^{-43} seconde, dont l'expansion ultérieure a conduit à l'univers visible actuel ? Il suffit de dérouler le film de l'expansion standard du présent vers le passé, en partant des caractéristiques de notre univers actuel jusqu'à ce temps de 10^{-43} secondes. Plus précisément, c'est le lien qui unit la température T du milieu cosmologique avec le rayon R d'un volume quelconque de l'espace qui le contient, qui apporte la réponse : leur produit R. T reste constant au cours de l'expansion.

La connaissance du rayon de l'univers visible actuel R_{actuel} = 10^{28} centimètres, de la température actuelle de son milieu cosmologique T_{actuel} = 2,7 °K, ainsi que de celle de Planck T_{Planck} = 10^{32} °K, conduit à la valeur recherchée R_{Planck} = 10^{-3} millimètre : notre univers visible actuel résulterait de l'expansion standard d'une région de l'univers dont le rayon valait environ un millième de millimètre à la sortie de l'ère de Planck.

Rappelons que dans le cas d'un univers infini, spatialement plat ou hyperbolique, ces dimensions de l'univers se réfèrent à la *partie limitée de l'univers* avec laquelle nous sommes en contact à chacun de ces instants.

On sera peut-être surpris par la dimension de l'univers au temps de Planck, elle pourrait paraître extrêmement petite pour un univers. Mais cette dimension est gigantesque en ce temps de Planck, 10^{-43} secondes, où l'horizon vaut la longueur de Planck, soit 10^{-33} cm. Voilà précisément le problème de la causalité tel qu'il se manifeste déjà au temps de Planck : l'univers est alors 10^{29} fois plus grand que l'horizon !

Sur la surface de dernière diffusion, seules les régions dont la dimension n'excède pas l'horizon d'alors sont des minuscules régions causales dont tous les points ont eu le temps de communiquer depuis l'origine. En d'autres termes, si l'expansion avait fidèlement suivi le rythme imposé par le modèle standard depuis l'origine, la sphère de dernière diffusion dont émane le rayonnement cosmologique aurait été morcelée en une myriade de minuscules régions causales qui s'ignoreraient les unes les autres, alors qu'elles émettent à l'unisson le même rayonnement cosmologique, avec une précision de un cent millième de degré près ! Comment l'émission de ce rayonnement aurait-elle pu être coordonnée avec une telle précision entre des lieux de la sphère de dernière diffusion causalement déconnectés et sans donc aucun moyen de se connaître ? Cette énigme s'appelle, pour des raisons évidentes, le « problème de l'horizon » ou le « problème de la causalité ».

Tout affligeante que soit cette énigme, elle n'est pas en contradiction conceptuelle avec le modèle standard, mais elle en limite sérieusement le pouvoir prédictif, comme nous l'avions vu. Après celui de la singularité de son origine, voilà un second mal, plus insidieux, qui affecte le modèle standard. Mais ce n'est pas le dernier. En effet, un autre problème subtil a troublé les physiciens pendant de longues années, qui lançait, lui aussi, un défi de taille au modèle standard : le *problème de la densité de l'univers,* qui se traduit géométriquement en *problème de la courbure de l'espace.* De quoi s'agit-il ?

Nous avons vu que le ralentissement progressif de la vitesse d'expansion de l'espace résultait de l'attraction gravitationnelle conjuguée de toutes ses parties. Ce ralentissement sera d'autant plus significatif que cette attraction sera importante. Cette dernière sera, à son tour, d'autant plus grande que la densité de l'univers sera élevée. En effet, une densité plus élevée implique des masses plus importantes dans chaque volume d'espace et donc une attraction plus grande entre ceux-ci. La décélération de l'expansion sera, enfin, d'autant plus importante que l'attraction, et donc la densité, sera plus élevée. Il en découle que cette densité conditionne la nature de l'expansion et de sa géométrie, et donc celle de notre avenir cosmologique.

Si la densité est élevée, la décélération sera suffisante pour stopper l'expansion dans un temps fini. L'univers commencera alors à se contracter sous l'effet de la force gravitationnelle pour finalement s'effondrer complètement sur lui-même, après un temps fini : c'est le *Big Crunch.* Si, au contraire, la densité est faible, la décélération sera trop petite pour arrêter l'expansion, qui se prolongera jusqu'à l'infini. Les qualificatifs « élevée » et « faible » se réfèrent, dans cette description de la dynamique de l'expansion, à des densités plus grandes ou plus petites qu'une certaine valeur seuil intermédiaire, *la densité critique.* Cette valeur induit une expansion intermédiaire entre les deux précédentes : la décélération de l'expansion est très précisément ajustée pour que celle-ci s'arrête, mais au terme d'un temps infini, donc, concrètement, jamais. En d'autres termes, le rythme de l'expansion tend asymptotiquement vers zéro dans un temps infini, et l'univers n'entame donc jamais de phase de contraction.

La définition même de « densité élevée » et de « densité faible » suggère une façon naturelle et imagée d'exprimer la densité d'une manière non dimensionnelle, indépendante des unités, par un nombre pur dont la valeur indique immédiatement le type d'expansion que cette densité entraîne : ce nombre, le *paramètre de densité*, désigné traditionnellement par le symbole Ω, représente le rapport de la densité à la densité critique, Ω = densité/densité critique. Il en découle que l'expansion se transformera en une contraction future si $\Omega > 1$, subsistera à tout jamais si $\Omega < 1$ et correspond à la frontière entre ces deux cas lorsque le paramètre de densité possède la valeur critique $\Omega_c = 1$.

Le paramètre de densité Ω évolue, en général, avec l'expansion, c'est donc une grandeur dépendant du temps, mais avec une exception importante : le paramètre de densité critique $\Omega_c = 1$ *est invariant*. Si la densité vaut la densité critique Ω_c à un moment donné de l'histoire de l'univers, elle conservera cette propriété tout au long de l'expansion. Par contre, dans les deux autres cas, $\Omega > 1$ et $\Omega < 1$, la valeur de Ω évolue au cours de l'expansion mais sans jamais franchir la frontière de la valeur critique Ω_c. La spécificité de l'expansion ne peut donc pas changer au cours du temps, elle fait partie, de façon indélébile, de l'histoire cosmologique régie par le modèle standard. De plus, si la valeur de Ω s'écarte de 1, dans l'un ou l'autre des deux cas, *cet écart s'amplifiera tout au long de l'expansion*. La valeur critique invariante Ω_c représente ainsi un état d'équilibre exceptionnel, correspondant au seul taux d'expansion qui se perpétue dans le temps.

Le paramètre de densité Ω ne représente pas seulement un des paramètres fondamentaux dont dépendent les propriétés et la destinée de notre univers ; il détermine, de plus, le type de géométrie de l'espace. Lorsque $\Omega > 1$, la courbure positive de l'espace referme celui-ci sur lui-même en créant un *volume fini sans frontières*, comme la surface d'une sphère à trois dimensions spatiales ; *si* $\Omega < 1$, la courbure négative engendre un *espace infini* comme la surface d'un hyperboloïde ; finalement, si $\Omega = \Omega_c$, la courbure spatiale nulle correspond à un *plan infini tridimensionnel*. Cette densité critique est extraordinairement faible par rapport à nos normes habituelles : elle correspond à 5 atomes d'hydrogène par mètre cube ! Pour en donner une idée, cette densité est 10^{26} fois plus faible que celle de l'air.

Le paramètre de densité Ω détermine aussi de manière essentielle la nature de notre univers. Il n'est donc pas étonnant que les physiciens cherchent, depuis des décennies, à déterminer sa valeur avec précision. Il figure sur la liste des acteurs cosmologiques les plus recherchés. Mais les physiciens ne pouvaient prévoir que cette recherche les conduirait dans deux aventures successives qui allaient fondamentalement remettre en question l'image qu'ils se faisaient de l'univers, tant de son contenu que de son histoire.

À leur grande surprise, ils découvrirent en effet que ce qu'ils pensaient être le contenu de l'univers, la matière ordinaire dite « baryonique », faite majoritairement d'hydrogène, donc essentiellement de protons et de neutrons, ne représentait que la partie visible d'un vaste iceberg de nature totalement inconnue. Plus précisément, l'univers leur dissimule 96 % de son contenu et ce, sous deux formes totalement distinctes : *la matière cachée* et *l'énergie noire*.

La suspicion de l'existence d'une matière cachée remonte à 1930, elle est due à l'astronome américano-suisse Fritz Zwicky. Il se proposait alors de déterminer la masse de certains amas de galaxies par la mesure de la vitesse des galaxies constituant ces amas. Le principe à la base de ces observations était simple : la stabilité de ces amas impose un équilibre entre les vitesses des galaxies qui les composent et les effets gravitationnels attractifs que ces galaxies subissent au sein de leurs amas. L'observation des vitesses devait lui permettre de déduire les masses des amas étudiés. Or Zwicky constata systématiquement une anomalie dynamique au sein de chacun de ces amas : les vitesses des galaxies étaient trop grandes pour être équilibrées par l'attraction gravitationnelle de l'amas qui aurait donc dû s'éparpiller. Autrement dit, la masse totale de chaque amas, que Zwicky calculait en additionnant les masses de tous les constituants galactiques visibles, était trop petite pour pouvoir garantir sa stabilité dynamique.

C'est ainsi qu'il en arriva à la conclusion que la masse de ces amas devait être plus grande que tout ce qui en était observable. Bref, une forme de matière inconnue et totalement invisible, la *matière cachée*, devait être présente dans chaque amas. C'est l'effet gravitationnel excédentaire dû à cette masse cachée qui contrebalançait l'effet de dispersion des galaxies, dû à leurs mouvements relatifs, et garantissait ainsi la stabilité de l'ensemble.

Restait à évaluer la valeur de la masse cachée au sein de chaque amas. Le principe de ce calcul est simple : si sa masse avait été trop grande, son effet gravitationnel aurait provoqué l'effondrement de l'amas sur lui-même ; au contraire, si elle avait été trop faible, l'amas aurait été instable et se serait dispersé. Ce raisonnement lui permit donc d'estimer assez précisément la valeur de la masse cachée au sein d'un amas : elle représente plus de 90 % de la masse de l'amas ! La dynamique d'un amas de galaxies est donc essentiellement régie par la matière cachée.

Les questions posées par cette découverte étonnante étaient multiples : quelle est la nature de cette matière inconnue qui semble n'interagir avec rien, ni matière ordinaire ni rayonnement électromagnétique ? Est-elle distribuée uniquement à l'intérieur des amas et de quelle manière ? Plus généralement, concerne-t-elle des parties spécifiques de l'univers ou, au contraire, est-elle présente partout dans l'espace ?

Un pas important fut franchi une trentaine d'années plus tard par l'astrophysicienne américaine Vera Rubin qui étudiait le comportement dynamique des nuages gazeux orbitant autour du centre de certaines galaxies. Ces nuages sont situés à des distances de ce centre qui excèdent parfois largement le rayon visible de leurs galaxies. Les vitesses de rotation de ces nuages auraient donc dû décroître avec leur éloignement du centre de la galaxie.

Pensez à un satellite orbitant autour de la Terre : plus son éloignement en est grand et plus lente sera sa vitesse de révolution. C'est en effet l'équilibre entre l'attraction gravitationnelle de la Terre et la force centrifuge associée à la rotation du satellite qui lui permet de ne pas chuter vers la Terre et qui le maintient sur son orbite. Vous pouvez d'ailleurs déduire de manière élémentaire, par simple application de la loi d'attraction gravitationnelle classique de Newton, la vitesse de rotation du satellite en fonction du rayon de son orbite et de la masse de la Terre. Il en découle d'ailleurs que si la masse de la Terre avait été plus grande, ou si une matière avait été uniformément répartie dans la région qui sépare la Terre du satellite, sa vitesse de rotation aurait été d'autant plus grande.

À sa grande surprise, Vera Rubin découvrit que la vitesse de rotation des nuages gazeux était indépendante de leur éloignement de la galaxie ! Si toute la matière, visible *et* cachée, avait été concentrée à l'intérieur des galaxies, la vitesse de rotation de ces nuages aurait dû être d'autant plus petite que leur distance au centre était grande. Tous ces faits expérimentaux attestaient de la présence de matière cachée, uniformément répartie non seulement à l'intérieur de ces galaxies, mais également dans de vastes volumes extérieurs. Les observations à de plus grandes échelles, les amas de galaxies qui couvrent quelques millions d'années-lumière, ont confirmé la présence de matière cachée.

C'est ainsi que d'observations en déductions théoriques, les physiciens ont progressivement été convaincus de l'omniprésence de la matière cachée dans toutes les régions de l'univers.

Cette mystérieuse matière ne joue pas seulement un rôle essentiel dans l'organisation de la dynamique de l'univers actuel, elle tire également en coulisses les ficelles de phases capitales de l'histoire cosmologique : elle joue un rôle crucial dans la structuration de l'univers en galaxies et amas de galaxies. C'est son insensibilité (dans les limites de nos connaissances actuelles) à toutes les interactions avec la matière ordinaire ainsi qu'avec les photons qui lui a permis d'entamer, « de manière cachée », la structuration de l'univers, et ce *bien avant que la matière ordinaire n'ait eu la possibilité de le faire*. Nous reviendrons sur cet aspect important. Sans cette « activité secrète » de la matière cachée, la seule matière ordinaire n'aurait pas eu le temps d'engendrer la structuration galactique de l'univers au cours de la période qui s'est écoulée depuis l'époque de la dernière diffusion.

Mais qu'est-ce que la matière cachée ? L'énigme de sa nature mystérieuse n'est toujours pas élucidée, en dépit de multiples propositions théoriques, successivement éliminées ou en attente d'être confirmées ou infirmées. Certains physiciens ont même suggéré que la responsabilité des comportements cosmologiques inattendus n'incombait pas à la présence d'un nouvel acteur matériel inconnu, mais résultait, au contraire, d'équations dynamiques déficientes. Plus précisément, certains physiciens comme le physicien israélien Mordehai Milgrom suggèrent que les anomalies dynamiques rencontrées aux diverses échelles galactiques ne résultent pas d'un quelconque acteur cosmologique inconnu, mais de modifications de la loi de la gravitation universelle à ces échelles. Ce n'est pas la valeur des masses galactiques qui est sous-évaluée, pense Milgrom, c'est la loi de gravitation qui s'y écarte de la loi newtonienne, et donc einsteinienne. Autrement dit, la masse cachée ne serait qu'une illusion due à l'application d'une loi de la gravitation erronée à ces échelles. Quoique toujours d'actualité, cette hypothèse, qui ne possède pas de justification théorique solide, ne suscite guère l'enthousiasme des physiciens.

Quant au zoo toujours énigmatique des constituants de la matière cachée, disons simplement que l'on a envisagé diverses possibilités, parmi lesquelles des objets stellaires constitués de matière ordinaire mais non lumineux et toujours indétectés, les « machos », de « massive compact halo object ». Ou encore à des particules élémentaires étranges qui apparaissent dans divers contextes théoriques, comme le *neutralino* ou *l'axion*. Le neutralino, d'une masse de l'ordre de celle du proton, serait le « grand frère » supersymétrique du neutrino. Il ferait partie d'une famille de particules dites « supersymétriques » qui résulteraient d'une symétrie physique, la supersymétrie, unifiant les particules et les porteurs de leurs interactions. Le neutralino interagirait avec la matière au moins aussi faiblement que le neutrino. Il est pour l'instant parmi les favoris que l'on espère mettre en évidence expérimentalement dans le nouvel accélérateur du CERN, qui entrera en fonction en 2008. D'autres propositions ont vu le jour, mais il n'est pas dans notre propos d'en faire la recension.

Revenons plutôt à l'interrogation première qui nous a conduits au problème de la masse cachée : quelle est la valeur du paramètre de densité résultant de la présence de *tous* les ingrédients matériels, qu'ils soient connus ou cachés ?

La valeur de Ω, déduite du contenu visible *et* de la matière cachée, est plus petite que la valeur critique Ω_c, et vaut environ 0,3, ce qui implique donc un espace ouvert et infini et une expansion qui ne cessera jamais. Certaines observations très subtiles permettent également de déterminer la seule contribution de la matière ordinaire à la valeur de Ω. Il en est ainsi de la détermination de l'abondance du deutérium dans l'univers. Celle-ci résulte de la nucléosynthèse primordiale et se trouve entièrement déterminée par la densité de la matière ordinaire : si celle-ci est trop élevée, le deutérium est transformé en hélium au sein de l'univers primordial ; si, au contraire, elle est trop faible, elle conduit à une production abondante de deutérium. *Il en résulte que l'abondance observée de deutérium conditionne drastiquement la densité de la matière ordinaire dans l'univers.* Elle conduit à une densité qui vaut environ 5 % de la densité critique. La seule matière ordinaire, essentiellement de l'hydrogène, conduirait donc à une valeur de Ω proche de 0,05.

L'estimation de la densité, $\Omega = 0,3$, paraît *a priori* anodine, elle est pourtant étrange et représente une nouvelle énigme de taille pour le modèle standard. Il est en effet improbable que la valeur du paramètre de densité ne diffère aujourd'hui de la valeur critique Ω_c, après environ quatorze milliards d'années d'existence de notre univers, qu'à quelques dixièmes près. Nous savons en effet que seule cette valeur critique reste immuable pendant l'évolution cosmologique, au contraire de toutes les autres qui évoluent au cours de l'expansion.

Plus précisément, la valeur critique Ω_c correspond à un *état d'équilibre instable* pour les solutions cosmologiques associées au modèle standard : toute déviation, si infime soit-elle par rapport à cette valeur de Ω, va s'amplifier avec le temps. Il en résulte qu'une valeur proche de 1 aujourd'hui ne peut résulter que d'une valeur d'autant plus proche de 1 dans le passé que ce passé est reculé. Cet ajustement passé de la valeur de Ω est si incroyablement délicat qu'il en devient « contre nature » et hautement improbable.

Cette précision sur la valeur actuelle de Ω exigerait en effet que sa valeur à l'époque de la nucléosynthèse n'aurait différé de 1 qu'à 10^{-15} près, et aurait donc dû être fixée avec une précision de 15 décimales ! Et pour que l'expansion conduise également à cette même valeur actuelle de Ω, il aurait fallu qu'à l'époque de l'unification électrofaible, lorsque l'univers n'était âgé que de 10^{-11} seconde et avait une température de 10^{15} °K, sa valeur ne différât de 1 qu'à 10^{-27} près, et donc eût dû être fixée avec une précision de 27 décimales !

L'invraisemblance de cet ajustement ne fait qu'empirer lorsqu'on fouille les moments les plus reculés, physiquement sensés, de l'histoire : l'ère de Planck. C'est au sortir de cette période de 10^{-43} secondes, dominée par la gravitation quantique qui nous est encore inconnue, que devraient émerger les valeurs des paramètres essentiels de la dynamique cosmologique, en particulier la valeur initiale de Ω. Il y va de la valeur prédictive du modèle. Or, pour que le modèle standard garantisse la valeur actuelle de Ω, il aurait fallu qu'au temps de Planck sa valeur ne différât de 1 qu'à 10^{-59} près, et soit donc fixée, alors, avec une précision inouïe de 59 décimales ! La validité d'un modèle physique qui exigerait un ajustement aussi invraisemblable de ses conditions initiales serait sérieusement compromise.

La *seule* valeur du paramètre de densité qui ne conduirait pas à cette problématique serait la valeur critique $\Omega = \Omega_c = 1$. Rappelons que c'est un invariant de l'histoire cosmologique : si elle vaut cette valeur à un moment quelconque de l'histoire, elle la garde à tout jamais. En particulier, si la densité était critique aujourd'hui, elle l'aurait également été au temps de Planck. Des conditions initiales du modèle qui imposeraient *exactement* la valeur $\Omega = 1$ à cette époque seraient physiquement plus acceptables et naturelles que l'ajustement mentionné précédemment.

Il est donc tentant pour un physicien d'imaginer que quelque chose a été oublié ou n'a pas été perçu, dans le décompte du contenu de l'univers. Mais pour que ce « quelque chose » fasse passer de $\Omega = 0{,}3$ à $\Omega = \Omega_c = 1$, il faudrait qu'il représente 70 % du contenu total de l'univers ! Serait-il possible qu'une autre forme inconnue d'énergie contribue elle aussi au contenu invisible de l'univers et que près des trois quarts de la population cosmologique soient passés inaperçus ?

Pour espérer répondre à cette question, il fallait que les physiciens découvrissent des méthodes d'évaluation de la densité indépendantes de celles décrites précédemment. Deux méthodes observationnelles, indépendantes l'une de l'autre, furent mises au point.

La première est la détermination du taux de décélération de l'expansion au cours du temps, depuis les époques cosmologiquement les plus reculées jusqu'à ce jour.

Il semble *a priori* évident que, plus la densité de l'univers est grande, plus la décélération qu'elle entraîne devrait être importante. Cette méthode qui requiert la comparaison du type d'expansion à l'œuvre dans le passé et aujourd'hui est fondée sur la mesure des vitesses de récession d'objets très lointains. Cette mesure se réalise par l'observation du décalage vers le rouge des raies spectrales des rayonnements qu'ils émettent. En effet, l'éloignement spatial de ces objets implique que leurs rayonnements ont été émis dans un passé très reculé, et ces mesures nous conduisent ainsi aux vitesses de récession dans ce passé. Le résultat de ces mesures provoqua un véritable coup de tonnerre dans le ciel bleu des cosmologistes. Il allait totalement à contresens d'un consensus inébranlable depuis que l'expansion avait été mise en évidence par Hubble : *l'expansion de l'univers accélère*, et ce depuis environ cinq à six milliards d'années !

La seconde méthode est essentiellement géométrique. Comme la densité d'énergie de l'univers détermine sa géométrie, une détermination directe de celle-ci doit révéler la valeur du paramètre de densité Ω recherché. Cette méthode est plus globale puisqu'elle prend d'emblée en compte la totalité de l'énergie présente. Rappelons-nous en effet, c'est essentiel ici, que la courbure répond à *toute* forme d'énergie, quelle qu'elle soit. Voilà pourquoi *l'invisible est toujours démasqué par la courbure de l'espace-temps.*

Nous avions déjà mentionné la possibilité de détection de la géométrie de l'espace-temps grâce à des triangulations adéquates, réalisées au moyen de rayons lumineux. Mais ce qui nous intéresse ici, c'est la densité d'énergie moyenne dans l'univers et la géométrie à grande échelle cosmologique, celle qui implique des milliards d'années-lumière. Comment réaliser des triangulations à cette échelle ? L'étude de certaines propriétés du rayonnement cosmologique et de la sphère de dernière diffusion dont il émane apporta des moyens extrêmement précis de telles triangulations. De plus, l'échelle de ces triangulations est énorme puisque la sphère de dernière diffusion est l'objet le plus lointain que nous puissions observer, treize milliards d'années-lumière environ, bien au-delà des structures galactiques les plus lointaines.

En définitive, l'intuition des physiciens avait correctement mené leurs pas : la densité totale de l'univers qui prend en compte *la matière ordinaire, la matière cachée et l'énergie noire* est bien la densité critique représentée par le paramètre de densité $\Omega = \Omega_c = 1$. La géométrie *de l'espace* est donc plane et l'expansion n'arrêtera jamais son cours. Une confusion fréquente consiste à confondre la géométrie de l'espace tridimensionnel avec celle de la géométrie quadridimensionnelle de l'espace-temps. La courbure de cette dernière, qui est non nulle, est déterminée par les équations d'Einstein et répond au contenu de l'univers, donc à la valeur du paramètre de densité. C'est précisément lorsqu'il vaut sa valeur critique, $\Omega = 1$, que la courbure de l'espace est nulle et que seule son expansion engendre une courbure de l'espace-temps. Autrement dit, la courbure quadridimensionnelle de l'espace-temps résulte alors entièrement et uniquement du caractère dynamique de l'espace.

Toutes ces observations conduisent à une même réponse stupéfiante : l'univers est habité majoritairement par un acteur passé inaperçu jusqu'alors. Son énergie, cumulée à celles dues à la matière visible et à la matière cachée, conduit à une densité qui vaut précisément la densité critique, donc $\Omega = 1$. Mais, contrairement aux autres formes d'énergie, elle produit un *effet répulsif* à l'échelle cosmologique qui se traduit par une accélération « actuelle » de l'expansion de l'espace. Elle est donc nécessairement associée à une pression négative : c'est *l'énergie noire*.

Disons d'emblée que la traque à l'identité de ce nouvel acteur cosmologique représente, tout comme celle de la matière cachée, une des grandes priorités des cosmologistes. Mais les caractéristiques ésotériques de l'énergie noire conduisent cette recherche dans des directions radicalement distinctes de celles de la matière cachée. Cette dernière, toute dissimulée qu'elle soit, ne se distingue de la matière connue que par son absence d'interaction avec elle, ce qui lui confère cet étrange comportement impalpable. C'est ce qui oriente les recherches, nous l'avons vu, vers des particules élémentaires encore inconnues, mais que le prochain accélérateur du CERN pourrait bien révéler.

Au contraire, les caractéristiques physiques de l'énergie noire, sa pression négative et l'effet cosmologique répulsif qu'elle engendre, ne peuvent correspondre qu'à un milieu d'un tout autre type. Et, rappelons-nous, nous en avons rencontré un qui, de surcroît, joue un rôle central dans le face-à-face de la théorie quantique des champs et de la relativité générale : le vide quantique. C'est précisément aujourd'hui un des candidats fort prisés, en dépit de l'existence de la *catastrophe du vide*, qui, nous l'avons vu, représente un défi majeur lancé aux physiciens. Ceux-ci pourraient en effet se satisfaire d'une constante cosmologique qui *mimerait* l'énergie du vide, mais dont la valeur serait cosmologiquement acceptable, et dépouillée de ses conséquences catastrophiques. C'est une possibilité, en dépit du coût conceptuel que représenterait la résolution du problème par l'introduction dans la théorie d'une nouvelle constante fondamentale de la physique, ajustée à la main dans les équations d'Einstein, pour que « cela marche ». Les physiciens répugnent à faire appel à cette bouée de sauvetage alors que de nombreuses pistes restent à explorer.

L'une d'elles joue un rôle important, tant dans l'explication de l'expansion accélérée actuelle de l'univers que dans celle de l'inflation primordiale : *le champ scalaire*. Qu'est-ce qu'un champ scalaire ?

Contrairement aux champs physiques que nous avons déjà rencontrés, comme le champ électrique, qui est défini en chaque point de l'espace-temps par un vecteur, donc par une longueur et une direction, le champ scalaire est défini en chaque point de l'espace et à chaque instant *par un seul attribut*. C'est, de ce point de vue, le plus simple des champs.

La carte géographique d'une région qui indique la température en chaque point de sa surface décrit un champ scalaire à deux dimensions. La densité en chaque point d'un fluide est définie par un seul nombre qui définit un champ scalaire à trois dimensions. Son attribut de « scalaire » est associé à sa propriété d'être perçu identiquement par tous les observateurs, d'être invariant par rapport aux transformations mathématiques qui expriment les changements de points de vue entre tous les observateurs. Ce n'est pas le cas du champ électrique, par exemple, qui possède une propriété directionnelle. Les champs scalaires partagent cette propriété d'invariance relativiste avec celle du vide quantique, que nous avons rencontrée précédemment.

Cette parenté conduit à la principale vertu du champ scalaire : il peut engendrer des effets de gravitation répulsive grâce aux pressions négatives qu'il peut réaliser. Nous avons vu que la gravitation devient répulsive lorsque sa source matérielle est caractérisée par une densité d'énergie σ et une pression p telles que la densité d'énergie effective $\sigma + 3p$ est négative. Autrement dit, la pression p doit être plus négative que $-\sigma/3$. Rappelons que cette condition est effectivement remplie par le vide quantique pour lequel $p = -\sigma$. Ce cas extrême simule la présence d'une constante cosmologique répulsive dans les équations d'Einstein.

Un champ scalaire gravitationnellement répulsif représenterait une *hypothétique* forme de matière, répandue dans tout l'univers, qui modéliserait l'énergie noire : c'est la *quintessence*. Contrairement à la pression négative du vide qui est constante et insensible à l'expansion, la pression associée au champ scalaire et l'effet gravitationnel répulsif qu'elle engendre évoluent avec le temps. En conséquence, la quintessence engendrerait une accélération de l'expansion qui, contrairement à celle qui résulterait d'une constante cosmologique, varierait selon la période cosmologique considérée. L'observation expérimentale pourrait dès lors tester, en principe, la validité de ces possibilités. C'est l'observation minutieuse du plus grand nombre possible de supernovae lointaines qui pourra éventuellement discriminer entre les diverses interprétations de l'énergie noire. C'est en effet de leur observation que les physiciens ont pu déduire l'accélération « actuelle » de l'expansion.

À ce jour, les observations les plus récentes semblent favoriser la solution de la pure constante cosmologique, mais les marges d'erreurs n'excluent pas diverses possibilités de quintessence. Voilà une situation où l'observation pourrait discriminer dans le futur deux interprétations théoriques distinctes de l'énergie noire. Les physiciens attendent notamment le lancement du satellite SNAP (Supernovae Acceleration

Probe) en 2011, s'il est lancé ! qui devrait détecter environ 2 000 supernovae.

Mais il y a un problème de taille : aucun champ matériel scalaire fondamental n'a été observé à ce jour, aucun boson scalaire n'a été mis en évidence expérimentalement. Si ces particules, les *dilatons*, restent donc *hypothétiques*, les physiciens ont cependant de sérieuses raisons théoriques de croire en leur existence. Ce serait par exemple le *boson de Higgs*, particule responsable de la masse de toutes les particules massives, ou les particules postulées par les physiciens dans le cadre d'une symétrie qui jouerait un rôle essentiel dans le cadre des interactions fondamentales et de la théorie des cordes, *la supersymétrie*. La recherche de toutes ces particules scalaires représente un des points forts du programme de l'accélérateur LHC qui entrera en fonction en 2008, à Genève.

Les particules scalaires font partie d'une classe de particules appelées *bosons*, à laquelle appartiennent également les quanta associés aux champs qui sont les médiateurs des interactions fondamentales, comme les photons de l'interaction électromagnétique ou les gluons de l'interaction forte. Les particules élémentaires se répartissent en effet en deux grandes classes : les *fermions* (d'après le physicien italien Enrico Fermi) et les *bosons* (d'après le physicien indien Satyendra Bose), qui expriment essentiellement deux types de comportements antinomiques dans le monde des particules élémentaires.

Les constituants élémentaires de la matière, les quarks, les protons, les neutrons, les électrons, les neutrinos, sont tous des fermions. Ils se caractérisent par un *comportement individualiste* qu'exprime le *principe d'exclusion* formulé par Wolfgang Pauli en 1924 : deux fermions qui se trouvent dans le *même état quantique* ne peuvent pas cohabiter et se repoussent quantiquement. C'est, par exemple, cette force répulsive, purement quantique, qui empêche les neutrons de s'effondrer les uns sur les autres dans une étoile à neutrons et qui assure ainsi sa stabilité. Plus généralement, ce principe garantit la stabilité de la matière. En effet, si les électrons qui orbitent autour du noyau d'un atome n'étaient pas soumis à ce principe, ils se précipiteraient tous vers l'orbitale la plus basse qui représente l'état d'énergie minimal. Que deviendraient alors la table périodique de Mendeleev des éléments chimiques et notre univers[10] ?

Quant aux bosons, ils ont, à l'inverse des fermions, un comportement grégaire : rien ne leur interdit de se regrouper et, dans certaines circonstances, ils s'amalgament même *tous dans le même état quantique*. Les porteurs des interactions entre particules élémentaires, les photons, gluons, gravitons (?), sont des bosons. Ils ont tous un spin entier, par exemple $h/2\pi$ pour le photon. Seul le boson scalaire qui nous concerne ici possède un spin nul. Mais ces bosons scalaires pourraient être autre chose que des particules fondamentales.

Einstein montra en effet que des amalgames de fermions pouvaient, dans certaines situations, se comporter comme des bosons scalaires. Dans ces situations, les fermions d'ordinaire si individualistes perdent alors ce caractère et acquièrent, au contraire, un comportement grégaire. Dans certaines circonstances, la matière formée par ces entités bosoniques est alors caractérisée par des propriétés stupéfiantes qui résultent de leur état collectif.

C'est le cas des atomes d'hélium qui, pour cette raison, peuvent avoir un comportement superfluide en dessous d'une température critique. C'est également le cas de paires d'électrons, dites « de Cooper », qui se comportent comme des bosons scalaires et donnent naissance à la supraconductivité au-dessous d'une température critique du conducteur. Dans un tel état collectif, il y a un nombre macroscopique de particules (en l'occurrence, les atomes d'hélium ou les paires

---

10. Remarquons que le principe d'exclusion n'interdit pas à deux électrons (au maximum) de cohabiter sur la même orbitale, ou d'être localisés au même endroit, parce qu'une seconde caractéristique de l'électron s'ajoute à sa localisation pour en définir complètement l'état quantique : le spin, propriété purement quantique qui représente une propriété de rotation intrinsèque et est exprimé en unités de $h/2\pi$. Les fermions ont tous un spin demi-entier, par exemple $1/2\, h/2\pi$ pour l'électron. Celui-ci porte l'une des deux valeurs du spin, + 1/2 ou – 1/2.

d'électrons) qui s'organisent en un état quantique unique qui porte le nom de *condensat de Bose-Einstein*. Ces états particuliers de la matière se comportent comme des champs scalaires. Ils jouent un rôle considérable en physique, tant par les propriétés qu'ils permettent de sonder que par leurs applications technologiques.

En définitive, si le champ scalaire *mathématique* apparaît comme un candidat plausible, responsable de l'accélération de l'expansion de l'univers, et si de nombreuses raisons physiques rendent son existence très probable aux yeux de nombreux physiciens, jusqu'à présent aucun champ physique fondamental de ce type n'a été mis en évidence. Mais cela ne signifie pas qu'on construit un édifice avec des briques inexistantes. Plusieurs options restent ouvertes : le *dilaton* ne serait-il que l'expression phénoménologique simple d'un processus plus complexe ? Serait-il lié à une forme de condensat de Bose-Einstein ? L'observation finira-t-elle par conclure avec certitude qu'il s'agit bien d'un dilaton constant, donc d'une constante cosmologique liée ou non à l'énergie du vide ?

Si, comme nous l'avons déjà souligné, l'explication de l'homogénéité et de la densité critique est hors de portée du modèle standard, elle résulte peut-être, pensent certains physiciens, des lois qui régissent la gravitation quantique, donc de la nature des processus physiques, encore inconnus, qui se déroulent durant l'époque de Planck. Peut-être existe-t-il des mécanismes physiques qui contrôlent le comportement de ce monde préplanckien et qui coopèrent pour homogénéiser le milieu cosmologique et pour ajuster le paramètre de densité à sa valeur critique Ω_c. Ces propriétés ne se réduiraient alors pas à des conditions initiales ajustées arbitrairement, mais seraient l'inévitable conséquence des mécanismes de l'énigmatique gravitation quantique. Si cela se produisait, les physiciens auraient réussi un joli coup double : progresser dans la compréhension de la gravitation quantique et résoudre les deux énigmes cosmologiques. Merveilleuse solution, en effet, qui jouerait sur les deux tableaux entrelacés du microscopique et du macroscopique.

Si les physiciens ne rejettent pas l'idée que la densité critique et l'homogénéité pourraient être façonnées par la physique de la gravitation quantique, au cœur même des tout premiers balbutiements de l'univers, il leur reste une seconde porte de sortie : ce pourrait être un mécanisme nouveau qui interférerait, *après l'ère de Planck*, avec l'évolution du modèle standard, en contraignant le milieu à *devenir* homogène et à acquérir la densité critique, en conséquence d'un accident inattendu de l'expansion. Imaginez l'excitation des physiciens lorsqu'ils découvrirent non seulement qu'un tel bouleversement du modèle standard pouvait se produire, mais qu'il résoudrait simultanément les deux énigmes, celles de l'homogénéité et de la densité critique. Ce mécanisme cosmologique nouveau, qui se greffe sur le modèle standard en modifiant fondamentalement le rythme de son expansion pendant une durée infime après l'ère de Planck, c'est l'*inflation*. La voilà enfin, cette expansion inflatoire qu'annonçait la cosmologie autoconsistante !

Inflation

Nous avons découvert ensemble comment l'interaction de la relativité générale et de la théorie quantique des champs pouvait conduire à une expansion inflatoire de l'univers, associée au mécanisme cosmologique autosuffisant. Mais ce n'est pas la seule manière dont peut se réaliser cet état particulier de l'expansion.

De façon générale, l'inflation désigne une phase d'expansion accélérée de l'univers qui résulte de l'action d'une gravitation répulsive. Il est donc naturel que nous retrouvions des ingrédients rencontrés dans le contexte de l'expansion accélérée actuelle de l'univers. Il y a vraisemblablement d'ailleurs, nous le verrons, un chevauchement de ces deux situations. L'inflation ne représente pas une théorie bien délimitée, mais une *classe de théories* qui convergent aujourd'hui vers une image qui réunit les faveurs d'une partie des physiciens : *l'inflation éternelle*. Le concept a en fait drastiquement évolué depuis ses premières versions. Il y eut tout d'abord celle imaginée par le physicien russe Alexei Starobinski à la fin des années 1970, puis, indépendamment et différemment, par le physicien américain Alan Guth en 1980. On pourrait adjoindre à ces versions de l'inflation l'adjectif de « primordiale » parce qu'elles se référaient à une très brève période d'expansion exponentielle fulgurante de l'univers à ses premiers balbutiements. Elle était censée se produire en conjonction avec le phénomène de désunification de la grande interaction unifié GUT, lorsque l'univers était âgé de 10^{-35} seconde, durer environ 10^{-32} seconde et enfler les dimensions de l'univers par un facteur de l'ordre de 10^{50}, voire bien plus. Cette proposition théorique était prometteuse parce qu'elle levait simultanément les énigmes de la causalité et de la densité critique posées par le modèle cosmologique standard et qu'elle apportait une réponse à la question essentielle de l'origine et de la forme des inhomogénéités primordiales, semences de la structuration galactique ultérieure de l'univers.

Sans entrer dans les détails de cette première version, il est instructif d'en mettre en évidence l'ingrédient qui sera commun à toutes les versions ultérieures de l'inflation : le comportement du milieu cosmologique est dominé par celui d'un champ scalaire, *l'inflaton,* qui cohabite avec tous les autres champs représentatifs de la matière et de ses interactions. Plus précisément, c'est l'énergie potentielle que recèle l'inflaton qui dominera toutes les autres formes d'énergie du système cosmologique pendant un certain laps de temps. À l'instar de tous les systèmes physiques, le champ scalaire cherchera toujours à évoluer afin de minimiser son énergie potentielle. Autrement dit, c'est la recherche des minima de cette énergie, ses lieux de stabilité, qui guideront son évolution. Comme il en va pour toute forme d'énergie en relativité générale, le comportement de l'énergie de l'inflaton influence l'expansion et est influencé en retour par elle. L'inflation résulte de comportements adéquats de l'inflaton et de l'évolution de son énergie potentielle.

La réalisation d'une expansion inflatoire est due au maintien d'une valeur constante ou *faiblement variable* de cette énergie potentielle au cours de cette expansion. Nous avons vu en effet qu'une (quasi-)constance de l'énergie entraîne inévitablement un emballement (quasi) exponentiel de l'expansion qu'elle engendre.

La principale difficulté de la réalisation d'une ère inflatoire au moyen d'un champ scalaire approprié ne réside paradoxalement pas dans sa mise à feu, mais bien dans la possibilité d'y mettre un terme au bout d'un laps de temps adéquat par un *graceful exit*. La sortie de l'inflation ne se limite pas à un simple changement de régime de l'expansion exponentielle vers l'expansion standard plus sereine mais, nous l'avons souligné, à la création des conditions initiales de l'évolution standard subséquente : un plasma chaud de toutes les variétés de particules. Or la gigantesque expansion inflatoire a provoqué une chute impressionnante de la température du milieu cosmologique et en a tellement dispersé les constituants (pensez que toutes les distances ont été soudainement étendues par un facteur 10^{50} ou plus !) que l'univers n'est plus alors qu'un désert glacé. C'est l'énergie potentielle que le champ scalaire a perdue au cours de l'inflation, dans sa chute d'une valeur élevée vers un minimum de stabilité, qui est récupérée par le milieu cosmologique et qui le sauve de cette mort thermique. Cette énergie potentielle se réalise en réchauffant l'univers et en créant les diverses variétés de particules qui le peuplent. C'est le même mécanisme que celui de la transformation de l'énergie potentielle (gravitationnelle) de l'eau qui chute du haut d'un barrage en énergie électrique produite par le mouvement de turbines hydroélectriques entraînées par cette eau.

Les multiples versions de l'inflation résultent précisément des divers comportements possibles de l'énergie potentielle de l'inflaton au cours de l'expansion qu'elle engendre et qu'elle subit. C'est en ajustant plusieurs paramètres libres de la théorie, c'est-à-dire des grandeurs qui ne peuvent être déduites du modèle lui-même et que les physiciens peuvent fixer à leur guise, que ceux-ci modulent le déroulement de l'expansion inflatoire pour que « ça marche au mieux ». Cette liberté d'ajustement résulte de l'absence de connaissances de la véritable nature du milieu modélisé par le champ scalaire et son potentiel. Cette lacune ne pourra éventuellement être comblée que par une compréhension nouvelle du monde de l'infiniment petit. Comme nous l'avons déjà fait remarquer, un grand nombre de paramètres libres dans une théorie restreint d'autant son pouvoir prédictif. Il est donc toujours conceptuellement dommageable de devoir manipuler des paramètres arbitraires, les physiciens cherchent toujours à en minimiser le nombre, ce qui enrichit d'autant la théorie. Mais l'essentiel dans le cas de l'inflation est qu'il existe un choix de milieu cosmologique qui donne lieu à ce type d'expansion et qui résout un grand nombre de problèmes simultanément.

Notons la similitude du phénomène de l'accélération de l'expansion actuelle de l'univers et de l'inflation. Dans les deux cas, l'acteur central est un champ scalaire : le dilaton, dans le premier cas, et l'inflaton, dans le second. Leur mission commune est d'engendrer une gravitation répulsive due à la négativité de la pression qu'ils peuvent réaliser. Les différences entre les deux phénomènes, comme la violence de leur accélération, bien plus importante dans le cas de l'inflation, leur durée, le moment de leur apparition, ne résultent que des comportements distincts de ces deux champs scalaires. Toutes les remarques que nous avons faites sur l'interprétation physique du champ du dilaton valent dès lors également pour celui de l'inflaton. Est-ce un champ purement mathématique qui modélise la situation physique ? Est-ce un champ physique essentiel qui nous échappe expérimentalement jusqu'à présent ? Est-ce un champ phénoménologique qui exprime un état exotique de la matière comme un condensat fermionique de Bose-Einstein ? Est-ce un artifice d'une autre nature ? Voilà autant de questions qui se posent avec acuité, tant aux cosmologistes qu'aux physiciens des particules élémentaires. Mais, en définitive, quelle que soit la nature *physique* précise du phénomène qui s'exprime mathématiquement par un champ scalaire doué d'une pression suffisamment négative, le point essentiel qui rend viable le concept d'inflation est l'existence d'états de la matière qui engendrent une gravitation répulsive. Pour la simplicité, désignons-la comme matière gravitationnellement répulsive.

La seule propriété générique de cette matière est d'être instable. Elle ne préserve sa propriété de gravitation répulsive que pendant un intervalle de temps très bref, celui de la période inflatoire. Cette instabilité est modélisée par une évolution du champ scalaire qui le conduit vers un état dépourvu de pression négative, lequel marque l'arrêt de l'inflation. Il est communément admis que l'inflation a pris son essor lorsque l'univers balbutiant n'était âgé que de 10^{-35} seconde et que cette période a pris fin après 10^{-32} seconde.

Comment une durée aussi brève peut-elle engendrer d'aussi énormes conséquences à l'échelle cosmologique ? La réponse est contenue dans l'effet cumulatif d'un processus exponentiel, extraordinairement grand. En effet, tout au long de cette expansion, chaque distance dans l'univers double de valeur chaque 10^{-35} seconde ! C'est ainsi que toutes les distances ont été étirées par un facteur 10^{50} pendant les 10^{-32} seconde que dure l'inflation.

Or, c'est précisément la dimension de notre univers passé telle qu'elle est imposée par le rythme de l'expansion standard qui est responsable, nous l'avons vu, du problème de la causalité que rencontre le modèle standard. Cette dimension aurait été bien trop vaste au moment de l'émission du rayonnement cosmologique, beaucoup plus grande que l'horizon de cette époque, pour que l'univers ait alors eu le temps de s'homogénéiser. Par contre, le tour de force de l'inflation est d'accélérer brièvement le rythme « modéré » de l'expansion standard, mais si intensément que notre univers visible actuel résulte de l'étirement d'une région tellement microscopique *avant l'inflation* que toutes ses parties avaient eu, *alors*, largement le temps de communiquer entre elles. Autrement dit, la dimension de notre univers-parent était si petite avant l'aventure inflatoire que son *rayon était inférieur à son horizon* : c'était une microrégion causale au sein de laquelle les propriétés physiques étaient harmonisées.

Voyons comment s'évaluent explicitement les grandeurs cosmologiques selon qu'il y a une inflation ou non. Insistons sur le fait que le choix des valeurs numériques relatives à la période de l'inflation varie d'une version à l'autre de ce scénario, sans en changer fondamentalement les conséquences. Nous négligerons ici les facteurs numériques d'ordre un, sans importance pour ces considérations.

Le rayon visible de notre univers actuel vaut le produit de son âge, 13,7 milliards d'années, soit $4 . 10^{17}$ secondes, par la vitesse de la lumière, $3 . 10^{10}$ cm/s, donc 10^{28} centimètres environ. Que valait la dimension de la région de l'univers au temps de 10^{-32} seconde, dont l'expansion standard ultérieure a conduit à l'univers visible actuel ? Qu'il y ait eu *préalablement* une phase inflatoire ou non, la réponse à cette question résulte des propriétés de l'expansion standard tout au long de la période qui s'écoule depuis ce temps de 10^{-32} seconde jusqu'à aujourd'hui.

Plus précisément, le lien thermodynamique qui unit la température T du milieu cosmologique au rayon R de l'univers visible apporte la réponse à la question : leur produit R . T reste *constant* au cours de l'expansion. Or, nous connaissons le rayon de l'univers visible actuel $R = 10^{28}$ centimètres ainsi que la température de son milieu cosmologique T = 2,7 °K. De plus, la période de l'inflation, illustrée ici, est celle qui correspond à l'ère de la symétrie de grande unification GUT que caractérise une température de l'ordre de $T = 10^{28}$ °K. Ces grandeurs nous conduisent à la valeur recherchée du rayon de notre univers-parent : notre univers visible actuel résulte de l'expansion d'une région de l'univers dont le rayon valait environ 1 *centimètre* lorsque l'univers était âgé de 10^{-32} seconde.

Ce rayon de notre univers-parent paraît incroyablement petit, dérisoire même, et pourtant, c'est encore immensément trop grand. En effet, l'unité de mesure déterminante ici est la distance de l'horizon au temps 10^{-32} seconde, c'est-à-dire la distance que parcourt un rayon lumineux pendant cet intervalle de temps. La vitesse de la lumière valant $3 \cdot 10^{10}$ cm/s, cet horizon vaut donc environ 10^{-22} cm. Le rayon de notre univers-parent au temps 10^{-32} seconde serait donc 10^{22} fois plus grand que l'horizon à cette époque. Des informations se propageant à la vitesse de la lumière, depuis l'origine, n'auraient pu être échangées entre tous ses lieux ; aucun mécanisme physique n'aurait donc eu le temps de l'homogénéiser, ce qui représente précisément le problème de la causalité décrit plus haut.

C'est cette situation qui est complètement bouleversée par la présence de l'épisode inflatoire. En effet, toutes les distances sont alors étirées, entre 10^{-35} et 10^{-32} seconde, par un facteur 10^{50} ; il en résulte qu'en présence de l'inflation le rayon de la région de l'univers au temps 10^{-35} seconde, qui donnera naissance à notre univers visible actuel, vaut environ 10^{-50} cm, ce qui est, cette fois, environ 10^{25} fois plus petit que l'horizon en ce temps de 10^{-35} seconde.

Notre univers-parent, en *ce début de l'inflation, ne serait qu'une minuscule sphère de rayon 10^{-50} cm, incluse dans une « vaste » région causale*, définie par l'horizon de 10^{-25} cm, au sein de laquelle tous les points auraient eu le temps de communiquer depuis l'origine. L'énigme de l'horizon se trouve ainsi résolue.

Au temps 10^{-32} seconde, à la fin de l'inflation, celle-ci a étiré la région causale au sein de laquelle se niche notre univers-parent de 1 cm en une énorme sphère causale de $10^{-25} \cdot 10^{50} = 10^{25}$ cm, soit quelques milliards d'années-lumière de rayon.

En bref, le fait que notre univers visible actuel était compactifié, avant l'inflation, à l'intérieur d'une région si petite qu'elle avait eu le temps de s'homogénéiser résout l'énigme de la causalité. Tout notre univers visible actuel résulte en effet de l'étirement gigantesque de cette petite région. Plus précisément, des régions de la sphère de dernière diffusion, qui sont si éloignées les unes des autres qu'elles n'auraient apparemment pas pu échanger d'informations et interagir causalement au moment de l'émission du rayonnement cosmologique, ont néanmoins gardé le souvenir des contacts qu'elles ont préalablement établis bien longtemps auparavant, durant la période préinflatoire. Elles sont donc, en dépit des apparences, porteuses d'informations qu'elles ont acquises avant l'inflation. C'est cela qui leur a permis de coordonner leurs températures.

L'inflation a séparé des régions qui s'étaient accordées auparavant et les a fait dériver vers des lieux si éloignés les uns des autres qu'elles ne pouvaient plus échanger d'informations par la suite. Notons que cet étirement de l'espace, par un facteur 10^{50} en à peine 10^{-32} seconde, implique des vitesses de séparation de ses points qui dépassent très largement la vitesse de la lumière. Mais, comme nous l'avons déjà souligné, ce fait n'est en aucune façon en contradiction avec la relativité restreinte.

Voilà comment l'inflation peut *a priori* conduire toute région microscopique de l'univers primordial âgé de 10^{-35} seconde à notre univers actuel. Mais les histoires individuelles de toutes ces régions de l'univers peuvent être distinctes. En particulier, l'inflation pourrait y prendre fin à des moments différents, de telle sorte qu'il y aurait un grand nombre d'univers en expansion ordinaire comme le nôtre, des univers-bulles encapsulés dans une vaste région encore en inflation, le tout formant une vaste structure fractale. Il y aurait ainsi à tout moment des parties de l'univers qui seraient toujours en inflation. Exprimé différemment, il existe, à l'intérieur d'univers ayant achevé leur expansion inflatoire, de petites régions qui, elles, continuent à s'étendre exponentiellement. Ces régions donnent naissance à de grands volumes d'espace, à l'intérieur desquels de petits volumes reprennent le flambeau de l'inflation. C'est un processus sans fin d'où résulte que l'inflation est éternelle.

Notre univers ferait alors peut-être partie d'un univers plus vaste, un méga-univers, encore en inflation, qui contient d'autres univers-bulles, dont certains sont en inflation alors que d'autres en sont sortis, et il contient peut-être lui-même des univers-bulles en inflation. Tous ces univers sont causalement déconnectés si bien que leur présence n'affecte pas l'évolution de notre propre univers-bulle.

Contrairement à l'esprit des premiers modèles d'inflation, comme celui de Guth, l'univers global apparaît aujourd'hui comme un patchwork fractal de bulles d'univers ayant atteint des degrés de maturité divers et potentiellement capables d'engendrer de nouvelles bulles d'univers. Cette situation semble être une conséquence inévitable du comportement du (des) champ(s) scalaire(s) qui régi(ssen)t l'inflation. Plus précisément, les fluctuations quantiques de ce champ ou, plus généralement, celles de la matière gravitationnellement répulsive qu'il modélise, se traduisent par des soubresauts de son énergie potentielle qui se produisent différemment dans différentes parties de l'univers et à divers instants. Le déroulement de l'inflation, tributaire du comportement de cette énergie potentielle, répond alors à ces fluctuations en en modifiant le cours selon le lieu et l'instant.

Comme l'énonce Guth, « l'inflation se résume en la proposition que l'univers primordial contenait à un moment donné au moins une petite région emplie de matière gravitationnellement répulsive ». De plus, c'est capital, les conséquences de l'existence de cette région sont indépendantes des mécanismes qui ont conduit à sa formation. Sa seule existence amorce l'inflation qui produit un univers similaire au nôtre. Mais, à la lumière de ce qui a été décrit plus haut, « si l'inflation se produit une fois, elle ne s'arrête jamais et produit un nombre infini d'univers ».

Plus généralement, quelle que soit la nature de la matière gravitationnellement répulsive et instable qui provoque l'inflation, l'énergie libérée au moment de sa désintégration est récupérée par le milieu cosmologique. La seule propriété générique de cette matière est d'être instable à l'image d'une substance radioactive. Elle se désintègre en effet en matière ordinaire, gravitationnellement attractive. Cette désintégration se déroule exponentiellement, comme celle de substances radioactives, elle est donc caractérisée par un temps de demi-vie. Ce temps correspond, en moyenne, à la désintégration de la moitié de la matière gravitationnellement répulsive en matière ordinaire attractive. La grande différence entre cette désintégration de la matière gravitationnellement répulsive et celle qui accompagne la radioactivité habituelle, c'est que la matière qui ne s'est pas désintégrée continue à s'étendre exponentiellement, contrairement à la partie désintégrée qui s'étend sagement comme la matière ordinaire.

Le comportement de l'ensemble résulte de la confrontation de deux temps caractéristiques : celui qui correspond à un doublement de toutes les longueurs dans la phase inflatoire et celui de demi-vie de la désintégration. Le premier est beaucoup plus petit que le second puisqu'un grand nombre de doublements sont réalisés au cours d'une demi-vie. Il en résulte qu'au bout d'une demi-vie de désintégration, alors que la moitié de la matière, en moyenne, se sera transformée en matière ordinaire qui s'étend normalement, l'autre moitié aura vu son expansion subir un grand nombre de doublements de ses dimensions et sera donc bien plus grande qu'elle ne l'était au début. C'est ainsi qu'apparaît un univers-bulle en expansion ordinaire au sein d'un univers beaucoup plus grand en inflation. La suite de l'histoire se déroule de manière analogue : la moitié (en moyenne) de la matière gravitationnellement répulsive qui subsiste se désintègre au bout d'une demi-vie et ce sont à nouveau les mêmes deux temps caractéristiques qui vont régir la suite de l'histoire. *In fine*, c'est un nombre infini d'univers-bulles qui verront le jour. C'est ainsi que l'inflation éternelle conduit à une structure fractale de l'univers. De plus, l'apparition d'une première petite portion d'univers, faite de matière gravitationnellement répulsive qui donne naissance à l'inflation, conduit inévitablement à un nombre infini d'univers-bulles.

Une question essentielle ne peut manquer de venir à l'esprit : que signifie exactement l'adjectif « éternel » ? Quel rapport a-t-il avec l'origine de l'univers ? Plus précisément, cette dynamique cosmologique est manifestement éternelle vers le futur puisqu'elle correspond à un processus autoreproducteur sans fin qui engendre un nombre croissant d'univers-bulles. Mais l'est-elle vers le passé ? Nous apprend-elle alors quelque chose concernant l'*Origine* ?

Ce problème important n'a pas été tranché, les avis sont partagés. Il ne s'agit pas ici de supputations métaphysiques, mais bien de résultats de raisonnements rigoureux dûment formalisés. En 1993, par exemple, deux physiciens, Borde et Vilenkin, ont prouvé un théorème fort qui établit que, sous des conditions très plausibles, tout modèle d'inflation éternelle est nécessairement issu d'une singularité dans un passé fini et possède donc un commencement. Mais ces mêmes auteurs ont contredit leur propre théorème en montrant, en 1997, que ses prémisses n'étaient pas si naturelles qu'ils l'avaient imaginé quatre années auparavant. Ils n'avaient pas correctement tenu compte des fluctuations quantiques qui pouvaient les invalider. L'inflation semblait donc pouvoir être également éternelle vers le passé, ce qui aurait conduit à des histoires cosmologiques sans commencement ni singularité. Mais aucun modèle de ce type ne fut découvert. Le problème reste aujourd'hui ouvert, encore que de nombreux physiciens restent très sceptiques quant à la possibilité d'étendre le modèle d'inflation éternelle vers le passé. Certains travaux d'un des principaux créateurs de l'inflation éternelle, Andreï Linde, montrent qu'il n'est pas exclu que chacune (ou un grand nombre) des parties de cet univers fractal, fait de bulles d'univers, pourrait résulter d'une singularité dans le passé et pourrait également conduire à une singularité dans le futur. Il n'est pas non plus exclu que toutes les parties de cet univers furent créées simultanément par un Big Bang commun singulier.

Revenons sur la raison qui a motivé l'inflation et l'a érigée en paradigme : sa capacité à résoudre les problèmes et les énigmes posés par le modèle cosmologique standard. Que l'inflation remédie simultanément à *toutes* les défaillances du modèle standard, voilà qui ne pouvait que lui donner une valeur inestimable.

Nous avons déjà éclairci le problème de la causalité. Comment l'inflation évacue-t-elle le mystère de la densité critique ou, ce qui revient au même, de l'espace cosmologiquement plat ? L'image d'un ballon enflé démesurément répond simplement à cette question. C'est, en effet, exactement ce qui arrive à l'espace, quelle que soit sa forme avant l'inflation. Tout écart important à la géométrie plane avant l'inflation est gommé par l'étirement exponentiel de l'espace au cours de celle-ci. Le calcul explicite montre que, quelle que soit la valeur du paramètre de densité avant l'épisode inflatoire, sa valeur au sortir de l'inflation ne diffère de la valeur critique Ω_c que par un nombre de l'ordre de 10^{-100}, parfois même beaucoup plus petit dans certaines versions du mécanisme inflatoire. Un tel écart est si infime qu'il reste insignifiant tout au long de l'expansion jusqu'à notre univers actuel. Voilà comment l'inflation résout l'énigme de la densité.

Mais l'inflation fait bien plus qu'éliminer ces pathologies. Elle résout un problème majeur, peut-être le plus fondamental, celui sans la solution duquel l'univers serait non seulement homogène, mais le serait si parfaitement qu'aucune structure n'aurait jamais pu s'y développer au cours de l'expansion. Nous ne serions pas là, ni pour poser ces questions ni pour y répondre. Ce troisième problème concerne l'origine de la structuration de l'univers : pourquoi, quand et comment des structures à des échelles diverses, comme les galaxies (à l'échelle de dizaines de milliers d'années-lumière), les amas de galaxies (à l'échelle de quelques millions d'années-lumière) et les superamas de galaxies (à l'échelle de dizaines de millions d'années-lumière), ont-elles émergé au cours de l'histoire cosmologique ? Si le milieu cosmologique avait été idéalement homogène dès sa genèse, sans le moindre écart et sans le moindre frémissement ultérieur, l'expansion aurait préservé cette symétrie à tout jamais.

Les structures de l'univers actuel ne peuvent résulter que d'une histoire cosmologique des *petits défauts d'homogénéité* qui devaient parsemer adéquatement l'univers primordial. Il en résulte que ce problème de la structuration est encore plus vexant que celui de l'homogénéité : un écart à la perfection, minime mais subtilement ajusté, est parfois plus difficile à expliquer que la perfection elle-même. Si l'homogénéité se manifeste avec une précision impressionnante, l'isotropie du rayonnement cosmologique l'atteste, elle doit aussi s'en écarter avec une finesse déconcertante.

L'émergence des structures cosmologiques résulte d'une compétition serrée entre deux phénomènes : l'attraction gravitationnelle, d'une part, et l'expansion de l'espace, de l'autre. Imaginons une petite région de l'univers primitif dont la densité excéderait légèrement celle du milieu cosmologique environnant. Cette région verrait alors sa densité augmenter progressivement et elle s'effondrerait sur elle-même si elle n'était soumise qu'à l'effet de sa propre attraction gravitationnelle. Mais cette région est également soumise à l'expansion générale de l'espace qui produit l'effet inverse : elle dilue le milieu cosmologique et tend ainsi à contrecarrer la contraction de cette région. Le résultat de cette compétition entre ces deux effets antagonistes dépend crucialement de l'excès initial de la densité, de la dimension, ainsi que du taux d'expansion de la région impliquée.

C'est l'ensemble de ces paramètres qui détermine l'histoire cosmologique ultérieure de cette région. Voyons ce qui lui arrive : le surplus de son attraction gravitationnelle, due à son excès de densité, va la faire s'étendre plus lentement que son environnement. Autrement dit, le rythme de son expansion va décrocher par rapport à celui de l'expansion générale, ce qui aura pour effet d'augmenter l'excès de densité de cette région par rapport à son voisinage. Cela ne fera que ralentir plus encore son expansion par rapport à celle de l'ensemble, ce qui, en retour, augmentera d'autant plus l'excès de sa densité. Il se produit là un phénomène « boule de neige » qui conduit à une amplification progressive de la densité de la région résultante, accompagnée d'une différence de plus en plus marquée entre son rythme d'expansion et celui de son environnement.

Il peut alors se produire un décrochage complet : l'excès de densité de la région résultante devient si important qu'elle produit une attraction gravitationnelle et une tendance à son effondrement qui domine la tendance à la dilution de l'ensemble. La région va complètement se découpler de cette expansion et entamer son effondrement, à contre-courant de l'ensemble. Le type de structure, étoile, amas d'étoiles, galaxie ou amas de galaxies qui en résultera, dépend précisément des conditions initiales de ce processus, de ces petits excès primordiaux de densité par rapport à la moyenne, des fluctuations primordiales de densité du milieu cosmologique primitif. Seule l'existence de telles fluctuations primitives permet d'expliquer la structuration ultérieure de l'univers.

Quelle est leur origine ? Comment ont-elles été aussi finement ajustées pour que le mécanisme cosmologique d'amplification « boule de neige » qui les régit les fasse évoluer vers les structures de notre univers d'aujourd'hui ? Les réponses à ces questions ont représenté pour les physiciens une énigme plus profonde encore, c'est peu dire, que celles relatives à la densité et à la causalité.

Dans le modèle standard tout d'abord, l'imposition « à la main » des fluctuations primordiales adéquates semblait tout à fait artificielle. Elle forçait les physiciens à jongler littéralement avec des conditions initiales extravagantes. Il aurait fallu qu'aux tout premiers moments de l'histoire du modèle standard, donc à la sortie de l'ère de Planck, lorsque la gravitation se dissocia des trois autres interactions, l'état du milieu cosmologique fût à la fois extraordinairement uniforme, mais pas trop ! Ces conditions initiales, si délicatement ajustées, ne sont pas plus en contradiction conceptuelle avec le modèle standard qu'elles ne l'étaient pour l'homogénéité et la causalité, mais elles sont incontestablement encore moins crédibles.

De plus, l'inflation, qui résout si élégamment les énigmes de la densité et de la causalité, réduirait à néant ces graines de structures originelles. En effet, la gigantesque expansion que représente cet épisode inflatoire dilue toute structuration préexistante. Même les infimes fluctuations de densité, postulées comme conditions initiales au sortir de l'ère de Planck, seraient complètement rabotées et ne survivraient donc pas à l'inflation. La viabilité du scénario inflatoire exige que les graines des structures soient semées par l'inflation elle-même.

Mais comment cet épisode pourrait-il l'accomplir, lui qui, précisément, dilue et lisse tout ce qui lui préexiste ? Il ne le pourrait effectivement pas si le milieu cosmologique était classique. Mais il est fondamentalement quantique, et cette spécificité va complètement bouleverser le cours des événements. En effet, si l'expansion inflatoire éparpille et vide ainsi l'univers de toutes les inhomogénéités qu'auraient postulées des conditions initiales classiques, elle ne peut éradiquer les fluctuations quantiques.

Ces fluctuations de la matière gravitationnellement répulsive, donc du champ scalaire qui la modélise, sont présentes tout au long du déroulement de la phase inflatoire. Ces fluctuations quantiques des régions microscopiques auraient été insignifiantes à l'échelle cosmologique si l'inflation ne produisait un effet tout à fait extraordinaire : l'expansion exponentielle de l'espace transfigure leur échelle et leur nature. De quantiques et microscopiques qu'elles étaient, elles sont brutalement étirées et métamorphosées en fluctuations classiques de la densité du milieu matériel à des échelles astronomiques.

Ce sont ces inhomogénéités émergeant de l'inflation qui sont les semences des futures structures galactiques de l'univers. Le scénario inflatoire réussit un coup de maître : il éradique de l'univers toutes les éventuelles inhomogénéités classiques préexistantes et leur en substitue de nouvelles, qui résultent du gigantesque effet d'amplification qu'il produit. *La théorie crée elle-même les conditions initiales qui résolvent le problème des structures.*

La cosmologie jette ainsi un pont inattendu entre les mondes classique et quantique : les fluctuations quantiques microscopiques des champs sont cosmologiquement transfigurées en fluctuations classiques macroscopiques de la densité. Mais comment savons-nous que ces fluctuations quantiques, astronomiquement étirées, représentent effectivement les bonnes conditions initiales ? Autrement dit, que cette granularité du milieu cosmologique émergeant de l'inflation est bien celle qu'exige l'évolution standard ultérieure pour conduire aux diverses formes de structuration galactique de notre univers actuel ?

C'est alors que nous assistons à une rencontre magistrale entre la théorie et l'expérience, dont le centre névralgique est la surface de dernière diffusion. Deux choses s'y produisent ; les photons, libérés de leurs incessantes interactions avec la matière, nous en révèlent une image *fidèle mais refroidie*, transportée par le rayonnement cosmologique dans l'univers devenu transparent. Nous avons ainsi une *vision non déformée* de ce qui s'y est passé. Les inhomogénéités de la matière, qui interagissaient sans relâche avec les photons par divers mécanismes dépendant de leurs échelles depuis leur genèse inflatoire, s'en affranchissent, ce qui leur permet d'entamer librement leur expansion. L'évolution inflatoire conduisit à une répartition des inhomogénéités matérielles qui annonçait déjà correctement, lorsque l'univers n'avait que 380 000 ans, les diverses échelles des structures cosmologiques actuelles.

Mais, au fait, comment les physiciens procèdent-ils pour admirer ce paysage primordial ? Ils ne peuvent bien entendu pas voir directement la distribution des amas de matière avec un tel recul. En revanche, ils mesurent, avec la précision fabuleuse que l'on sait, la température du rayonnement cosmologique. Et ce sont ses infimes anisotropies qui dévoilent les inhomogénéités matérielles de leur source, la sphère de dernière diffusion.

Rappelons que ce rayonnement cosmologique n'a plus interagi avec la matière depuis son émission. C'est pourquoi il nous donne une image fidèle de ce qu'il fut à cette époque. Rappelons également le lien indissociable qui existait entre la matière et ce rayonnement, jusqu'au moment de son émission. En conséquence, toute fluctuation de la densité matérielle à cette époque se traduit par une fluctuation de la température du rayonnement émis, *de grandeur comparable*. Les régions plus denses émettent un rayonnement plus chaud que celles qui le sont moins. C'est pourquoi les petites différences de température du rayonnement que nous recevons aujourd'hui de diverses directions du ciel portent la signature des différences de densité de la matière, dans les régions de la surface de dernière diffusion qui les ont émises.

Les inhomogénéités de la matière, qui ont entamé leur évolution vers les diverses structures galactiques à l'époque de la dernière diffusion, ont dû être adéquatement ajustées pour conduire au paysage cosmologique que nous admirons aujourd'hui. Trop petites, elles n'auraient pas eu le temps de conduire aux structures actuelles, trop grandes, elles se seraient condensées trop rapidement. Les physiciens en ont déduit les dimensions qu'auraient dû avoir les grumeaux matériels à la surface de dernière diffusion. La dynamique de croissance de ces grumeaux est déterminée par la compétition entre deux effets antagonistes : leur dilution due à l'expansion générale de l'espace et leur densification due à leur auto-attraction gravitationnelle. Cette amplification des grumeaux de matière, qui parsemaient la surface de dernière diffusion, s'est déroulée pendant l'expansion qui a vu croître toutes les longueurs caractéristiques de l'univers d'un facteur 1 000. Les calculs montrent que les différences de densité de la structure matérielle grumeleuse au moment de l'émission du rayonnement cosmologique devaient être de l'ordre de un millième pour que leur évolution engendre les structures galactiques de notre univers actuel. En conséquence, les fluctuations de température que cette distribution de matière a émises auraient également dû être de un millième de degré.

Voilà qui offrait la possibilité extraordinaire de scruter le paysage matériel vallonné de notre univers âgé d'à peine 380 000 ans : il « suffisait » de déceler ces infimes variations de température du rayonnement cosmologique que nous recevons. Mais voilà qui n'était pas si simple expérimentalement, et qui allait ensuite provoquer une grande angoisse. Ce n'est qu'à partir de 1975 que les premières mesures à un millième de degré près commencèrent au moyen de ballons-sondes, or aucune d'elles ne révéla les fluctuations espérées. Pire, les observations plus raffinées des années 1980 qui permettaient d'observer des variations de un dix millième de degré ne donnèrent toujours rien. Ce fut une période noire qui fit craindre à beaucoup de cosmologistes qu'une erreur importante se soit glissée dans la compréhension de la théorie. Le coup de théâtre vint en 1980 lorsque les mesures du satellite COBE mirent enfin en évidence des fluctuations de température, mais de un cent millième de degré. Et si ces fluctuations étaient cent fois plus petites que celles qui étaient attendues, il en était inévitablement ainsi de la taille des grumeaux de matière sur la surface de dernière diffusion ! Les physiciens ne voyaient pas comment ces grumeaux, cent fois trop petits, auraient pu conduire à la structuration galactique de l'univers.

Les physiciens, jamais à court d'imagination, trouvèrent la porte de sortie qui se révéla être la botte secrète du mécanisme, incompris jusqu'alors, de la formation des structures : les grumeaux avaient peut-être les tailles correctes, cent fois plus grandes, sans que cela ne se marque dans les fluctuations de la température du rayonnement émis : une partie de la masse des agglomérats de masse nous serait invisible parce qu'ils n'interagissaient pas avec les photons et n'influençaient donc pas les fluctuations du rayonnement qu'ils portent. Cette masse, sans influence sur les photons, est la *masse cachée* qui, rappelons-le, n'interagit avec aucune forme de particules ou rayonnements connus. Cette masse cachée avait été découverte par ses effets dynamiques dans l'univers, et voilà qu'elle joue un rôle essentiel dans les mécanismes de structuration du milieu cosmologique. Les grumeaux de la matière ordinaire n'avaient pu entamer leur croissance autour des fluctuations primordiales qu'après la dernière diffusion, lorsque leurs incessantes interactions avec les photons cessèrent. Mais la matière cachée, elle, insensible à ces photons, avait donc pu commencer à s'amalgamer bien plus tôt, avant que la matière et les photons ne se séparent et que l'univers ne devienne transparent. Ces poches de matière cachée préparaient ainsi le terrain des futurs grumeaux matériels à l'abri de tout le brouhaha environnant. Elles accéléraient tout le processus parce que leur présence constituait des lieux d'attraction gravitationnelle plus intense que la moyenne, attirant la matière ordinaire.

L'origine inflatoire des inhomogénéités matérielles responsables de la structuration galactique est confortée par une caractéristique du *spectre de ces fluctuations primordiales*, que nous décelons expérimentalement dans l'observation du rayonnement cosmologique. Ce spectre décrit les amplitudes, c'est-à-dire les excès de densité, de ces inhomogénéités selon leur extension spatiale. Il s'avère que ces amplitudes sont identiques pour toutes les extensions spatiales. Qu'une fluctuation de densité soit spatialement de très petite extension, microscopique même, ou, au contraire, énorme, de dimension astronomique, son amplitude sera la même. On dit que le spectre des *fluctuations est invariant d'échelle*. Cette nature très particulière du spectre est une confirmation importante de l'origine inflatoire de ces fluctuations. En effet, nous avons vu que ces fluctuations classiques de la densité matérielle naissaient de l'extension inflatoire des fluctuations quantiques. Ces fluctuations quantiques initiales, elles, sont de même nature tout au long du processus de l'inflation, mais elles subissent des facteurs d'étirement spatial différents selon le moment où elles entrent en jeu : ils vont de zéro pour les fluctuations « tardives » durant la fin de l'inflation, jusqu'à un facteur astronomiquement grand pour les fluctuations des premiers instants de l'inflation. Les unes n'ont pratiquement pas eu le temps d'être étirées, alors que les autres l'ont été durant toute la période de l'inflation. C'est pourquoi les excès de densité émergent de l'inflation à toutes les échelles spatiales avec la même importance[11]. Si l'inflation prédit correctement l'*organisation* des fluctuations de densité, elle est incapable de prédire théoriquement *la valeur* de ces excès de densité qui dépendent, eux, des détails de la théorie des particules élémentaires qui est à l'œuvre dans la réalisation de ce phénomène.

En conclusion de ces explications de l'inflation, comment ne pas souligner une de ses caractéristiques importan-

---

11. M. Lachieze-Rey et E. Gunzig, *Le Rayonnement de corps noir cosmologique, trace de l'univers primordial*, Paris, Masson, 1995.

tes : c'est un mécanisme cosmologique qui est *falsifiable*. En dépit de tous les arguments qui jouent fortement en sa faveur, l'observation pourrait conduire à des propriétés inattendues susceptibles de le remettre en cause ou d'en modifier le comportement. Ces observations, essentiellement celles du rayonnement cosmologique, ainsi que la cohérence interne des modèles, permettent déjà d'éliminer certaines propositions théoriques.

Détermination expérimentale de la structure géométrique de l'univers

Comment tester explicitement la structure géométrique de l'espace ? En principe, nous l'avions déjà mentionné précédemment, des triangulations adéquates réalisées à l'échelle cosmologique, au moyen de rayons lumineux, pourraient nous la révéler. Mais comment réaliser ces opérations géométriques avec une précision suffisante pour qu'elles conduisent à un résultat fiable ?

C'est la surface de dernière diffusion et le rayonnement cosmologique qui en émane qui se prêtent à une gigantesque triangulation extrêmement précise à l'échelle cosmologique.

Imaginez que vous observiez le rayonnement cosmologique dans deux directions voisines caractérisées par un certain angle de vision. Vous êtes alors situé au sommet d'un vaste triangle équilatéral dont les deux côtés égaux, le rayon de la sphère de dernière diffusion sont les distances parcourues par les deux rayons pendant la durée de leur parcours depuis la sphère de dernière diffusion jusqu'à vous, soit 13,7 milliards – 380 000 années. L'angle de vision formé par ces deux rayons est celui sous lequel vous voyez la distance qui séparait leurs sources sur cette sphère, *à l'époque de l'émission de ces deux rayonnements*. La valeur de cet angle dépend, bien entendu, de cette distance qu'il sous-tend. Mais *il dépend également de la géométrie de l'espace*. La forme des rayons qui le parcourent, depuis leur émission jusqu'à nous, donc la forme des deux grands côtés du triangle qui sous-tendent notre angle de vision, sera en effet celle d'arcs de grand cercle si l'espace est sphérique, de lignes de concavité opposée si l'espace est hyperbolique et, finalement, de droites si l'espace est eucli-dien. Ce sont précisément ces concavités différentes qui nous font percevoir une même longueur sous des angles de vision différents. Par conséquent, si les physiciens avaient à leur dis-position *une longueur précise de référence sur la surface de der-nière diffusion*, qui serait sélectionnée par des critères physi-ques, la valeur de l'angle sous lequel ils percevraient cette longueur leur révélerait la nature de la géométrie de l'espace.

Ce sont les mécanismes physiques qui ont conduit à la surface de dernière diffusion et à l'émission du rayonnement cosmologique qui définissent eux-mêmes une longueur carac-téristique attachée à ces événements : la grandeur de l'horizon à cette époque. Sa longueur est bien déterminée et elle pos-sède une importance physique particulière, parce qu'elle représente la distance limite qui sépare des lieux qui ont pu s'influencer causalement au cours de l'histoire écoulée depuis l'origine jusqu'alors.

Un simple calcul trigonométrique conduit au résultat sui-vant : si la géométrie de l'espace est plane, les photons du rayonnement cosmologique qui dessinent les deux côtés du triangle sont des droites, et l'angle de vision qui sous-tend cette longueur de l'horizon est de l'ordre de 1°. Par contre, si la géométrie de l'espace est sphérique, les rayons sont portés par des arcs de grands cercles, dont l'intersection sur le récep-teur conduit à un angle de vision plus grand. À l'inverse, si la géométrie est celle d'un espace ouvert, ces rayons ont la concavité opposée et leur intersection produit un angle de vision plus petit.

Mais c'est précisément lorsque l'écart entre les lieux d'émission vaut la longueur de l'horizon que les rayonnements qui en sont issus portent une signature particulière. Cette signature s'exprime par une différence spécifique de la température des deux rayons.

L'étude théorique des mécanismes qui ont conduit aux inhomogénéités de la densité de l'univers, au cours de l'évolution qui précède la libération des photons par la surface de dernière diffusion, révèle une spécificité de la distance de l'horizon à cette époque : c'est la plus petite distance qui sépare des lieux dont la différence de densité est la plus fortement marquée. Autrement dit, ce sont précisément les photons émis par ces deux sources qui sont les porteurs de la plus grande différence de température, à cette échelle.

Toutes ces données conduisirent les expérimentateurs à une méthode « simple » de détermination de la géométrie de l'espace : observer l'angle sous lequel le rayonnement cosmologique en provenance de deux directions dans le ciel présente une différence maximale de température. Si cet angle est de l'ordre de 1°, l'espace est plat et $\Omega = \Omega_c$; si cet angle est plus petit que 1°, alors l'espace est ouvert (hyperbolique) et Ω est plus petit que 1 ; finalement, si l'angle est plus grand que 1°, l'espace est fermé (sphérique) et Ω est plus grand que 1.

Les observations de COBE et de ses successeurs ont montré sans ambiguïté que cet angle valait 1°. Le verdict était ainsi définitivement rendu par l'approche géométrique : *la densité de l'univers est la densité critique, le paramètre de densité est critique, $\Omega = \Omega_c$, et la géométrie de l'espace est plane.*

Accélération de l'expansion de l'univers

L'expansion de l'univers est « aujourd'hui » accélérée ! Après la découverte de l'expansion de l'univers par Hubble en 1929 et celle du rayonnement cosmologique par Penzias et Wilson en 1965, voilà sans conteste la troisième plus importante découverte expérimentale en cosmologie annoncée en 1998.

Comment les physiciens furent-ils conduits à la découverte de l'accélération de l'expansion ? Autrement dit, comment purent-ils déterminer la vitesse de l'expansion dans un *passé lointain* et découvrir ainsi qu'elle était plus petite que celle d'aujourd'hui ? Ce n'est en effet pas d'une accélération qui serait perceptible au jour le jour qu'il s'agit, mais d'un effet qui se manifeste à des échelles cosmologiques de temps. Peut-on d'ailleurs dater le début de ce phénomène d'accélération cosmologique ?

La comparaison du type d'expansion dans le passé avec l'actuel requiert la mesure des vitesses de récession d'objets très lointains par l'observation du décalage vers le rouge des raies spectrales des rayonnements qu'ils émettent. En effet, l'éloignement spatial de ces objets implique que leurs rayonnements ont été émis dans un passé très reculé, et ces mesures nous conduisent ainsi aux vitesses de récession alors. Mais celles-ci ne nous permettent de comparer la dynamique de l'expansion d'alors avec celle d'aujourd'hui que si nous connaissons avec précision la distance à laquelle se trouvent ces objets. Seule cette connaissance de leur éloignement spatial nous permet en effet de situer *le moment* de l'émission de leur rayonnement et donc de dater ce passé.

Le principe de cette observation est extrêmement simple. Imaginez qu'une source lumineuse, un projecteur en mouvement, soit située à une certaine distance de vous. Pouvez-vous déterminer *simultanément* la distance à laquelle il se trouve et sa vitesse d'éloignement ? Oui, si vous connaissez toutes les caractéristiques du rayonnement qu'il *émet* : son intensité lumineuse, appelée la *luminosité intrinsèque*, et ses longueurs d'onde lumineuses. Il suffit en effet alors de comparer ces grandeurs avec celles que vous *recevez*. L'intensité lumineuse reçue, appelée *luminosité apparente*, varie avec la distance qui vous sépare de cette source d'une manière simple : elle décroît comme le carré de cette distance. Quant aux longueurs d'ondes reçues, leur décalage, dû à l'effet Doppler, détermine la vitesse d'éloignement. Cette procédure, transposée sur le plan astronomique, devrait donc nous permettre de déterminer simplement la distance et la vitesse d'éloignement d'un objet céleste. Mais voilà, et c'est bien là le nœud du problème, il y a évidemment une donnée qui nous est, *a priori*, inconnue : la luminosité intrinsèque de cet objet. Imaginez que vous contempliez un astre très brillant dans le firmament. Vous ne pouvez déduire de la seule connaissance de sa luminosité apparente sa luminosité intrinsèque *et* sa distance simultanément.

Il fallait donc impérativement trouver une méthode *indépendante* qui permette de déterminer la luminosité intrinsèque de certains astres ou événements cosmiques éloignés. Ces derniers devaient posséder une propriété particulière qui signalerait cette luminosité intrinsèque, indépendamment de leur éloignement et de leur luminosité apparente. C'est très récemment que les astrophysiciens découvrirent que la nature leur avait concocté ces « chandelles cosmiques » tant recherchées : certaines supernovae. Ces dernières, qui représentent les explosions de certaines étoiles, engendrent une luminosité si fulgurante qu'elle peut éclipser celle d'une galaxie entière pendant plusieurs jours ! Le phénomène est tellement impressionnant qu'on en retrouve la mention dans des écrits historiques, comme celle de l'an 1054 de notre ère décrite par les astronomes chinois.

Seules les supernovae d'un type bien particulier, dénommé Ia, résolvent le problème posé. Tout d'abord, elles sont les plus lumineuses et donc observables par nos télescopes actuels, comme le télescope spatial Hubble, jusqu'à des distances de l'ordre de la moitié de la vie de l'univers, environ sept milliards d'années-lumière. De nouveaux télescopes qui devraient être mis en orbite à partir de 2009, comme le NGST (Next Generation Space Telescope), seront capables de voir ces explosions jusqu'à des distances correspondant à un vingtième de l'âge de l'univers (si elles avaient déjà lieu alors). Le NGST, qui sera le successeur du télescope spatial Hubble, orbitera autour du Soleil et non de la Terre. La seconde raison qui donne toute son importance à l'observation des supernovae de type Ia résulte des modèles théoriques qui permettent aux théoriciens de comprendre les détails de l'explosion de ces étoiles. Cette connaissance théorique, associée à des constatations empiriques fondées sur l'observation d'explosions de supernovae de type Ia proches, permet alors d'associer des paramètres observables à la luminosité intrinsèque associée à ces explosions, où qu'elles se produisent dans l'univers. Ainsi, par exemple, la durée du phénomène est étroitement liée à la luminosité intrinsèque. Plus précisément, la luminosité de la supernova augmente pendant trois semaines environ, atteint alors un maximum d'intensité, pour décliner ensuite pendant plusieurs mois. Les modèles théoriques prédisent très précisément la luminosité intrinsèque du phénomène en termes de durée de la phase d'intensité maximale. Toutes les supernovae ne sont pas identiques, cette phase maximale varie légèrement de l'une à l'autre. Plus cette durée est grande et plus la luminosité intrinsèque de la supernova est grande, mais *selon une relation très précise.* C'est donc de l'observation de la durée de la luminosité apparente maximale du phénomène que nous en déduisons sa luminosité intrinsèque et, par voie de conséquence, sa distance.

En définitive, c'est donc de l'observation du décalage des raies spectrales du rayonnement de la supernova et de son temps de brillance maximale que nous déduisons sa vitesse de récession à un moment précis du passé. Nous ne pourrons en déduire les vitesses de l'expansion de l'espace dans le passé que si nous pouvons observer un nombre suffisant de supernovae. Selon leurs éloignements, elles nous fourniront alors ces vitesses à divers moments de l'histoire cosmologique.

Or il ne se produit une explosion de supernova au sein d'une galaxie type que tous les 300 ans ! Mais cette rareté de l'événement est largement contrebalancée par le nombre prodigieux de galaxies qui parsèment l'univers. C'est ainsi que l'observation continue de cinq mille galaxies environ devrait nous révéler une ou deux supernovae par mois.

C'est à cette entreprise que se sont attelés deux groupes de physiciens, travaillant indépendamment l'un de l'autre, en Californie et en Australie. Leurs résultats, qui furent annoncés en 1998, provoquèrent un véritable tsunami intellectuel dans le monde des cosmologistes : *l'expansion de l'univers accélère depuis au moins six milliards d'années* !

L'importance cruciale de cette propriété surprenante de l'univers motiva de nombreuses équipes qui braquent depuis lors leurs télescopes sur le ciel pour confirmer ou infirmer ce comportement de l'expansion. Leurs conclusions confirment non seulement qualitativement ce résultat, mais aboutissent également à une conséquence quantitative essentielle : l'accélération résulte d'une contribution à la densité d'énergie qui est de l'ordre de 0,7. Voilà qui confirme que la densité totale vaut bien la densité critique $\Omega = \Omega_c$.

CONCLUSION

De nombreuses propositions théoriques d'histoires cosmologiques fleurissent aujourd'hui, libérées, d'une façon ou d'une autre, du Big Bang singulier qu'impose le modèle cosmologique standard. Toutes vont au-delà des deux théories bien établies invoquées dans ces pages, la relativité générale et la théorie quantique des champs. Elles représentent donc autant de conjectures spéculatives, mais à des degrés divers.

L'histoire décrite ici ne fait pas exception. En effet, si elle se nourrit exclusivement de concepts propres à la relativité générale et à la théorie quantique des champs, leur mise en rapport dans le cadre semi-classique crée des situations nouvelles dont l'interprétation n'est pas toujours univoque et présente parfois des zones d'ombre et des ambiguïtés. En dépit de celles-ci, un mérite indéniable du présent récit, qui ne s'écarte que minimalement des théories bien établies, est de proposer des aventures cosmologiques inattendues et d'offrir des perspectives inaccessibles au modèle cosmologique standard.

Notre récit cosmologique va au-delà de l'éviction du Big Bang singulier, c'est l'origine de l'univers elle-même qui en est éradiquée. L'histoire de l'univers ne possède ni début ni aboutissement. Aucune condition initiale n'est requise, il se suffit entièrement à sa propre création. L'existence de l'univers résulte d'un vaste bootstrap géométrico-matériel, aventure infinie de l'univers qui se réplique inlassablement. Un épisode inflatoire autosuffisant lui évite périodiquement la mort thermique qui accompagnerait inexorablement son expansion. Cette inflation rejuvénilise l'univers évanescent, l'extrait de ses débris éparpillés par l'expansion et le propulse dans une histoire identique à celle qui l'a précédée. Cette expansion inflatoire est *inéluctable* et exprime un effet dynamique intrinsèque produit spontanément par la théorie semi-classique. Elle diffère fondamentalement en cela de l'inflation contingente du modèle cosmologique standard qui représente un « accident » de son expansion, « mis à la main » et ajusté dans ses équations pour qu'il échappe à ses faiblesses et à ses contradictions.

D'autres histoires de l'univers d'une tout autre nature, qui s'articulent autour de diverses formulations, encore très spéculatives, d'une théorie de la gravitation quantique sont proposées aujourd'hui. La *théorie des cordes* et la *gravitation quantique à boucles* sont les plus significatives. Elles possèdent une propriété essentielle commune : l'existence d'une dimension minimale qui marque une limite à la description de la nature. Cette propriété joue un rôle central dans l'éviction de la singularité mathématique du Big Bang. Mais ces résultats sont obtenus dans le cadre de théories mathématiques complexes qui obscurcissent leurs liens éventuels avec la réalité physique.

Tous ces modèles réalisent, d'une manière ou d'une autre, un lissage de la singularité du Big Bang du fait de la dimension minimale qui leur est inhérente. On assiste ainsi à une physicalisation du point mathématique singulier qui le transfigure en événement physique de « rebond cosmologique » ou de transition violente, mais non singulière, entre deux états de l'univers. Du coup, le Big Bang de la cosmologie classique, qui marquait *la* naissance singulière du temps, de l'espace et de son contenu matériel, devient, dans ce nouveau cadre conceptuel, un simple temps particulier qui ponctue une histoire cosmologique plus vaste, celui qui marque la transition physique entre deux phases cosmologiques, une ère pré-Big Bang, une « préhistoire cosmologique », à laquelle succède la phase de l'histoire cosmologique qui est celle que nous vivons depuis

13,7 milliards d'années. Ces diverses cosmologies exemptes de singularité partagent une propriété commune avec l'histoire semi-classique : elles se déroulent depuis un temps infini. Notre univers n'en représente qu'une étape particulière dont le Big Bang (non singulier) ne marque que l'émergence.

En dépit d'avancées conceptuelles remarquables, tant physiques que mathématiques, notamment dans l'unification des interactions fondamentales, aucune de ces tentatives de gravitation quantique n'a encore pu conduire à une histoire convaincante. Personne ne peut même légitimement affirmer aujourd'hui qu'elles ont un lien avec la réalité physique. De plus, elles ne sont pas falsifiables : il n'existe actuellement aucune possibilité expérimentale de les invalider. « Il existe des indications que la théorie des cordes tend vers l'existence d'une unification cohérente de la gravité et de la théorie quantique. Mais la théorie des cordes est-elle en soi une unification cohérente ?... cela paraît peu probable[12]. »

Les propositions d'éviction de la singularité du Big Bang que ces approches proposent sont autant d'histoires passionnantes, souvent ésotériques, qui ne survivront peut-être pas. Mais elles ont au moins le mérite de suggérer que, si une théorie quantique de la gravitation rallie un jour les suffrages des physiciens, elle anéantira le concept de Big Bang singulier. Il apparaîtra peut-être alors que la démarche semi-classique qui fonde notre récit représente une bonne approximation de cette nouvelle théorie.

---

12. Lee Smolin, *Rien ne va plus en physique*, *op. cit.*

REMERCIEMENTS

Je remercie avant tout Spyros Théodorou de son soutien amical sans faille et de ses relectures avisées du manuscrit.

Je remercie chaleureusement Cédric Deffayet d'avoir lu le manuscrit avec autant de soin et de compétence.

Certaines parties de ce livre sont l'écho de discussions passionnantes que nous avons eues à Peyresq avec mes collègues Ted Jacobson, Bill Unruh, Slava Mukhanov, Bei-Lok Hu, Mario Castagnino, Brandon Carter, Valeri Frolov, Enric Verdaguer et Renaud Parentani. Je les en remercie.

Je tiens également à remercier de leurs suggestions Isabelle Stengers, Simon Diner, Leonard Parker, Elisa Brune, Annie et Albert Sanfeld et Jean-Claude Grosse.

Que tous mes lecteurs de l'ombre et, plus particulièrement, Edna et Fima Bratzlavski et Raymond Destin sachent ici combien leur aide me fut précieuse.

Il va de soi que je porte l'entière responsabilité de toutes les erreurs éventuelles de forme et de fond.

Je ne dirai jamais assez à Gérard Jorland combien ses conseils et ses exigences de clarté m'ont été précieux lors de la finition du manuscrit.

Quant à Diane, je ne trouve pas les mots pour la remercier de sa présence apaisante. Ce livre n'aurait jamais vu le jour sans elle.

TABLE DES MATIÈRES

CHAPITRE 4

Les aventures cosmologiques du vide quantique

CHAPITRE 5

Une histoire de l'univers

Ouvrage publié sous la responsabilité
éditoriale de Gérard Jorland

Imprimé par Lightning Source France
1 avenue Gutenberg
78310 Maurepas

Ouvrage publié sous la responsabilité
éditoriale de Gérard Jorland

N° d'édition : 7381-2057-Y

www.ingramcontent.com/pod-product-compliance
Lightning Source LLC
LaVergne TN
LVHW050549200726
843508LV00010B/1579